초일류기업을 위한

스마트제조시스템

심 현 식

Smart Manufacturing System

박영사

연구실에서 바라보는 광교산 자락은 점점 울긋불긋한 모습으로 가을의 정취를 더해가고, 변함없이 그 자리에서 또 다른 새로운 모습으로 우리에게 다가온다.

지난 겨울의 그토록 혹독했던 추위와 한 여름의 폭염과 태풍을 이겨내고 살아남은 나무들은 저마다 각양각색의 독특한 모습으로 그 존재의 아름다음을 한껏 뽐내고 있으리라.

오늘날 우리가 살아가고 있는 세상은 무서운 속도로 변화하고 있다. 그중에서도 특히 제조업의 급격한 변화는 기업의 생존과 직결되는 문제로 더 심각하게 다가오고 있다.

4차 산업혁명, 인공지능(AI), 빅데이터(Big Data), 사물인터넷(IoT), 스마트팩토리(Smart Factory)로 대표되는 새로운 변화의 물결 앞에 많은 제조기업들이 조금이라도 경쟁력을 높이기 위하여 치열한 경쟁을 해나가고 있다. 금융권에서는 AI 플랫폼을 탑재한 투자솔루션을 활용하여 인공지능(AI) 투자자문회사를 설립하고, 의학계에서도 인공지능, 빅데이터를 활용한 의료서비스를 제공하고, 농촌지역에서도 스마트팜으로 농작물 관리를 자동으로 한다고 대대적으로 선전하고 있다. 제조업에서도 AI기술(Machine Learning, Deep Learning)을 이용하여 생산을 최적화 하는 것이 생산성을 높일 수 있다고 발표하였다.

이러한 시대적인 변화와 혁신의 요구에 발빠르게 대응하고 준비하는 기업들은 살아남아서 그 열매를 따먹고, 제대로 대응하지 못하는 기업들은 점점 경쟁력을 상실해가고 있는 것이 오늘의 냉혹한 현실이다.

또한 오늘날 대학을 졸업한 학생들의 청년백수 문제는 얼마나 심각한가, 실업률은 계속 증가하여 두 자리 숫자를 넘어섰고, 재수·삼수는 기본이고 삼포(연애, 결혼, 출산) 세대가 사회의 신조어로 떠오르고 있다. 청년은 청년대로 일자리를 달라고 아우성이고, 중년 백수는 그들대로 일자리를 달라고 서로 아우성치고 있다. 이와 같이 삼포세대가 나오게 된 배경은 일자리를 구하지 못한 데서 비롯된 것임은 두말할 필요가 없다. 이와 같이 기업은 기업대로 시장에서 생존하기 위하여 지속적인 변화와 혁신을 해야 하고, 또 그 과정에서 사원들은 아무런 준비 없이 거리로 내몰리고 있다.

저자는 오랫동안 기업의 제조현장에서 경쟁력을 끌어올리기 위한 스마트팩토리 구축업무를 추진하였고, 몸담고 있는 기업의 눈부신 발전을 함께 하였다. 그러한 성장의 가장 큰 비결은 사원들의 열정을 기반으로, 기업의 빠른 변화와 혁신 그리고 정보시스템을 활용한 경쟁력의 확보라는 것을 결코 부인할 수 없다.

지금은 학교에서 강의를 하면서 어떻게 하면 학생들이 조금이라도 경쟁력을 갖추어 사회에 진출하고, 본인이 원하는 분야에서 지속적으로 성장해 나갈 수 있을까 하는 현실적 고민들을 하게 되었다. 사회 전체적으로는 취업이 어려운 것이 현실이지만, 시장이 요구하는 성장 가능성이 높은 분야는 공급이 턱없이 모자라는 것이 또한 현실적인 문제이다. 이러한 시대적 변화와 혁신의 트렌드를 읽고 그에 필요한 지식을 배우고 역량을 갖추어 도전한다면, 남들과 차별화된 경쟁력을 갖추고 앞으로 무한한 성장 가능성을 갖게 될 것이다.

또 기업 입장에서는 정보시스템이 어떻게 기업경영에 활용되어 일하는 방법을 바꾸고, 어떻게 성과를 내고 발전해 나가야 하는지 이론과 실제 사례를 통하여 차별화된 경쟁력을 갖추는데 조금이라도 도움을 주고자 집필하게 되었다.

본서는 1부 스마트제조시스템, 2부 생산제어, 3부 설비제어 및 물류자동화, 4부 MES 진단 및 사례연구 순으로 구성되어 있다.

1부, 2부, 3부에서는 스마트팩토리 및 스마트제조시스템에 대한 이해와 필요한 핵심 기술들을 살펴보고, 나아갈 방향을 제시한다. 핵심적으로 필요한 기술들은 이론적인 내용과 독자의 이해를 돕기 위하여 현장 사례들을 추가하여 기술하였다.

스마트팩토리, 스마트제조시스템 분야에 이론적으로 정리된 자료들이 많지 않지만, 최대한 관련 자료들을 체계적으로 정리하여 전반적인 이해를 도울 수 있도록 기술하였다.

또한 일정계획, 설비엔지니어링 등 최근에 기업에서 많이 이슈가 되고 있는 분야는, 이론적 내용을 위주로 최대한 자세하게 기술하였다. 현장에서 활용할 수 있는 알고리즘 및 예제를 추가하여 학생들이 실무와 이론을 같이 학습할 수 있도록 배려하였다.

4부에서는 진단 및 평가하는 방법에 대하여 살펴보고, 마지막으로 초일류 기업들의 사례을 공유하여 실제 제조 현장에서 어떻게 구축되고 활용되는지, 그리고 어떤 효과를 보고 있는지 경쟁력을 분석하였다.

저자는 오랫동안 제조현장에서 스마트팩토리 구축업무를 추진하였고, 현장의 프로세스 이노베이션(Process Innovation), MES, 무인자동화(Full-Automation)에 이르는 전 과정을 가장 앞서서 추진하였다. 그리고 이러한 제조 패러다임의 변화가 제조경쟁력의 원천이 되고, 이러한 활동들이 기업이 초일류 기업으로 도약하는데 핵심 요소가 된다는 것을 직접 경험하였다. 아울러 초일류 기업으로 성장하려면 동종 업계의 선두기업과 새로운 기술에 대한 지속적인 벤치마킹, 끊임없는 혁신활동이 전제되어야 한다는 것을 직접 경험하였다.

본 교재의 이론적인 내용과 실제 사례를 통하여, 학생들이 경쟁력을 갖추어 사회로 진출하는데 도움이 되고, 또 기업들이 현장에서 이를 활용하여 기업의 경쟁력을 한단계 올리는 계기가 되리라는 것을 믿어 의심치 않는다.

마지막으로 이 분야에 대한 체계적인 연구가 부족한 상황에서 강의용 교재로 출간하다 보니 그 내용이 다소 미약하고 일부 순서가 맞지 않는 부분들이 있을 수 있다는 것을 미리 말씀드리며, 앞으로 빠른 시일 내에 더 나은 내용, 새로운 내용으로 독자들에게 보답할 것을 약속한다.

본 교재를 출간할 수 있도록 가정에서 많은 응원과 후원을 아끼지 않은 사랑하는 가족들, 그리고 물심양면으로 지원을 해주신 경기대 산업경영공학과 교수님과, 또한 집필과정에 처음부터 함께 해준 서울대 심우진 군, 경기대 윤미선 양, 그리고 부족한 원고를 편집하느라 끝까지 수고를 아끼지 않으신 박영사 편집부에도 진심으로 감사의 말씀을 드린다.

2020년 1월
광교산자락 연구실에서
玄 岩

1부

스마트제조시스템

Chap 01

스마트팩토리

1. 스마트팩토리란

Smart + Factory = 똑똑한 공장

스마트팩토리라는 용어는 2010년 독일정부에서 Industry4.0을 발표하면서 사용되기 시작하였다. 독일은 전통적인 제조강국으로 공장자동화가 기본적으로 구축되어 있는 상황에서, 제조경쟁력을 한 단계 끌어올리기 위하여 Industry4.0을 처음으로 발표하였다. 제조업에 사물인터넷(IoT), 인공지능, 빅데이터 등 4차 산업혁명 기술을 접목해 생산기기와 생산품 간 상호 소통체계를 구축하고 전체 생산과정을 최적화하는 것을 뜻하며, 이때 대표적인 사례로 독일의 지멘스(사) 암베르크 공장에서 적용되었다고 언급하였다.

여기서 말하는 스마트팩토리(똑똑한 공장)는 공장자동화를 기반으로 현장의 설비에 사물인터넷(IoT) 센서를 연결하여 필요한 공정에서 필요한 데이터가 실시간으로 수집(gathering)되고, 빅데이터 기술을 이용하여 제어 및 예측이 가능한 공장을 의미한다. 또는 설계, 개발, 제조 및 유통·물류 등 생산과정에 디지털자동화 솔루션이 결합된 정보통신기술(ICT)을 적용해 생산성, 품질, 고객만족도를 향상시키는 지능형 생산공장을 의미한다. 스마트팩토리에 대하여 다양한 정의가 존재하지만 종합해 보면, 공장 내 설비와 기계에 사물인터넷(IoT)이 설치되어 공정데이터를 실시간으로 수집하고 이를 분석하여 데이터에 기반한 의사결정 및 제어가 가능한 공장을 의미한다.

그림 1-1 / 스마트팩토리 개념

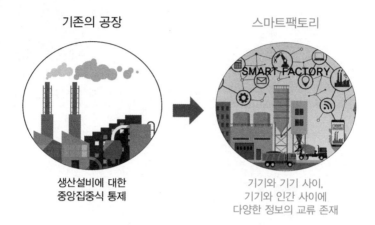

즉, 연결성을 기반으로 공장이 스스로 판단하고,
중앙통제가 가능한 미래형 공장

1.1 공장자동화 vs 스마트팩토리

기존의 공장에서는 공장자동화를 통하여 사람의 노동력을 기계로 대체하고, 생산성을 높이기 위한 다양한 활동들을 하고 있다. 대표적으로 생산실행시스템 (MES)을 중심으로 시스템을 활용하여 자동화를 추진하고 있다. 하지만 공장자동화 는 스마트팩토리의 필요조건일 뿐 충분조건은 아니다. 자동화 공장에선 각각의 디 바이스를 연결하기 위해 별도로 프로그래밍 작업을 한 후 연동시키는 작업을 거쳐 야 하는 경우가 대부분이다. 이때 장비마다, 또 자동화의 각 층위별로 사용하는 프 로그램 언어가 다르다. 장비제작 시기에 따라 연결장치나 구동 프로그램도 다르기 때문에 구식 장비와 신형 장비를 매끄럽게 연동하기란 쉽지 않다. 엔지니어링의 전 과정을 하나로 통합하는 일은 불필요하게 소요되는 작업량과 작업시간을 줄일 수 있을 뿐 아니라, 각 디바이스 간 스스로 커뮤니케이션 할 수 있는 지능형 공장 구축을 위한 토대라고 할 수 있다.

1.2 스마트팩토리

그림 1-2 / 스마트팩토리 구성요소

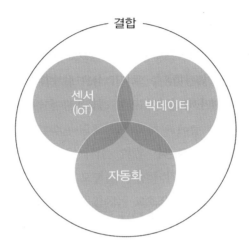

초연결성, 초지능성

스마트팩토리에선 공장 내 모든 기기와 장비가 인터넷으로 연결돼 있어 각각의 자산으로부터 '데이터' 수집 및 분석이 가능한지 여부가 중요하다. GE의 스마트팩토리 전략은 '연결하고(get connected), 통찰(get insight), 최적화(get optimized)'의 3단계 접근법을 취한다"며 "스마트팩토리 구현을 위해 가장 먼저 해야 할 일이 바로 데이터를 모으고 시각화하는 작업"이라고 그 중요성을 강조하고 있다. 스마트팩토리의 주목적은 기계 가동상태를 실시간으로 점검하고, 원격 모니터링을 통해 장비 효율 및 안정성을 극대화하며, 기계 파손이나 제품불량 발생 가능성을 사전에 예측함으로써 비용 절감과 생산성 제고를 통해 제조업의 경쟁력을 강화하는 것이다. 이를 위해서는 단순히 기계적 하드웨어와 이를 구동시키는 소프트웨어뿐 아니라 네트워크화된 시스템에서 수집된 데이터를 분석해 이상 징후를 사전에 파악, 예지보전을 시행할 수 있어야 한다. 결국 스마트팩토리의 핵심은 '자동화'에서 한 단계 진화된 '디지털화'로 나아가야 한다. 단지 공장에 더 많은 기계 장비와 로봇을 투입하고 3D 프린트를 가져다 놓는다고 되는 일이 아니고, 디지털 자동화 솔루션의 실현을 통해 데이터에 기반한 의사결정을 내릴 수 있는 공장운영 시스템을 구축하는 작업이 훨씬 중요하다. 이를 위해서는 먼저 각 공장자동화 장비를 하나로 연결하기 위한 통합 작업에 집중해야 한다.

기존의 공장이 생산설비에 대한 중앙집중식 통제를 하는 공장이라고 하면 스마트팩토리는 기기와 기기 사이, 기기와 인간 사이에 다양한 정보의 교류가 가능한 공장이라고 할 수 있다. 즉, 공장이 스스로 판단하고 이에 따라 작업을 수행할 수 있는 지능화된 공장이라고 할 수 있다. 스마트팩토리는 자동화 공장이 아니라, 연결-통찰-최적화가 결합된 '지능화 공장'이라고 할 수 있다(그림 1-3).

그림 1-3 / 기존공장 vs 스마트팩토리

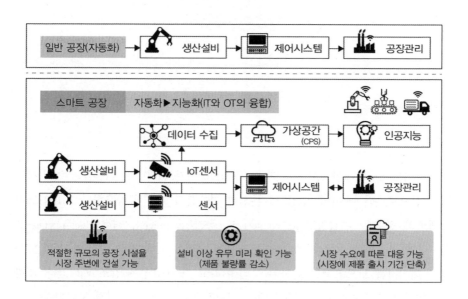

*자료: 대한민국제조혁신 콘퍼런스(KMAC), 한국인더스트리4.0협회

독일이 ICT 융합을 통한 제조업 혁신 전략으로 정부 차원에서 추진하고 있는 '인더스트리 4.0(Industrie 4.0)'은 궁극적으로 모든 사물, 모든 기기가 서로 연결되는 세상을 지향한다.

스마트팩토리는 바로 이 '인더스트리 4.0'이라는 큰 그림을 구성하는 한 부분이다. 산업과 기술의 발달로 인해 개인과 시장의 맞춤형 솔루션, 다양성에 대한 니

즈는 날로 커져가고 있다. 기술혁신으로 인해 제품수명주기는 갈수록 빨라지고, 국제화가 진척됨에 따라 효율적인 글로벌 SCM(Supply Chain Management, 공급망관리)은 그 중요성을 점점 더해가고 있다. 한마디로 "어떻게 보다 적은 자원으로 더 복잡하고 다양한 제품을 더 빨리 만들어 내느냐"는 문제는 오늘날 제조업이 직면해 있는 공통 과제라고 할 수 있다. 이런 문제에 대한 해결책으로 등장한 것이 바로 미래 공장의 모델인 스마트팩토리이다. 스마트팩토리가 지향하는 목표는 가상공간과 물리적 세계의 결합, 즉 CPS(Cyber Physical System, 가상현실융합시스템) 구축을 통해 작업자와 기계가 유기적으로 통합된 작업환경을 구현함으로써 생산방식을 개선하고 생산 효율성을 높여 궁극적으로 제조업 경쟁력을 높이는데 있다.

그림 1-4 / 독일 DFKI 스마트팩토리 개요

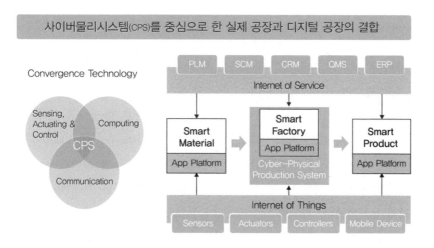

*자료: 독일인공지능연구소(German Research Center for Artificial Intelligence: DFKI)

CPS 기술을 공장에 적용한 것을 CPPS(Cyber Physical Production System)라고 하는데, 스마트한 부품을 사용해 CPPS로 스마트한 제품을 생산하는 것이 스마트팩토리라고 정의하기도 한다(그림 1-4).

오늘날 제조업은 과거 공급자 중심의 소품종 대량생산 체제에서 소비자 위주의 다품종 소량생산 체제를 넘어, 개인화 된 맞춤형 생산으로까지 진화하고 있다. 이러한 변화의 흐름 속에서 스마트팩토리는 대량맞춤생산(mass customization) 체제를 가능케 하는 핵심 실현 도구라 할 수 있다. 모든 기기들이 인터넷으로 연결돼 서로 자율적으로 커뮤니케이션하고, 네트워크화된 환경이 전통적인 공장운영 방식에 일대 변혁을 일으켜 지능형 생산을 가능케 하기 때문이다. 불량률도 획기적으로 개선할 수 있다. 전통적인 공장에선 대개 완제품 상태의 제품을 샘플링 테스트를 통해서 불량품을 골라내지만, 스마트팩토리에선 공정 단계마다 실시간으로 품질을 모니터링함으로써 대규모 불량사태가 발생하는 일을 미연에 방지할 수 있다. 또한 설비 상태를 실시간으로 모니터링하여 설비 이상을 미리 확인하여 조치함으로써 제품의 불량률을 낮출 수 있다.

2. 사물인터넷(IoT)

2.1 IoT 정의

통신은 편지와 같은 물리적 수단을 시작으로 전신, 전화 등 전자적 수단의 도입을 통해 발전했고, 2000년 들어 기기 간의 통신(M2M)으로 확대되어 최근에는 모든 사물이 연결되는 IoT(Internet of Things)라는 개념으로 발전하고 있다. M2M의 핵심 이슈는 장치 및 설비의 연결 그 자체였으나, IoT(Internet of Things)에서는 사물들의 연결과 이를 통해 생성되는 데이터를 활용한 지능형 서비스가 중요하다.

IoT의 초기 개념은 닐 거션펠드(Neil Gershenfeld)와 케빈 애슈턴(Kevin Ashton)에 의해 유래되었다. 거션펠드는 1999년 『컴퓨터는 없다!: 생각하는 사물들(When Things Start to Think)』에서 컴퓨터와 사람은 항상 연결되어 있다는 것과, 사용자 관점에서 언제 어디서나 사물들과 통신이 가능한 상태의 개념을 제시했다. 또한 애슈턴은 P&G의 브랜드 매니저로 일하던 1999년, 새로운 RFID 아이디어와 공급망 관리를 연계시키기 위한 발표자료의 제목에서 사물인터넷 개념을 사용했다. 그는 "모든 사물에 컴퓨터가 있어 우리 도움 없이 스스로 알아가고 판단한다면 고장, 교체, 유통기한 등에 대해 고민하지 않아도 될 것이다. 바로 이런 사물인터넷(Internet of Things)은 인터넷이 했던 그 이상으로 세상을 바꿀 것이다"라고 언급한 바 있다. 초기 사물인터넷 용어와 개념은 이와 같이 거션펠드와 MIT Auto-ID Center를 설립한 애슈턴 등 MIT 멤버들을 중심으로 퍼져나가기 시작했다.

사물인터넷(IoT)을 크게 산업용 IoT(IIoT)와 컨슈머 IoT(CIoT)로 나누면, 산업용 IoT는 팩토리·그리드·머신·시티·카 요소들이, 컨슈머 IoT는 휴대폰·TV·어플라이언스·웨어러블·홈 요소들이 IoT에 연결되는 사회로 진행된다.

2.2 IoT 구성요소

사물인터넷 생태계(SPNDSe)는 서비스(service), 플랫폼(platform), 네트워크(network), 디바이스(device) 및 보안(security)으로 구성된다(그림 1-5).

첫 번째 구성요소인 서비스는 사물인터넷을 통해 제공되는 다양한 서비스를 말한다. 산업경쟁력 강화를 위한 산업 IoT 서비스뿐만 아니라 국민의 삶의 질 향상을 위한 개인 IoT 서비스, 사회문제 해결을 위한 공공 IoT 서비스 등이 포함된다. 두 번째 플랫폼은 초연결을 활용해 다양한 IoT 서비스를 제공하기 위한 개방형 플랫폼과 이에 기반을 둔 생태계 구성을 의미한다. 세 번째 네트워크는 분산된 사물들 간에 인위적인 개입 없이 상호 협력해 지능적 관계를 형성하도록 하는 네트워크 인프라를 가리킨다. IoT의 주소체계인 IPv6도 이미 도입되어 IoT 연결의 최대 잠재치인 1조~1조 5,000억 개를 수용할 수 있는 최대 16조 개의 주소를 확보하고 있다. 네 번째 디바이스는 주변 환경을 감지하여 통신, 자동접속, 상호연동, 자율판단, 자율행동을 통해서 지능형·융합형 서비스를 제공할 수 있는 스마스센서 및 디바이스를 말한다. 마지막으로 보안기술은 안전하고 신뢰성 높은 IoT 서비스를 제공하기 위한 기술이 필요하다는 것을 의미한다.

그림 1-5 / IoT 구성요소

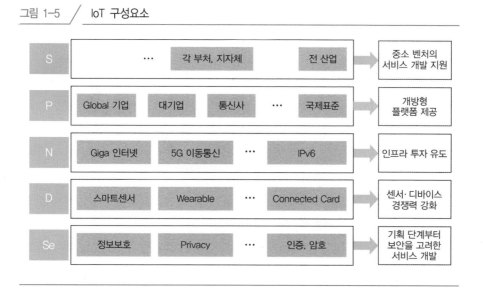

2.3 공장자동화와 IoT의 관계

다음은 공장자동화 측면에서 IoT와 자동화(MES)의 연관성에 대하여 살펴보자 (그림 1-6).

일반적으로 자동화의 수준에 따라 수작업시스템(manual)-반자동화시스템(semi-auto)-무인자동화시스템(full automation)의 단계로 구분하고 있다. 수작업(manual) 단계에서는 제조현장의 실적 및 진행상황을 작업자가 일일히 수작업으로 종이(sheet)에 기록하여 관리하다가, BCR(Bar Code Reader)을 통한 데이터 수집이 이루어지게 된다. 즉 제품, 자재, 설비 등 관리 대상물에 라벨을 부착하고 BCR을 통하여 정보를 입력하는 수단으로 활용되었다. 적극적으로 현장을 관리하는 제조 라인에서는 작업자의 작업복(방진복)에도 라벨을 부착하여 필요한 작업을 수행할 때마다 BCR로 작업자정보를 입력하여 관리하였다. 그 후에 자동화가 진행되면서 RF-ID, Sensor등 전기장치와 I/F Application이 개발되어, 실시간으로 정보가 수집되고 제어할 수 있는 양향향 체계로 발전하였다. 현재는 IoT 센서에 의하여 제조 현장의 작업대상(사람-제품-설비-자재)이 서로 끊김이 없는 무결절성(seamless)의 시대로 접어들었다고 할 수 있다. 즉 현장의 작업이 사람에 의해서 진행되는 것이 아니라, 시스템에 의해 판단하고 이루어진다고 할 수 있다. 이때 현장의 모든 정보는 IoT 센서, 네트워크를 통하여 수집되고, 수집된 데이터는 빅데이터/AI를 통하여 분석되고 해석되어 현장을 제어하는 체계로 최적화된 생산이 가능하도록 구현된다.

그림 1-6 / IoT Drives Data and Control Transformation

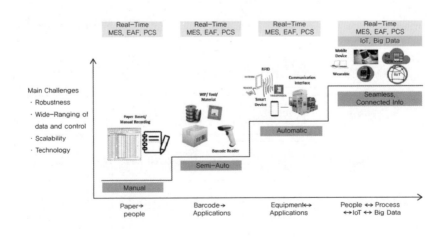

3. 사이버물리시스템(CPS)

3.1 CPS 개요

CPS는 모든 사물이 IoT 기반으로 연결되고 가상세계와 물리세계(physical world)가 융합되어 자동화·지능화되는 것을 말한다. 기존에는 센서와 액추에이터를 갖는 물리시스템과 임베디드 소프트웨어를 포함하는 컴퓨팅기술(computing), 통신기술(communication) 및 제어기술(control)이 각각 독립적으로 발전되어 왔다. 그러나 최근에는 사이버 영역의 기술이 급속히 발전해 물리세계로부터의 복잡하고 많은 센싱 정보가 고속의 유무선 통신망으로 통해 전달되면, 고성능 컴퓨팅 시스템들이 실시간으로 입력된 센싱 정보를 처리하고, 상황을 정확히 인지하고 판단하는 수준에 이르렀다.

CPS는 2006년 미국과학재단(NSF)이 가능성과 과제 등을 논의할 때 시작된 용어로, 2007년 미국 대통령과학기술자문위원회(PCAST)에서 백악관에 제출한 NITRD (Networking & Information Technology Research and Development) 분야 보고서에 공식적으로 처음 등장했다. 독일에서는 2012년 차세대 제조혁신을 이루기 위해 인더스트리 4.0을 발표하고, 그 기반기술로 CPS와 IoT를 지정해 관련 핵심기술과 응용기술을 개발하고 있다.

CPS는 임베디드 시스템의 미래지향적이고 발전적인 형태로 이해할 수 있으며, 기존의 기법과 다르게 소프트웨어와 물리세계의 인터랙션을 위한 품질 높고 신뢰할 수 있는 설계기법이 요구된다. 또한 수많은 물리적 도메인을 연결해야 하는 질적 복잡성이 데이터 처리량과 같은 양적 복잡성 이상으로 요구된다. 모델화와 예측이 어려운 현실의 물리세계가 긴밀히 통합되어야 하기 때문에 기존의 ICT 와는 달리 시스템의 유연성이 특히 필요하다고 할 수 있다.

다양한 지능형 장치 및 무선통신 기기가 급증하고 컴퓨팅 및 메모리 성능의 발전이 지속되면서 여러 응용 분야에 컴퓨팅이 미치는 영향도 증가할 것으로 전망되고 있다. 따라서 사이버물리시스템은 인더스트리 4.0 구현뿐만 아니라 의료·헬스케어, 에너지·송전, 운송, 국방 등 다양한 분야에 광범위하게 적용될 것으로 예상된다.

CPS의 가장 큰 기술적 요소는 Communication, Computing, Control이다. Communication은 4M1E(Man, Machine, Material, Method, Environment)에서 발생하는

데이터를 수집하는 기술이고, Computing은 수집된 데이터를 바탕으로 분석하고 제어하거나 사용자에게 의사결정을 지원하기 위한 정보를 제공하는 기술이다. 마지막으로 Control은 분석결과를 받아서 공장을 제어하기 위한 기술이다. 앞에서 정의한 CPPS가 제대로 작동하기 위해서는 설비와 공정 및 제품 관련 데이터를 센서, 액추에이터, 컨트롤러, 디바이스 등을 통해 수집하고 PLM, MES, ERP, SCM 등의 제조 IT 솔루션을 통해 신뢰성 있게 분산제어하는 지능형 시스템이 구축되어야한다. 기존에는 지능형 제어보다는 단순하게 피드백을 받아 수행하는 피드백 제어가 주류를 이루었다.

그림 1-7 / CPS 개념도

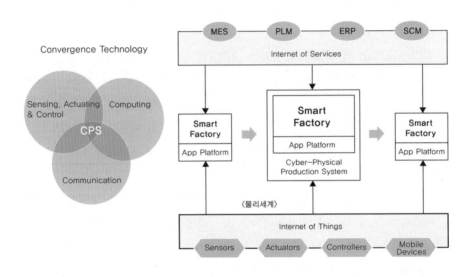

*자료: www.dfki.de

물론 기존 공장에서도 통계적 데이터나 작업자의 경험, MES 등에 저장된 데이터를 활용해 부분적인 시뮬레이션을 수행해 왔다. 그러나 실제 설비에서 나오는 데이터나 공정 데이터를 가지고 시뮬레이션을 수행한다면 공정 대기시간 및 불량률을 최소화할 수 있고, 돌발 상황에서도 실시간으로 대응이 가능하다. 이뿐만 아니라 예측에 따른 선행적 공장제어가 가능해진다.

3.2 CPS와 IoT 관계

현실의 물리적 세계(Physical System)와 디지털 사이버세계(Cyber System)가 결합된 시스템을 CPS라고 한다. CPS의 기본이 되는 메커니즘은 제어대상(제조설비, 자동차 등)에 센서를 부착하여 IoT 기기를 이용해 센서에서 발생하는 각종 데이터를 클라우드상의 빅데이터로 수집·분석한 후 현실세계에 결과를 피드백하는 것이다.

표 1-1 / IoT vs CPS

구분		IoT	CPS
등장		- 1999, Kevin Ashton, MIT	- 2006, Helen Gill, NSF
차이점	주된 관심 영역	- 스마트 디바이스, 네트워크, 주로 개방형 시스템	- 물리시스템, 임베디드 시스템, 주로 폐쇄형 시스템
	접근방식	- 센서, 인터넷 등 기술을 융합해 새로운 서비스를 개발	- 현존하는 물리시스템에 센서 등 ICT 기술을 접목해 신뢰성 높은 시스템을 구현
공통점	핵심 개념	- 네트워크를 기반으로 구성요소(센서, 장치 등)를 연계	
	주요 적용 분야	- 제조·생산, 유통·물류, 농축수산·식품, 의료·복지, 문화관광·교육, 에너지·환경 등	- 스마트제조·생산, 교통, 에너지, 기반시설, 헬스케어, 빌딩 및 건설, 국방, 재난대응 등

그림 1-8 / IoT vs CPS

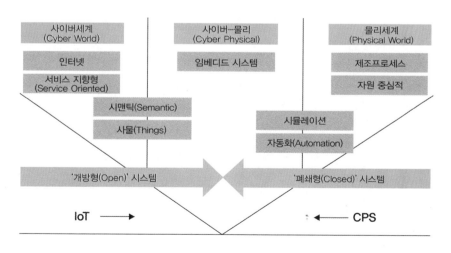

*자료: Jeschke(2013)

CPS는 기본적으로 IoT 인프라가 변화·발전함에 따라 다양하게 발생하는 데이터가 기폭제가 되어 확장·운영되는 시스템이다. 체계적이고 통합화된 IoT 인프라가 결국은 CPS 기반으로 활용되고, CPS가 원활하게 작동할 수 있도록 지원하게 된다. IoT와 CPS는 현실 환경에서 센서를 통해 생성된 방대한 양의 다양한 데이터를 수집·관리하는 애플리케이션을 지원할 수 있도록 설계한다.

글로벌 CPS 생태계를 향한 구글의 비전은 야심찬데, 자율자동차도 하드웨어와 소프트웨어가 융합된 정보처리시스템이라고 할 수 있다. IoT와 인공지능의 만남으로 모든 사물, 기계, 산업부품이 인터넷에 연결되면서 스스로 데이터를 수집하고 분석해서, 생각하고 판단하는 신산업혁명이 보편화되고 있다.

IoT와 인공지능의 만남은 새로운 사회·경제 운용시스템으로 주목받고 있는 CPS와 접목되면서 더 강력한 영역으로 자리잡고 있다. 지금까지 사이버공간을 중심으로 발전해온 정보통신기술의 활용이 사물, 환경, 사람을 포함한 물리세계로 그 영역을 확장하고 있기 때문이다.

제조업에서 CPS를 이용했을 때의 이점은 현실 조건에서 하기 힘든 검증을 할 수 있다는 것과 실제보다 짧은 시간과 적은 비용이 들며, 숙련자의 노하우가 축적된다는 점 등을 들 수 있다. CPS에 의한 현실세계와 사이버세계의 상호작용으로

그림 1-9 / CPS cycle: 데이터 분석 결과를 지속적으로 피드백 활용

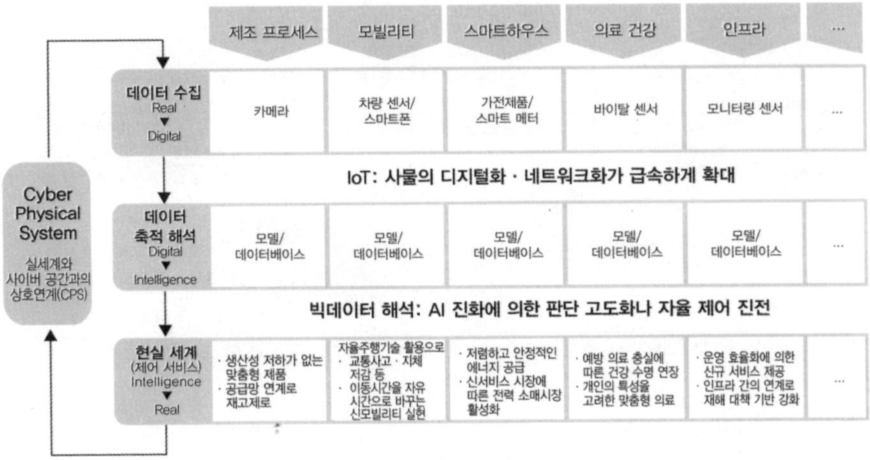

Cyber Physical System 실세계와 사이버 공간과의 상호연계(CPS)		제조 프로세스	모빌리티	스마트하우스	의료 건강	인프라	...
	데이터 수집 Real ↓ Digital	카메라	차량 센서/ 스마트폰	가전제품/ 스마트 메터	바이탈 센서	모니터링 센서	...
	IoT: 사물의 디지털화·네트워크화가 급속하게 확대						
	데이터 축적 해석 Digital ↓ Intelligence	모델/ 데이터베이스	모델/ 데이터베이스	모델/ 데이터베이스	모델/ 데이터베이스	모델/ 데이터베이스	...
	빅데이터 해석: AI 진화에 의한 판단 고도화나 자율 제어 진전						
	현실 세계 (제어 서비스) Intelligence ↓ Real	·생산성 저하가 없는 맞춤형 제품 ·공급망 연계로 재고제로	·자율주행기술 활용으로 교통사고·지체 저감 등 ·이동시간을 자유 시간으로 바꾸는 신모빌리티 실현	·저렴하고 안정적인 에너지 공급 ·신서비스 시장에 따른 전력 소매시장 활성화	·예방 의료 충실에 따른 건강 수명 연장 ·개인의 특성을 고려한 맞춤형 의료	·운영 효율화에 의한 신규 서비스 제공 ·인프라 간의 연계로 재해 대책 기반 강화	...

*자료: 이정아(2015)

프로세스 혁신이나 비즈니스 모델의 고도화 등 부가가치가 창출되고 있다. 데이터를 활용한 새로운 서비스의 가능성이 질적·양적으로 확대되면서 부가가치의 원천이 제품에서 서비스로 바뀌고 있는 것이다. GE는 2012년 IoT 시대의 도래를 대비하는 신전략으로 '산업인터넷'을 추진하겠다는 야심찬 계획을 발표했다. 발전시설, 항공엔진, 의료기기 등의 설비를 주력 사업으로 하는 전통적 제조기업 GE는 IoT를 강화한 분석플랫폼인 '프레딕스(Predix)'를 개발하고, 이를 통해 열 개 산업영역 27종의 분석 솔루션(석유가스, 전력, 수송, 항공, 의료 등)을 제공하고 있다.

비즈니스 모델은 기존의 산업설비(HW) 판매중심에서 건수에 기반을 둔 고장수리 서비스, 계약에 기반을 둔 장기 유지보수 서비스, 더 나아가 자산운영 최적화 서비스 등으로 고도화되고 있다. 또한 유지보수중심의 서비스 사업을 원격 진단, 장애 예방 및 자산운영 최적화 서비스로 확장하고 있다.

프레딕스(Predix)는 분산된 컴퓨팅 자원과 데이터 분석, 자산관리, 사물통신, 보안, 모빌리티를 통합한 플랫폼으로, 자사가 제작한 모든 장비를 궁극적으로 클라우드를 통해 연결할 계획을 가지고 있다. 즉 공장의 장비, 시설, 시스템을 모두 디지털화하고 모바일에 사물인터넷을 장착시켜 모든 것을 연결한 네트워크를 구축하여 빅데이터를 모으겠다는 것이다. 이런 차원에서 GE의 구상은 IoT, CPS, 빅데이터, 인공지능의 최적 연계를 통해 사물과 데이터의 융합을 실현하는 '미국의

그림 1-10 / GE 프레딕스(Predix) Platform

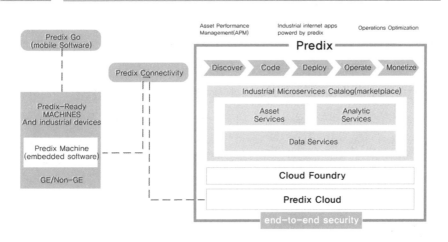

*자료: www.ge.com

신산업혁명의 모델'이라고 할 수 있다. CPS는 신뢰성, 프라이버시 및 시큐리티 측면에서 해결해야 할 문제가 산적하지만 스마트제조뿐만 아니라 스마트교통, 스마트시티, 스마트빌딩, 스마트의료, 스마트농업, 스마트전력 등 다양한 사회 인프라 분야에 활용도가 높아 사회시스템 변혁이 기대된다.

현시점에서 산업인터넷 플랫폼의 트랜드를 보면 미국 GE와 독일의 지멘스가 선두 다툼을 벌이고 있다. GE는 플랫폼의 개방성 측면에서 지멘스를 앞선다고 평가받는데, 지멘스는 최근 플랫폼 '마인드스피어(MindSphere)'를 내놓고 GE를 추격 중이다. 제조업체마다 생산시스템이 제각각인 만큼 스마트팩토리 플랫폼 업체 입장에서는 가능한 한 다수의 기업시스템과 호환할 수 있는 플랫폼을 제공하는 것이 중요하다. 이미 인텔, AT&T, 소프트뱅크, 시스코 등 많은 업체가 프레딕스를 사용 중이며, 마인드스피어는 일부 기업에서 사용되고 있지만 점차 그 사용자를 늘려가고 있는 추세이다.

3.3 IoT/CPS의 사례와 현황

증기기관을 동력으로 한 생산방식이 인더스트리 1.0, 전기동력으로 가동되는 대량생산방식이 인더스트리 2.0, IT와 컴퓨터로 제어되는 자동화된 생산방식이 인더스트리 3.0, 그리고 IoT/CPS를 이용한 지능화된 네트워크 연결 및 생산을 인더스트리 4.0이라고 할 수 있다.

센서, 인공지능, 데이터, 보안 등의 IT 기술을 이용해 현실세계가 긴밀하게 결합되는 시스템이 CPS이다. 공장의 IoT는 미국의 GE가 제창하는 '산업인터넷'과 독일 정부가 주도하는 '인더스트리 4.0'이 선도하고 있으며, 두 국가 모두 공통적으로 네트워크를 이용해 센서와 카메라의 데이터를 수집하고 클라우드/빅데이터를 통해 실시간으로 분석함으로써 개별 대량생산에 대응할 수 있는 유연한 지능형 공장의 실현을 지향하고 있다.

1) 독일

독일은 '하이테크 전략 2020'의 일환으로 인더스트리 4.0을 추진하고, Agenda CPS 프로젝트와 인더스트리 4.0을 통해 2020년까지 CPS의 주요 시장이 되는 것을

목표로 정책을 추진하고 있다. Agenda CPS 프로젝트에서는 2025년까지 에너지·
모빌리티·헬스·스마트팩토리 등 주요 응용분야 네 개의 CPS 연구를 추진하고
있으며, 2010년부터 산학연과 협력해 CPS에 기반을 둔 제조업 강화 프로젝트인
'인더스트리 4.0'을 전략적으로 추진하고 있다. 독일과학기술아카데미(Acatech)가
정의한 CPS 특징은 다음과 같다.

- 물리세계와 디지털세계 간의 직접 연결
- 정보·데이터·기능 통합을 통한 새로운 시스템
- 기능(Function) 통합(다기능성)
- 센서와 액추에이터 네트워크
- 시스템 내외부 네트워킹
- 전용 사용자 인터페이스(운용절차 통합)
- 어렵고 복잡한 물리적 상태 배치
- 자동화, 적응성, 자율성
- 높은 요구 사항(시큐리티, 데이터 보호, 신뢰성, 고비용)

독일은 CPS 플랫폼을 기반으로 소비에서 생산까지 제조과정 전반을 종합적
으로 파악해 더욱 효율적인 생산시스템을 구축하여, 차세대 공장인 '스마트팩토리'
을 구현하는 것이 인더스트리 4.0의 추진 목표이다.

2) 미국

'SmartAmerica Challenge'는 미국 내의 각 사업 및 산업 영역에서 독자적으로
발전·구축되고 있는 CPS 시스템들이 상호 연결되어 운용 가능한 테스트 베드 혹
은 CPSNet을 구축하고, 이를 기반으로 기술적·사회적 이슈를 도출하고자 하는
연구 프로젝트이다. CPS 연구와 관련된 일곱 개 핵심 분야로 생산공정, 교통, 전
력, 헬스케어, 홈·빌딩, 국방, 재난대응을 선정하고 구현 촉진을 위해 HW/SW 구
성요소, 구현 방법론과 도구개발 관련 연구 등을 추진하며, 분야별로 구축되어 있
는 CPS 테스트 베드와 데이터 센터를 연계해 통합된 CPS 프레임워크를 구축한다.
2014년 GE, AT&T, 시스코, IBM, 인텔 등 다섯 개사가 중심이 되어 '산업인
터넷컨소시엄(IIC: Industry Internet Consortium)'을 설립했다. IIC는 OS로 업계표준을

장악한 마이크로소프트, 검색과 스마트폰으로 세계적인 생태계를 주무르고 있는 구글과 애플처럼, GE의 산업인터넷 모델을 글로벌 플랫폼으로 확장하기 위한 거대 에코시스템이라고 할 수 있다. 미국의 산업인터넷 전략의 강점은 다음 네 가지로 요약할 수 있다.

(1) 전 세계 공장의 기계로부터 취합된 모든 데이터를 구글과 같은 인터넷 사업자의 데이터센터에 축적하고, 그 빅데이터를 해석해 글로벌한 거대 비즈니스를 창출할 수 있다.

(2) GE가 '산업인터넷컨소시엄(IIC)'을 설립하고 미국 기업뿐만 아니라 외국 기업의 참여를 독려해 사실상의 표준을 만들어 가고 있다.

(3) 미국의 선진 기업들은 IoT 생태계를 기반으로 튼튼한 글로벌전략 토대를 갖고 있다. 특히 애플의 PC·스마트폰·태블릿·아이패드 등의 정보 단말기는 상호 접속을 통해 동기화함으로써 정보 공유화가 가능하다. 이처럼 GE의 OS를 탑재한 기계들이 동기화되면 제조업 분야에서 제2의 구글·애플이 생겨날 수 있다.

(4) 자금력을 보유한 미국의 기업들이 3D프린터와 같은 디지털 제조기술을 보유한 영향력 있는 기업들에게 투자하면 적량 맞춤형 대량생산이라는 디지털 제조혁신을 주도할 수 있다.

CPS는 IoT, 빅데이터, 아날리틱스(analytics), 클라우드 등이 기본이 되어 다양한 ICT로 현실세계와 사이버세계를 연결하는 역할을 한다. 이는 엄청난 데이터 처리와 함께 수많은 물리적 도메인을 연결해야 하는 매우 복잡하고 거대한 플랫폼이다. CPS 구축을 위해서는 센서기술뿐만 아니라 액추에이터, 보안기술, 최적화 SW, 인공지능, 데이터 수집·분석기술 등 다방면의 기술이 동시다발적으로 개발·융합되어야 하는 것이 관건이다. 따라서 CPS 구축을 위해서는 어떤 분야에 어떤 기술을 어떻게 적용하고 설계·운용할지에 대한 체계적인 추진 로드맵을 수립하는 것이 매우 중요하다고 볼 수 있다.

3) 일본 및 중국

유럽·미국 등 선진 각국이 CPS 구현에 대처하고 있는 가운데, 일본도 기업이 글로벌 경쟁력을 상실하지 않도록 기업의 데이터에 기반을 둔 비즈니스 모델 창출을 촉진·지원하기 위해 관련 환경을 정비하고 있다. 일본은 공작기계나 산업기계 등의 제조업 분야에서는 우위에 있는 반면, ICT 산업은 미국 등에 비해 상대적으로 열세하다. 2015년 4차 산업혁명이 급부상하면서 일본 정부도 국가 중요 정책과 전략을 급선회하고 있다. '일본 재흥전략 2015' 등 IoT, 빅데이터, 인공지능, 로봇 신전략을 토대로 하는 4차 산업혁명에 정면으로 대응해야 한다는 기조를 밝히고 있다. IoT, 빅데이터, Analytics, AI 등 ICT 신기술의 발전으로 CPS가 실현되면서 혁신적인 비즈니스 모델이 발생하고 향후 산업구조의 대변혁이 예상되었다. 이에 따라 세계 최초로 CPS 기반의 '데이터 중심 사회'를 실현하기 위해 산학관이 협력해 'IoT 추진랩'을 설립했다(2015.10).

중국은 물련망(사물인터넷) 관련 산업을 정부차원에서 적극 지원·추진 중이며, 물련망이 CPS로 발전해 모든 분야에 영향을 미치고 지능형 제조를 통해 새로운 산업혁명으로 정보경제(Information Economy)를 견인하는 등 미래 경쟁력 강화를 위한 필요기술이라고 인식해 추진을 가속화하고 있다.

2015년 새롭게 제시된 '중국제조 2025(Made in China 2025)'는 미국의 산업인터넷, 독일의 인더스트리 4.0, 일본의 로봇 신전략 구상에 대응하는 전략이다. 중국제조 2025는 제조 대국에서 제조 강국으로의 전환을 지향하고 있다. 미국의 산업인터넷, 독일의 인더스트리 4.0은 IoT와 CPS를 활용한 것으로 고객 개개인의 맞춤형 수요를 충족시키는 제품 및 서비스를 최적의 시기에 제공하는 것을 기본 지침으로 하고 있다. 같은 맥락으로 중국의 제조 2025는 더 이상 세계의 공장으로만 머무르지 않고 2025년에 제조업 전체의 생산성 향상을 이루어 제조 강국을 실현하는 중화인민공화국 설립 100주년(2049년)까지 세계 최고 수준의 제조 강국으로 부상하겠다는 목표를 세우고 있다.

4. 스마트팩토리 도입배경 및 추진단계

4.1 도입배경 및 기대효과

1) 도입배경

　　스마트팩토리의 최종 지향점은 단순한 생산성 향상이 아니라, 기업의 제조혁신을 통한 경쟁력을 올리는데 있다. 이를 위해서는 제조현장이 투명하게 관리되어야 하고, 사람이 판단하고 수작업으로 이루어지는 작업이 자동화가 뒷받침 되어, 궁극적으로는 시스템에 의한 작업이 이루어져야 한다. 우리도 선진국과 같이 제조혁신의 필요성을 절감하고 정부에서 2014년 6월 '제조업혁신 3.0'의 3대 전략 과제 중 하나로 스마트팩토리 보급 확산 추진계획을 발표하였다. 2015년 5월에 민관합동 스마트팩토리 추진단을 설립하여 스마트팩토리 구축·보급 사업 총괄 업무를 일원화하였다. 그러한 정부의 지속적 홍보와 지원에도 불구하고 국내 스마트팩토리 구축은 MES 위주의 생산관리시스템 구축인 경우가 많고, 실제 작업이 이루어지는 설비에 대한 연결 및 제어는 여러 가지 제약 사항으로 미약한 수준이라고 할 수 있다. 따라서 스마트팩토리 구축을 위해서는 현장의 설비에 대한 연결작업이 최우선적으로 추진되어야 한다.

그림 1-11 / 스마트팩토리 도입배경 및 기대효과

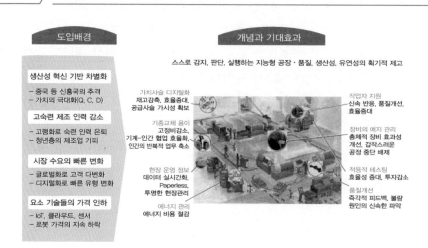

2) 기대효과

스마트팩토리의 기대효과는 생산성 및 품질향상, 공정불량률 감소, 원가절감, 리드타임 단축 및 납기준수율 향상을 대표적으로 들 수 있다. 생산성 향상은 실시간 현장관리를 통하여 재공·재고를 줄이고, 다품종소량 제품의 관리인자를 시스템에 의하여 효율적으로 관리함으로써 가능하다고 할 수 있다. 또한 공정인자, 설비인자, 설비상태의 실시간 모니터링 및 관리를 통하여 불량을 사전에 감지하여 예방하는 체계를 적용함으로써 불량률을 획기적으로 줄일 수 있다. 그리고 생산계획에 의한 맞춤형 생산이 가능해짐으로써 고객의 주문에 효과적으로 대응할 수 있다(표 1-2).

표 1-2 / 스마트팩토리 기대효과

생산성	• 다품종소량 제품의 Flexible한 대응 가능
	  · 기존에는 기종수가 많아서 관리인자가 증가하고, 기종교체 시간이 오래 걸리고 준비작업이 증가함
	  · 시스템에 의한 관리로 기종교체 시간 및 준비작업을 최소화 할 수 있음
	• 공장 실시간 분석 및 계획 수립을 통한 종합생산성 향상
	• 공정 설비의 자동 제어로 작업생산성 향상

품질	• IoT, 빅 데이터를 활용한 품질사고 예방 및 예측 • 공정의 3선 방어 체계 구축(불량률 감소) • 제품의 Traceability 확보 및 공정 능력 향상
원가	• 제품, 설비, 자재, 작업자별 상세한 원가정보 관리 가능 • 원가분석을 통한 통제 및 절감 가능
납기	• 고객납기(고객납기 준수율) 향상 • 재공현황 실시간 분석 및 계획수립을 통한 고객 맞춤형 생산 가능 • L/T 단축을 통한 생산능력 향상

4.2 국내 기업의 스마트팩토리 추진단계

스마트팩토리추진단에서는 스마트팩토리의 수준을 기초, 중간1, 중간2, 고도화의 4단계로 구분하고 있다(그림 1-12). 기초단계는 바코드 RFID 등을 활용하여 정보를 읽어 들이고 현장의 생산이력 및 불량관리를 수작업으로 작업하는 수준을 의미하며, 중간1 단계는 중요 설비에 센서를 부착하여 실시간 정보수집 및 현장관리가 이루어지는 단계로 구분하고 있다. 중간2 단계는 PLC 등 설비제어기를 통하여 실시간으로 정보가 수집되고 제어되는 수준으로 반자동화된 라인이라고 할 수 있다. 중간1 단계가 일부 중요 설비에 대하여 정보를 수집하고 모니터링하는 단계라고 하면, 중간2 단계는 공장 전체의 통합관리 및 제어가 가능한 공장이라고 할 수 있다. 마지막으로 고도화 단계는 다기능 지능화된 로봇과 시스템에 의하여 생산이 이루지는 단계로 무인자동화(fullautomation) 라인을 의미한다. 종전에는 사람이 판단하고 사람에 의한 작업에 의존했다고 하면, 고도화 단계에서는 시스템에 의한 생산이 이루진다고 할 수 있다.

즉 고도화 단계는 스마트팩토리의 3요소인 IoT, 빅 데이터, 자동화가 구현된 라인이라고 할 수 있다. 따라서 스마트팩토리와 관련된 체계적인 인력육성 및 교육이 점차 중요한 문제로 부각되고 있다.

그림 1-12 / 국내 기업의 스마트팩토리 단계

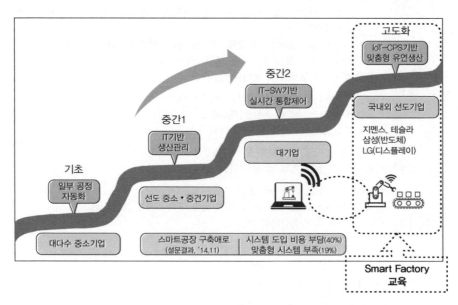

*자료: 스마트공장확산 추진계획(산업부, 2014)

22

4.3 독일의 스마트팩토리 추진사례

1) 스마트팩토리 추진 로드맵

스마트팩토리 추진 역사를 살펴보면 국내 반도체(S사) 공장에서 전공정 무인화자동화(Fullautomation)를 가장 먼저 구현하였다고 발표하였지만, 전체적으로 스마트팩토리 도입에 가장 앞서 있는 나라는 독일이라고 할 수 있다.

독일은 '하이테크 전략 2020'을 구체화하기 위해서 2012년 결정된 열 개의 미래 프로젝트의 하나로 인더스트리 4.0을 추진해왔다. '인더스트리 4.0'이라는 이름으로 스마트팩토리를 제조업 경쟁력 강화를 위한 국가산업 전략으로 내세운데 이어, 2015년에는 다양한 기업들이 참여하는 개방형 기술 협의체인 '플랫폼 인더스트리 4.0(Platform Industrie 4.0)'을 결성했다. 여기에는 지멘스(Siemens), 보시(Bosch), 쿠카(Kuka), SAP 등 대기업은 물론 훼스토(Festo), 베어(Bar), 백호프(Beckhoff) 등 중소, 중견 기업들도 참여하고 있다.

인더스트리 4.0은 ICT 기술을 활용해 생산 공정을 업그레이드하고, 개발, 구매, 유통, 서비스까지 전 가치사슬을 통합하며, 나아가 셀 생산방식, 사이버 물리 시스템(CPS) 등을 결합해 새로운 형태의 생산체제를 만들자는 것이다.

독일의 스마트팩토리 추진 목표는 컨베이어벨트의 제거, 설비 및 공장간 연결, 가상과 현실의 결합 등을 통해 다품종소량 생산을 넘어 대량 맞춤형 생산방식의 새로운 모델을 제시하는데 최우선 목표를 두고 있다. 이는 전체 GDP 대비 제조업 비중이 20%가 넘을 정도로 제조업 비중이 크고, 특히 자동차와 기계 장비 및 부품 산업 역량이 뛰어난 독일의 특성이 반영된 것으로 풀이된다.

독일의 스마트팩토리 R&D 로드맵은 공장 및 기업 간 연결을 통한 가치 창출, 가상세계와 현실 세계의 결합을 통한 생산 전주기 엔지니어링, 공장의 IoT 센서를 통한 실시간 데이터 분석 및 공정제어, 인더스트리 4.0을 위한 지속적인 기초기술 개발 등을 목표로 하고 있다.

즉 독일 내 모든 공장을 단일의 가상공장 환경으로 만들어 그 가동 상황을 실시간으로 파악하고, 부품 등의 수요 정확성을 높이고자 하였다. 그리고 이를 바탕으로 제조업의 수출 경쟁력을 강화해 자국의 생산기술로 세계 공장을 석권하겠다는 '21세기 제조업 플랫폼' 선도 전략이기도 하다.

그림 1-13 / 독일의 스마트팩토리 R&D 로드맵

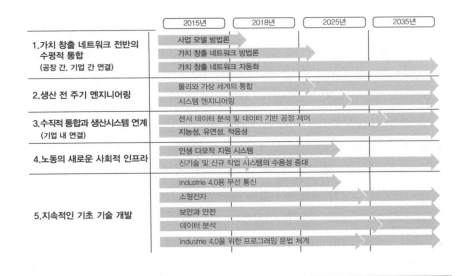

2) 독일의 스마트팩토리 사례

　　독일의 스마트팩토리 대표적인 사례로 꼽히는 지멘스의 암베르크(Amberg) 공장에서는 PLC 제품군, 원격 I/O(Remote I/O), HMI(Human Machine Interface) 등 각종 산업용 제어시스템과 자동화 솔루션을 생산하고 있다. 대표적인 제품은 PLC의 CPU(중앙처리장치) 격인 'SIMATIC 컨트롤러'인데, SIMATIC 컨트롤러를 생산하는 암베르크 공장 자체가 이 제품을 통해 운영된다. 즉, 공장을 운영하는데 자체 공장에서 만든 컨트롤러를 활용함으로써 생산 및 자원, 정보 흐름의 75% 이상을 자동화 시켰다는게 지멘스의 설명이다. 현재 암베르크 공장은 250여 개 공급 파트너로부터 약 1만 종류 이상의 부품을 공급받아, 고객 요구 사항에 따라 매일 1,000여 개의 서로 다른 사양의 제품들을 생산하고 있다. 또한 24시간 내 출하율이 99.5%에 달할 정도로 신속한 주문형 대량 생산시스템이 구축되어 있다. 현재 암베르크 공장의 연간 생산량은 1,500만 개다. 지난 1987년 1만 개 규모로 지어졌을 때나 지금이나 생산라인의 직원 수는 1,200여 명으로 별차이가 없지만, 생산량은 당시에 비해 9배가 늘었다. 당시 불량률은 500dpm(100만 개당 불량품이 500개)에 달했지만, 현재는 약 11dpm(100만 개당 11개 불량품)에 불과하다. 이는 수율로 따졌을 때 99.9989%라는 것을 의미한다(그림 1-14).

그림 1-14 / 암베르크 공장 내부 및 주요 지표

1. 0.0011%에 불과한 불량률(11dpm←500dpm)

2. 이상 있는 제품을 선별하여 담당자에게 Feedback 해주는 빅데이터 시스템(Monitoring & Interlock)

3. 네트워크로 연결된 기계들을 통한 스마트한 관리(센서, IoT)
 → 설비 상태, 제품의 진행 상황을 실시간으로 파악하여 모니터링하고 관리(제어) 가능함

4. 하루 5,000만 건의 실시간 정보를 수집해서 자동으로 작업지시(950 품종 생산, 전기/전자 제품)
 → 작업 및 공정최적화, 신속한 제품출하, 설계변경에도 유연한 대처 가능, 불량률 감소

독일 내 모듈형 생산시스템을 갖춘 훼스토의 샤른하우젠 공장(Scharnhausen Technology Plant)도 대표적인 스마트팩토리로 꼽힌다. 실린더, 밸브, 밸브 터미널 등 총 3만여 가지 제품을 생산 중인데 주문량에 따라 생산 흐름을 유연화할 수 있는 것은 물론, 에너지 소비량을 최적화할 수 있는 시스템이 설계되어 있다. 훼스토의 경우 고객군과 제품수가 워낙 다양하다 보니 일찍부터 생산 최적화 문제에 봉착했고, 이에 따라 다품종 소량/대량 생산시스템과 유연생산체제 구현을 위해 적극 노력해 왔다. 샤른하우젠 공장의 경우 기본 골격에 다양한 옵션들을 반영해 조립하는 모듈화 제조라인 형태를 취함으로써, 생산공정에서의 병목(bottleneck) 현상을 최소화하고 장비 간 연결 및 단절이 자유롭게 이뤄질 수 있도록 한 것이 특징이다. 또한 절삭 공정과 같은 에너지 다소비 공정의 경우 기계에서 발생하는 폐열을 수집해 난방에 활용하는 등 에너지 절감책을 도입함으로써 종전보다 에너지 비용을 30% 정도 줄였다는게 회사측 설명이다.

5. 스마트팩토리 핵심기술

5.1 단계별 핵심기능

본장에서는 독자의 이해를 돕기위하여 스마트팩토리의 핵심기술을 가상세계 (CPS)와 실제세계를 같이 접목하여 다루고자 한다.

개별 장비, 생산라인 및 프로세스를 시각화(visualization)해 가상공간에서 실제와 똑같은 환경변수를 집어넣고 시뮬레이션 해봄으로써 최적의 공장운영 모델을 만드는 것을 디지털트윈이라 한다. 즉 실제 사물이나 시스템을 디지털로 표현한 것을 의미하며, 현실 세계에 존재하는 대상 대신 소프트웨어(SW)로 가상화한 복제를 만들고 모델링을 통해 실제 대상의 특성에 대한 정확한 정보를 얻을 수 있다. 그리고 이렇게 생성된 제조활동과 관련된 모든 정보를 마치 실(thread)처럼 끊김없이(seamless) 하나로 엮는 것을 디지털스레드라고 한다. 즉, 제품의 생산부터 폐기에 이르는 전단계를 모니터링해, 공장 내 모든 기계나 장비에 대한 디지털 정보를 종합함으로써 장비작동 시나리오를 분석하고 자산을 최적화 하는 등 업무상 모든 의사 결정에 도움을 주는 시스템을 뜻한다. 이렇게 제품의 설계, 제조, 서비스에 이르는 전 과정이 하나로 연결되어있는 디지털스레드가 구축되어 있어야 생산라인의 특정 지점에서 문제가 발생할 경우 제품이 해당 지점에 도착하기 전에 유지 보수가 시작되고, 생산공정 개발, 제품 개발, 시공, 심지어 제품설계 부문까지 정보가 전달돼 문제점을 해결해 나가는 지능형 시스템 구현이 가능해진다.

디지털트윈, 디지털스레드 시스템이 구현된 스마트팩토리 도입을 위해 필요한 기술을 가상과 실제의 융합이라는 CPS 개념에 따라 구분해 보면, 설계자동화, 공장자동화, 공장정보화의 세 가지로 구분해 볼 수 있다.

여기서 가상공간에서의 설계자동화는 PDM(Product Data Management), CAD (Computer Aided Design), CAM(Computer Aided Manufacturing), CAE(Computer Aided Engineering) 및 시뮬레이션 등 주로 제품 개발 및 설계과정과 관련된 정보를 통합적으로 관리하는 PLM(Product Lifecycle Management, 제품수명주기) 관련 소프트웨어를 의미한다. 그리고 공장자동화 및 공장정보화 시스템의 경우 크게 다섯 가지 층위의 피라미드 구조로 세분화해 볼 수 있다(그림 1-15).

그림 1-15 / 스마트팩토리 핵심기술

그림 1-15 / 스마트팩토리 핵심기술

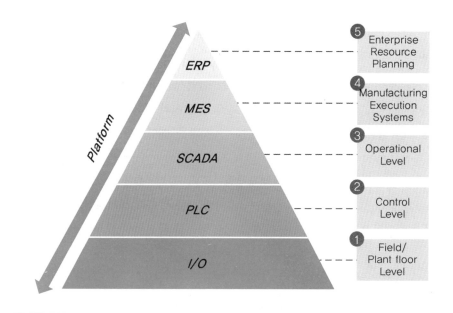

1) 현장장비(field or factory floor)
2) 설비제어(control level)
3) 공장운영(operation level)
4) 제조실행(execution level)
5) 생산계획(enterprise level)

1) 현장장비(Field or Factory floor)

첫 번째 단계, 즉, 피라미드의 최하위 레벨(field level)은 모션 컨트롤러, 로봇, 밸브, 컴프레서 등 '실제 장비'로부터 정보를 수집하는 데 필요한 I/O 링크(Input Output Link) 관련 기술이다. I/O 링크는 센서나 액추레이터 등을 연결해 서로 간 커뮤니케이션을 할 수 있도록 지원하고, 여기에서 나오는 각종 상태정보를 상위 레벨로 전달할 수 있는 통신 프로토콜이다. 기존 센서의 경우 단순히 온/오프 (on/off)만을 나타내는 경우가 대부분이어서 문제발생시 해당 작업이 엉망이 돼야 만 사용자가 고장 사실을 알 수 있다. 하지만 센서에 I/O 링크 기술이 적용되면 생산라인에서 발생하는 다양한 정보를 효과적으로 수집할 수 있어 오작동 가능성을 사전에 파악하고 유지보수 시기를 보다 효율적으로 예측할 수 있게 된다.

2) 설비제어(Control Level)

다음 계층에 해당하는 설비제어 기술은 산업자동화에 특화된 컴퓨터와 같은 기능을 하는 PLC 장비를 생각하면 된다. 수많은 설비의 구체적인 동작방법을 프로그래밍하는 장치로, 제조현장에서 발생하는 수많은 데이터를 저장하고 관리하기 위한 핵심장비다.

CPS 관점에서 보면 실제 세계에서의 '공장자동화' 솔루션으로 PLC(Programmable Logic Controller, 프로그램 논리제어 장치)처럼 각종 입출력 센서로부터 신호를 받아 기계를 자동으로 제어하고 모니터링하는 설비제어 솔루션을 의미한다.

3) 공장운영(Operation Level)

피라미드 구조의 하위 두 개 계층, 즉 I/O 링크와 PLC가 하드웨어 기반 기술이라면, 나머지 상위 세 개의 계층은 주로 소프트웨어 기반 기술이라 할 수 있다.

우선 공장운영 레벨과 관련해선 SCADA(Supervisory Control and Data Acquisition, 감시제어 데이터 수집)가 대표적이다. 아날로그 혹은 디지털 신호를 통해 실시간으로 수집된 데이터 계측값을 가동시간, 가동률, 운전횟수 등으로 가공하고 시각화해, 중앙제어시스템이 원격장치를 감시하고 제어하는 시스템이라고 할 수 있다.

4) 제조실행(Execution Level)

제조실행 레벨은 가상공간과 실제 세계를 이어주는 데 필요한 '공장정보화' 시스템으로, MES(Manufacturing Execution System, 제조실행시스템)처럼 가상공간과 실제 세계에서 발생하는 정보를 유기적으로 연결해 통합 관리하는 시스템을 의미한다.

제조실행과 관련된 영역으로 MES 시스템이 대표적이다. MES는 생산공정 내 제품, 장비, 자재, 인력 등 모든 자원의 공정단위 생산 계획을 현장에서 실행하는 공장정보화 시스템이다. 즉 작업일정 관리, 생산단위 분배, 생산지시 및 진도관리, 생산데이터 분석, 제품이력 정보 추적, 설비 및 공정품질 관리, 유지보수 기능 등 실제 공장에서 일어나는 생산활동을 체계적으로 관리하는 시스템이라고 할 수 있다.

또한 가상공간에서의 설계자동화와 관련된 소프트웨어로 PDM(Product Data Management), CAD(Computer Aided Design), CAM(Computer Aided Engineering) 및 제품개발 및 설계과정과 관련된 정보를 통합적으로 관리하는 PLM(Product Lifecycle Management, 제품수명주기) 관련 소프트웨어가 있다.

5) 생산계획(Enterprise Level)

마지막으로, 최상위 엔터프라이즈 레벨(enterprise level)에 해당하는 솔루션으로는 ERP(Enterprise Resource Planning, 전사적 자원관리), SCM(Supply Chain Management, 공급망 관리) 등이 있다.

여기서 ERP(전사적자원관리)는 기업 내 전체 경영활동 프로세스들을 통합적으로 연계해 관리하며, 기업에서 발생하는 정보들을 서로 공유하고 새로운 정보의 생성과 빠른 의사결정을 도와주는 시스템을 의미한다. SCM(공급망관리)은 최초의 원재료에서 최종 완제품 소비에 이르는 전 과정의 계획을 수립하고 통제하는 기능을 담당한다.

5.2 스마트팩토리 단계별 솔루션

스마트팩토리의 각 레벨별 주요 솔루션은 다음과 같다(그림 1-16). 피라미드의 하위 두 개 레벨(Field level, Control Level)은 설비를 제작할 때 기본적으로 제공되는 기능으로, I/O 링크와 PLC 등 하드웨어 관련된 기반기술을 의미한다.

나머지 상위 세 개 레벨(Operation Level, Execution Level, Enterprise Level)은 주로 소프트웨어 기반기술을 의미한다.

현장에서 사용되는 각 레벨별 제품들을 살펴보면, 설비를 제어하는 Control level의 제품은 Siemens(사), Mitsubichi(사), Rockwell(사) 및 AIM(사) 등 기업의 제품들이 많이 사용되고 있다. 또한 제조실행 시스템은 1980~2000년대까지는 Brooks Automation(사), IBM(사), GE(사) 등 미국 기업의 제품들이 많이 사용되었지만, 2000년대 들어와서는 국내의 AIM(사), 미라콤(사), SDS(사) 등 IT 기업들이 자체적으로 솔루션을 출시하였고, 많은 제조 기업에서 사용되고 있다. 또한 삼성 전자 등 일부 대기업에서는 자체적으로 생산방식 및 제품에 특화된 In-house 솔루션을 갖추고, 시스템개발 및 운영업무를 수행하고 있다.

그림 1-16 / 스마트팩토리 Level별 주요 Vendor

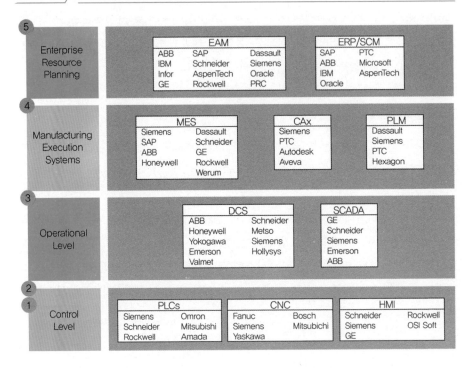

Chap 02

스마트제조시스템

1. 스마트제조시스템이란

1.1 스마트제조시스템

본장에서는 다품종소량 생산체계를 넘어 맞춤형 생산방식의 새로운 모델을 제시하기 위하여, 스마트팩토리에서 한 단계 진화된 스마트제조시스템에 대하여 살펴보기로 한다.

스마트제조시스템에 대하여는 아직 체계적으로 정리되지 않은 부분이 많고 다양한 논의가 진행되고 있지만, 그간 발표된 자료들을 조사하여 최대한 이론적 체계를 정립하고자 노력하였다.

본장에서는 스마트제조시스템의 구성요소 및 특성, 스마트제조의 진화과정, 스마트제조시스템 추진전략에 대하여 살펴보고자 한다.

스마트제조(smart manufacturing)는 지능형 제조를 의미하며, 스마트팩토리를 기반으로 제품 및 공정의 표준화, 동기화 생산, 제조 빅 데이터 활용을 통하여 고객이 원하는 제품을 품질, 비용, 납기에 맞추어 생산하는 맞춤형 생산시스템을 의미한다. 이러한 맞춤형 생산을 구현하기 위해서는 제품 및 공정을 표준화하고 공정의 실시간 제어가 가능해져야 하며, 고객의 주문에 의한 동기화 생산(pull 방식)이 이루어져야 한다, 또한 공정 데이터를 실시간으로 모니터링하여 이상시 불량을 감지해내고, 진단 및 처방, 예방을 위해서는 AI 기반의 제조 빅데이터 시스템이 구축되어야 가능하다.

1) 스마트팩토리

기본적으로 제조현장의 생산설비에 IoT 센서가 부착되어 실시간으로 제품, 설비, 자재 정보가 올라오고 이상발생시 감지할 수 있는 체계가 갖추어져야 한다. 또한 제품 및 자재의 이동정보가 실시간으로 모니터링 되고 계획 및 실적이 관리되어야 한다. 품질관리 측면에서는 제품을 설비에 투입할 때, 설비에서 작업 중, 설비에서 작업이 완료된 후 검사, 계측 등 3단계 관리를 통하여 이상을 감지하고 제어할 수 있는 체계가 갖추어져야 한다(3선 방어체계).

스마트팩토리는 다음 절에서 정의한 스마트제조 특성(3C)의 중심 축이라고 할 수 있다.

가치사슬상의 모든 구성요소와 구성원(사람, 설비, 원자재, 제품 등)들을 서로 실시간으로 연결하고, 외부 구성요소와 협업을 통해 고부가가치의 맞춤형 제품 및 서비스를 창출하는 근간이라고 할 수 있다.

2) 스마트제품(공정)

스마트제조를 위해서는 생산하는 제품 및 공정(process)의 표준화가 필수적으로 선행되어야 한다. 즉 생산하는 제품이 고객의 요구에 따라 변경시 현장에서 유연하게 대응하려면, 제품 및 공정의 표준화가 되어 있어야 한다. 이러한 작업을 위해서는 비정형공정(abnormal process), 비정형제품(non-production), 검사/계측 공정을 세밀히 분석하여 PI(Process Innovation)하는 작업을 우선적으로 진행해야 한다. 또한 제품의 작업조건을 같은 공정에서 진행된 제품의 전/후 계측 결과를 Feedback/Feedforward하여, 작업조건을 보정해주는 선진공정제어(APC: Advanced Process Control) 시스템을 구축하는 것이 이상적이다.

궁극적으로 스마트 제품(공정)은 고객의 요구에 맞는 맞춤형 제품을 최적으로 생산하기 위한 가치창출 활동이라고 할 수 있다.

3) 동기화 생산

맞춤형 생산이 되기 위해서는 생산방식이 기존의 Push 방식에서 Pull 방식으로 바뀌어야 한다. 즉 고객의 수요를 예상하여 생산하는 계획생산에서 고객의 주문에 의한 생산으로 변경되어야 하고, 현장에서는 후공정에서 필요한 수량만큼 전

공정에서 투입되는 생산체계로 바꾸어져야 한다. 즉 고객의 주문에서부터 출하까지 전 과정의 연결성(Connectivity)이 확보되고, 통제 및 관리되어야 한다.

4) 제조 빅 데이터 활용

스마트팩토리에서는 빅 데이터의 주된 기능이 제조 현장의 주요 설비(생산설비, 계측설비)에 IoT를 연결하여 필요한 정보를 실시간으로 올리고 분석하는 역할을 수행한다.

그러나 스마트제조의 빅 데이터는 제품을 생산하는 데 필요한 모든 정보를 대상으로 한다는 점에서 차이가 있다. 예를 들면 제품의 직접적인 정보(설계, 공정, 제품, 자재, 설비, 작업자)뿐만 아니라, 간접적 정보인 공장의 utility(power, temp, particle, humidity), 원부자재정보, 수입검사정보, 고객 claim정보 등 전체 정보를 분석 대상으로 한다. 이러한 기능을 수행하기 위해서는 제품의 설계에서 출하까지 발생하는 전체 정보, 고객의 A/S 정보까지 포함하는 방대한 양의 데이터가 수집되어야 가능하다. 이러한 비정형 데이터까지 포함하여 유용한 정보를 찾아내고, 이상을 예측하기 위해서는 빅데이터 분석 플랫폼 및 솔루션이 다양하게 활용되고 있다. 최근에는 방대한 양의 데이터 처리를 위한 메타 데이터베이스 및 데이터레이크 시스템이 새롭게 부각되고 있다.

제조 빅 데이터 분석 및 활용은 스마트제조의 특성(3C)을 구현하기 위하여 지원하는 기능이라고 할 수 있다.

이에 대한 자세한 내용은 본장의 2.3절에서 다루고자 한다.

1.2 스마트제조 특성

새로운 제조 패러다임에 따른 스마트제조의 특성은 개인맞춤(customization), 연결(connectivity), 협업(collaboration)으로 정의할 수 있다. 이 중 개인맞춤은 시장 또는 수요 측면의 속성에 해당하고, 연결과 협업은 공급 측면의 속성을 대변한다.

3C 속성으로 투영되는 스마트제조의 모습은 곧 가치사슬상의 모든 구성요소와 구성원(사람, 설비, 원자재, 제품 등)들이 서로 실시간으로 연결되어 협업을 통해 고부가가치의 소비자 맞춤형 제품 및 관련 서비스를 창출하는 제조플랫폼의 모습이다.

그림 2-1 / 스마트제조의 특성: 3C

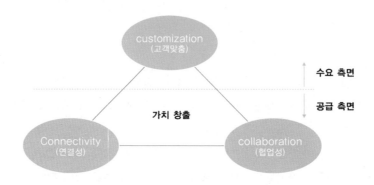

*자료: 정봉주(2017)

위의 세 가지 속성을 제조시스템의 발전과정과 연계하여 살펴보면, 1980년대 까지의 "대량생산방식", 그리고 유연성이 필요한 1990년대의 "대량 맞춤형 생산방식"을 거쳐서, 이제는 소비자 맞춤형 제품을 생산하는 "개인화 생산방식"으로 접 어들었다고 할 수 있다(표 2-1).

제조업의 서비스화는 개인화 제조방식의 불가피한 산물이며, 제조업의 가장 큰 축이라고 할 수 있다. 제품 자체가 가지고 있는 정보의 다양성은 이를 이용한 서비스의 가치를 창출하고 있으며, 산업과 산업 간의 융합을 도모하고 있다.

표 2-1 / 제조시스템의 발전과정

	1980년대	1990년대	2000년대 이후
제조방식	- 대량생산	- 대량맞춤 생산	- 개인화 생산
경쟁력	- 비용 및 품질	- 유연성, 서비스	- 지식정보
필요기술	- JIT(Just in Time) TQM(Total Quality Management)	- ERP(Enterprise Resource Planning) - SCM(Supply Chain Management)	- IoT(Internet of Things) - AI(Artificial Intelligence) - 빅 데이터 분석 - Cloud Computing
제조시스템	- CIM(Computer Integrated Manufacturing)	- FMS(Flexible Manufacturing System)	- Service Oriented - Product Service

*자료: 정봉주(2017)

1) 개인화 생산(Personalized Production)

소비자 기호의 다양화 추세는 미래 시장의 예측에서 빼놓지 않고 등장하는데, 이는 제조업에서의 여러 가지 변화를 야기한다. 먼저 짧아지는 제품 수명주기와 보다 다양해지고 세분화된 제품의 등장으로, 기존 제조방식에 기반한 효율성 위주의 공급사슬(Effect Supply Chain)로는 소비자의 니즈를 충분히 만족시킬 수 없게 된다. 따라서 소비자에 매우 빠르게 대응하는 공급사슬(Responsive Supply Chain)로의 전환이 불가피하며, 동시에 저비용의 효율뿐만 아니라 제품과 제조에 관련된 부가가치 서비스를 제공하는 제조-서비스 플랫폼의 등장을 예고한다. 궁극적으로 소비자맞춤 생산은 대량맞춤 생산(Mass Customization)이 아닌, 개인화 생산(Personalized Production)을 의미하는 것이라고 할 수 있다. 표 2-2를 보면 대량생산, 대량맞춤 생산, 개인화 생산의 특성에 대한 차이점을 볼 수 있다.

표 2-2 / 제조방식의 진화에 따른 특성 비교

	대량생산 (Mass production)	대량맞춤 생산 (Mass customization)	개인화(맞춤형) 생산 (Personalized production)
조직의 활동	- 기업 내	- 기업 내 - 기업 간 협력	- 기업 내 - 기업 간 협력 - 산업 간 협력
제조 목표	- 규모의 경제	- 규모의 경제 - 범위의 경제	- 규모의 경제 - 범위의 경제 - 서비스가치 창출 - 서비스 차별화
바람직한 특성	- 고품질 - 저비용	- 고품질, 저비용 - 제품다양성	- 고품질, 저비용 - 제품다양성 - 서비스 효용성
소비자 역할	- 구매	- 구매 - 선택	- 구매 - 선택 - 디자인, 서비스

*자료: 정봉주(2017)

개인화 생산의 특성을 살펴보면 소비자가 요구하는 제품자체의 기능적 효용은 물론이고, 더 나아가 제품에 수반되는 서비스의 가치창출에 초점이 맞추어져 있다. 즉 스마트제조의 개인맞춤은 제조업의 형태를 제조시스템 자체의 운영에서 '제조의 서비스화'로 나아갈 것을 예고하고 있다. 예를 들어, 스마트폰을 구매하는 소비자는 제품의 기능적 효용은 물론이고, 구매와 동시에 제공되는 각종 앱을 함께 구매하여 이용하는 것을 의미한다. 이는 비단 제조업뿐만 아니라 '모든 사물의 서비스화(Everything as a Service: EaaS)라는 미래산업의 특성변화를 가져온다. 물리적인 제품과 무형 서비스의 결합은 곧 산업 간 경계를 무너뜨리고 산업 간 협력을 강화하는 변화를 가져올 것이다.

스마트제조 환경에서의 'Customization'은 시장을 정의하는 속성이지만, 이러한 속성을 지닌 시장에 효율적으로 대응하기 위해서는 소비자와 소비자, 소비자와 공급기업(제조기업), 제조기업과 제조기업(공급업체) 간의 연결과 협업이 필수불가결하다. 결국 개별 소비자의 기호를 얼마나 정확하고 신속하게 파악하여, 생산하고 공급하느냐에 따라 스마트제조의 성패가 달려있다고 볼 수 있다. 이것이 스마트제조의 또 다른 속성인 '연결 Connectivity'과 '협업 Collaboration'이 반드시 구현되어야 하는 이유이다.

2) 연결(Connectivity)과 스마트화

현대적인 산업으로서의 제조업은 산업혁명 때부터 시작되었다. 유럽의 열강들이 전 세계에 많은 식민지를 거느리면서 이전보다 넓어진 시장에서 급증하는 수요에 대응하기 위해 제조현장에 기계가 본격 도입되기 시작했고, 이러한 기계의 도입은 제조생산성의 향상으로 이어졌으며 단위 시간에 얼마나 많이 생산할 수 있느냐, 즉 양적 생산성이 유일한 제조 경쟁력의 지표로 인식되었다. 산업혁명 이후 계속된 제조기업들의 생산성 향상 노력은 테일러의 과학적 관리법에 의하여 집대성되어 현대 제조관리의 기틀이 되었다.

생산성 향상을 위한 지속적인 노력으로 20세기 초, 컨베이어벨트로 대표되는 포드주의(Fordism) 개념이 생겨났고, 이는 소품종대량 생산방식의 시작이었다. 당시의 소비자들은 가격 비교를 통해 더 저렴한 제품을 구매하였으므로, 기업들은 '가격 절감'의 압력을 받아야만 했다. 가격의 절감은 마진의 하락을 불러왔고 마진의 하락을 최소화하기 위해서는 규모의 경제를 통한 비용절감이 필요했다. 이러한 현상은 소품종대량 생산방식의 가속화를 유도했다. 그러나 이러한 소품종대량 생산방식은 품질을 관리하기 어려워 대량의 불량이 발생하기도 했다. 20세기 말에 들어서 소비자들은 이제 품질 문제에 민감해지기 시작했다. 어느 정도의 가격 수준 내에서 품질 비교를 통해 더 좋은 품질의 제품을 구매하기 시작했고 이에 따라 기업은 '품질혁신'에 많은 노력을 쏟아 부었다.

그 과정에서 Just-in-Time으로 대표되는 Lean 제조방식의 개념이 생겨났다. 약간의 가격 상승에도 불구하고 소비자가 원하는 품질 수준을 만족시키기 위해 Lean 제조방식이 자리잡기 시작한 것이다. 일본의 Toyota 자동차는 이 개념을 성공적으로 도입한 대표적인 회사이다.

현재 우리가 살고 있는 21세기는 삶의 질이 중요해지고 개인의 개성이 부각되는 시대에 접어들면서, 제품의 품질뿐 아니라 개개인의 니즈에 부응할 필요성이 증가하고 있다. 소비자는 제품별로 어떤 가치를 제공하는지 비교하여 자신에게 맞춤화된 가치를 제공하는 제품을 구매하기 시작했고, 기업 또한 이러한 새로운 시대에 발맞춰 센서 데이터 기반의 스마트 제품, 개인에 특화된 맞춤형 제품, 제품 사이의 원활한 연결가치 제공을 통한 '가치혁신'을 추구하기 시작했다. 이러한 배경에서 '제조업에 ICT 기술을 융합'하는 스마트제조의 개념이 탄생하게 된 것이다. 이후, 전 세계적으로 스마트제조의 개념에 대한 중요성과 시급성을 인식하기 시작하여 독일의 4차 산업혁명(인더스트리 4.0), 미국의 산업인터넷 전략, 일본의 산업재흥플랜, 중국의 중국제조 2025, 한국의 제조업 혁신 전략 등을 통해 국가 차원의 스마트제조 지원 및 보급을 꾀하고 있다.

표 2-3 / 제조방식의 변화

제조 방식	대량 제조 (대량생산)	린 제조 (대량맞춤 생산)	스마트제조 개인화(맞춤형) 생산
주요목표	비용 최소화	품질 극대화	가치 극대화
기간	과거 ~ 1980	1980 ~ 2010	2010 ~
주요 활용 도구	- 규모의 경제 - Push 방식 - 라인방식 생산 - 재고관리	- Just-in Time - 칸반 방식 생산 - 소규모 로트 운영 - 주문형 생산	- 맞춤형 제품 - 사물인터넷(IoT) - 사이버물리시스템(CPS) - 빅 데이터 활용

*자료: 정봉주(2017)

오늘날 초연결 사회가 도래하면서 연결과 데이터를 활용한 가치창출을 통해 제품과 생산 모두 스마트해지고 있고, 이를 스마트제조라고 할 수 있다.

그림 2-2는 제품과 제조 모두 기본적인 기능만 제공하던 아날로그 형태에서 출발하여 새로운 부가가치를 창출하는 디지털화의 진화과정을 보여준다.

처음의 아날로그 형태에서 사용자가 원하는 것을 어느 정도 반영한 학습기능을 갖춘 제품과 제조, 여기에서 한 단계 발전한 형태인 제품과 생산설비와 연결된 상태, 그리고 이러한 제품들이 연결되어 더 큰 가치를 창출하는 스마트 & 커넥티트(Smart & Connected) 상태, 즉 서로 연결된 제품들이 모여 하나의 시스템을 이루어 새로운 부가가치를 창출하는 디지털화의 진화과정을 보여준다.

기계의 경우도 초기에 독립적인 설비 단위로 작업이 이루어지는 경우에 비하여, 공장 내 모든 기기와 장비가 인터넷으로 연결돼 있어 각각의 기기로부터 데이터 수집 및 분석이 가능하다면, 기계 가동상태를 실시간으로 점검하고 원격 모니터링을 통해 장비 효율 및 안정성을 극대화 할 수 있다. 또한 기계 파손이나 제품 불량 발생 가능성을 사전에 예측함으로써 비용 절감과 생산성 제고를 통해 제조업의 경쟁력을 한 단계 높일 수 있다. 이를 위해서는 단순히 기계적 하드웨어와 이를 구동시키는 소프트웨어뿐 아니라, 생산시스템에서 수집된 데이터를 분석할 수 있는 인프라가 구축되어야 이상 징후를 사전에 파악하고, 예지보전을 시행할 수 있다.

그림 2-2 / 제품과 제조의 스마트화

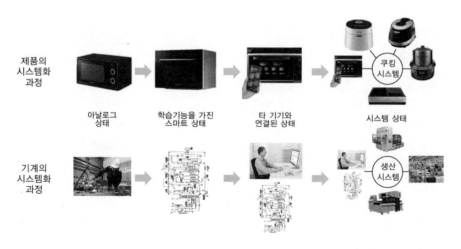

*자료: 정봉주(2017)

제조인 경우 생산시스템이 물류시스템, 공급기업시스템, 소매점시스템과 함께 하나의 커다란 공급사슬시스템을 갖춘다면, 시스템들 간의 유기적인 연결을 통해서 생산시스템이라는 단일 시스템만 존재할 때보다 더 높은 가치를 창출할 수 있게 된다. 예를 들면, 공급기업과의 연결뿐만 아니라 소매점시스템, 물류시스템과의 연결을 통해 실시간으로 필요한 생산량을 예측하고 결정할 수 있으므로 필요한 제품의 필요한 양을 필요한 때에 생산할 수 있게 되는 것이다.

이러한 스마트화를 실현하기 위해서 제품시스템은 제품 간의 연결로부터의 데이터 수집, 생산시스템은 단위 설비, 공장 내, 공장 간, 기업 간의 연결을 통한 데이터 수집이 선행되어야 한다. 또한 이 데이터들을 어떻게 활용해야 할지에 대한 구상 없이 단순한 연결과 데이터 공유를 통해서는 소비자의 가치를 제고할 방안을 찾을 수 없기 때문에 소비자의 가치를 제고할 방안에 대한 고민도 병행되어야 한다.

제품시스템의 경우 제품에 대한 사용 전·후 및 시장 환경에 대한 정보를 수집하고, 빅데이터 분석 기술을 통해 지식화하여 제품 설계 및 개발, 기존 제품 개선 및 확장, 생산 및 품질관리 향상 등에 활용할 수 있다.

생산시스템에서는 4MIE(Man, Machine, Material, Method, Environment)에 대한 정보를 스마트 기기를 통해 수집하여 제조 프로세스를 모니터링하고 컨트롤 할 수 있으며, 빅데이터 분석을 통해 일정계획 수립, 생산성 최적화, 설비 이상 사전감지, 품질 최적화, 설비예지보전, 에너지 절약 등에 활용할 수 있다.

3) 협업(Collaboration)

'개인화'된 제품과 '연결'로 새롭게 재편되고 있는 제품, 공장, 기업 생태계를 궁극적으로 스마트제조라는 새로운 패러다임으로 실현하고, 제조기업의 재도약을 위한 기회가 될 수 있게 하는 것이 협업(collaboration)이라 할 수 있다. 이미 '미래의 공장(Factory of the Future)'을 주창한 유럽의 '유로제조비젼2030'에서 협업을 중요한 우선순위에 올려놓은 것도 이와 맥락을 같이하는 것으로 볼 수 있다. 이는 스마트제조가 개별적 기술의 발전뿐만 아니라 설비, 개인, 조직, 기업 간의 긴밀한 협업을 통해서 실현될 수 있음을 인지한 결과라고 할 수 있다.

협업은 크게 연동(coordination), 협력(cooperation), 그리고 소통(communication)이라는 세 가지의 축으로 구성된다. 연동이란 협업에 참여하는 참여 주체들의 활동간에 상호 의존관계를 관리하는 것이다. 스마트제조에서는 다양한 장비와 인력 등 구성원의 원활한 운영은 필수적이며, 이러한 장비들과 인력들 간의 연동은 협업을 위한 중요한 요소이다.

다음으로 협력은 전체의 목표를 달성하기 위해서 수행하는 공동의 노력이다. 즉 공동의 목표를 설정하고, 관련된 구성원들이 목표를 향해서 한 방향으로 나아갈 때 목표를 달성할 수 있다.

세 번째로 소통은 협업의 과정에서 정보의 공유와 상황을 인지하기 위해 필요한 도구이다.

스마트제조에 앞에서 언급한 협업의 세 가지 요소가 어떻게 구현되는지 살펴보면, 스마트제조에 관련된 정보, 장비, 인력들을 적재적소에 활당하고, 실시간으로 정보를 공유하고, 필요한 데이터를 실시간으로 수집하고, 데이터를 분석하여 유용한 정보를 찾아내는 활동들이 모두 포함된다고 할 수 있다.

2. 추진전략

본절에서는 앞에서 정의한 스마트제조시스템의 네 가지 구성요소별 추진전략에 대하여 좀 더 자세히 살펴보기로 한다. 스마트제조시스템에 대한 개념이 아직은 미비한 상황에서, 스마트제조시스템에 대하여 어떻게 추진하는 것이 바람직한지 전략적으로 접근하여 고찰해 보고자 한다.

고객의 요구에 맞는 맞춤형 제품을 생산하기 위해서는 기본적으로 공정 및 제품의 표준화와 이를 반영한 스마트팩토리가 구축되어야 하고, 동기화생산, 제조 빅데이터에 의한 예측 가능한 생산이 되어야 한다.

빅데이터에서 한단계 더 발전하여 미국의 GE와 피보탈사는 산업용 대규모 데이터레이크를 최초로 구축했다. 이 시스템을 통해 기업들은 산업인터넷과 연결된 장비에서 얻은 데이터를 저장하고, 관리와 분석을 통해 새로운 정보를 알 수 있다.

데이터레이크는 메타 데이터, 즉 데이터에 관한 데이터를 수집한다. 메타 데이터는 기존 분석기법이 놓치곤 했던 맥락(context)에 대한 정보도 제공한다. 데이터베이스 내의 수치들(numeric sequence)은 맥락이 분석될 때에만 의미를 가지고,

특정 상황과 연관된 다양한 분석을 제공한다.

데이터레이크 시스템을 통해 기업들은 기존 시스템과 비교해 더 많은 문제를 해결할 수 있게 되었다(그림 2-3).

그림 2-3 / 스마트제조시스템 개념도

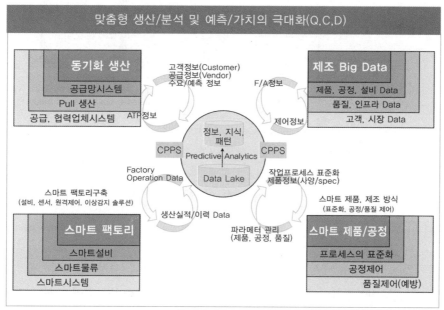

*CPPS: Cyber Physical Production System(사이버물리생산시스템)

2.1 스마트팩토리

산업의 변천과정을 살펴보면 증기기관의 발명, 기계식 생산방식 도입(기계식 방직기)으로 생산성이 크게 향상되는 1차 산업혁명(Industry 1.0)이 시작되었다. 19세기 컨베이어벨트가 자동차 공장에 도입되고, 증기기관을 대체하는 전기 동력이 들어오면서 대량생산 체계를 알리는 2차 산업혁명(Industry 2.0)이 일어났고, 1970년대부터 IT와 컴퓨터를 통한 자동화 대량생산 체계인 3차 산업혁명(Industry 3.0) 시대로 발전하였다. 그리고 21세기에는 사람, 기계, 제품의 지능적 연결(intelligent networking) 및 생산을 의미하는 Industry 4.0 시대로 발전하였다. 이는 곧 제품, 기계, 부품, 사람 간 연결을 통하여 정보를 주고 받으며, 기계별로 IoT 센서를 연결하여 작업과정을 모니터링하고 통제하는 지능형 공장을 의미한다.

그림 2-4 / Industrie 4.0 발전단계

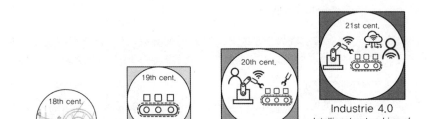
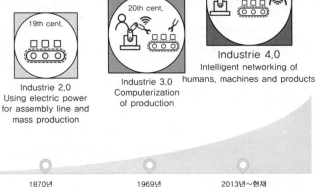

18th cent.
Industrie 1.0
With steam power from
the agrarian to the
industrial society

19th cent.
Industrie 2.0
Using electric power
for assembly line and
mass production

20th cent.
Industrie 3.0
Computerization
of production

21st cent.
Industrie 4.0
Intelligent networking of
humans, machines and products

1784년   1870년   1969년   2013년~현재

인더스트리 4.0에서는 핵심기술로 사물인터넷(IoT)과 사이버물리시스템(CPS)를 꼽는다. 사물인터넷 기반의 가상물리시스템을 통해 사이버공간에서 사업 제반 활동을 실현하는 것을 궁극적인 목표로 한다. 인더스트리 4.0으로 대변되는 스마트공장은 공장 자체의 연결만이 아닌 사람과 사물, 프로세스와 프로세스의 연결이 핵심이다. 독일에서는 사이버물리시스템(CPS)을 통해 지금까지 어느 누구도 경험하지 못한 가상과 현실공간을 연결하는 "사이버-물리시스템" 기반의 산업자동화 시스템으로 서서히 변신을 시도하고 있다.

2.2 동기화 생산

동기화 생산의 개념은 공정수가 많고 복잡한 반도체 전공정(Fabrication)에서 처음으로 도입되어 적용되었다. 동기화 생산은 공정군별(Block)로 표준 재공관리를 통해 균일한 생산 속도(Speed)를 유지함으로써 불필요한 대기를 최소화하는 신개념 방식의 생산을 의미한다.

그림 2-5 / 동기화 생산 구성요소

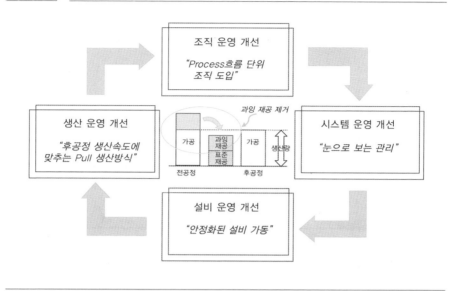

제조현장에서 동기화 생산이 이루어지기 전에는 밀어내기(push) 방식에 의한 생산으로, 공정별로 부분 최적화에 의한 방식으로 생산이 진행된다. Push 방식은 미리 생산량을 예측하여 계획에 의하여 생산이 이루어지며, 주요 관심은 생산량 극대화에 초점을 맞추어 각 공정별로 최적화하여 생산이 이루어진다. 반면에 동기화 생산은 당기기(pull) 방식에 의한 생산으로 고객의 주문에 의하여 생산이 진행되고, 따라서 고객이 주문한 제품의 납기, 수량에 맞게 후공정에서 필요한 수량만큼 전공정의 생산이 이루어진다. 이와 같이 생산이 되기 위해서는 부분 최적화보다는 전체 공정의 균형(balance)이 중요하게 된다.

동기화 생산의 구성요소는 현장의 조직을 프로세스 흐름 단위의 조직으로 구분하여 조직이 운영되어야 하며, 고객의 주문에 따라 후공정의 생산 속도에 맞추는 Pull 생산방식으로 전환되어야 한다. 그리고 주생산 설비에 대하여는 실시간 모니터링 및 계획보전 활동을 통하여 안정화된 설비운영이 되어야 하고, 눈으로 보는 관리(visualization)를 통하여 투명한 현장관리가 이루어져야 한다.

동기화 생산 전과 후의 모습을 비교해보면 적용 전에는 부분적으로 공정이 최적화되어 설비상태가 양호한 공정에서는 생산을 극대화 할 수 있지만, 설비의 문제가 있는 공정에서는 작업을 원활하게 하지 못하는 문제가 발생한다. 즉 병목

(bottleneck) 공정이 되어 작업 Lot의 정체 현상이 빚어지게 된다. 그러나 동기화 생산 적용 후에는 전체 최적화 관점에서 각 공정별 표준재공을 설정하고, 설비는 계획보전을 통하여 안정된 작업준비를 갖추게 되어 균일한 생산이 가능하게 된다(그림 2-6).

그림 2-6 / 동기화 생산 전/후의 모습 비교

1) 동기화의 개념

동기화의 개념은 반도체 공정에서 웨이퍼(wafer) 투입 후 완성까지 각 공정(step) 간 생산 속도(speed)를 일정하게 유지함으로써 불필요한 대기 재공을 제거하고, 설비별/작업자별 Movement를 균일하게 함으로써 궁극적으로 TAT(Turn Around Time)를 단축하고 시장변화에 능동적인 대응을 가능하게 하는 생산방식을 의미한다(그림 2-7).

그림 2-7 / 동기화 Image

동기화란?(Synchronize)

싱크로나이즈 스위밍(수중발레) 처럼,
모든 구성원이 동시에 같은 행동을 행하는 것을 의미함.

기존의 생산방식과 동기화 생산방식을 비교해보면, Push 생산은 각 개별 공정은 최적화되어 있으나 공정의 step 간 moving 산포가 크고 과잉재공 및 대기시간이 길어진다. 반면에 Pull 생산은 전체 공정이 최적화 되어 공정의 step 간 moving량 및 재공이 균일하고, 대기시간을 최소화 할 수 있다(그림 2-8).

그림 2-8 / 생산방식별 step 간 moving산포 및 재공 비교

〈 현 생산방식(Push) 〉

개별 공정, Room, Bay, 설비의 부분 효율 극대화

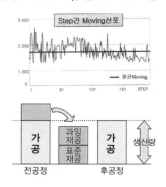

과잉재공, 대기시간 발생

〈 동기화 생산방식(Pull) 〉

전체 공정의 효율 극대화

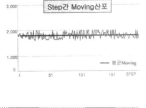

정량생산, TAT단축

2) 표준재공 설정

Block 간 동기화를 위하여 표준재공을 설정하는 방법에 대하여 살펴보자. 표준재공 개념은(Block 간 현재공 + 동기화 생산을 위한 최소 여유재공)을 의미한다. 여기서 Block은 공정의 상위개념으로 유사한 공정의 집합를 의미한다.

● 계산 Logic

표준재공 = (Block별 TAT 실적 ÷ Total TAT 실적) × Total 재공
= Block별 TAT 실적 × 제품별 Daily 투입량

(Total 재공 = 제품별 Daily 투입량 × Total TAT 실적)

용어 정의

- Total TAT 실적: 시스템에서 제공하는Closed TAT의 1개월 실적
- Block별 TAT 실적: 최근 1개월 Block별 Closed TAT의 평균 + 1시그마 값
- 제품별 Daily 투입량: 제품별 차월 생산량을 위한 일별 투입량

● Block 간 동기화시 표준재공 운영방식

- Block 내 표준재공을 매개로 Block 간 흐름을 조절함(TAT 1~3일 공정을 1개 block으로 설정)
- Block의 첫 Step 작업지시 가능량 = Block 표준재공 - Block 현재공
  Block의 현재공이 표준재공보다 많으면, Block 내의 첫번째 Step에서 Track In Prevent(interlock)가 걸리도록 시스템에서 통제한다(그림 2-9).

그림 2-9 / Block 간 동기화시 표준재공

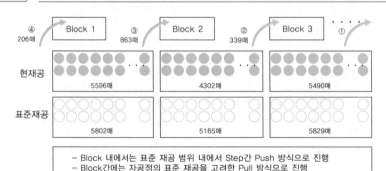

2.3 제조 빅 데이터

1) 빅 데이터 개요

빅데이터는 기관별로 다양하게 정의하지만, 세계적으로 잘 알려진 인터넷데이터센터(IDC)는 데이터베이스의 규모가 아니라 업무수행 기능에 초점을 맞춰, "빅데이터는 다양한 종류의 대규모 데이터로부터 저렴한 비용으로 가치를 추출하고, 데이터의 초고속 수집·발굴·분석을 지원하도록 고안된 차세대 기술 및 아키텍쳐"라고 정의하고 있다. 또한 일반적으로는 빅데이터를 "기존 데이터베이스의 데이터 수집·저장·관리·분석의 역량을 넘어서는 정형 및 비정형 데이터를 포함하는 대용량의 데이터 집합과 그 분석기술"이라고 정의하고 있다.

그 특징은 3V로 설명할 수 있는데, 3V는 데이터의 크기(volume), 데이터의 속도(velocity), 데이터의 다양성(variety)을 나타내며, 이러한 세 가지 요소의 측면에서 빅데이터는 기존의 데이터베이스와 차별화 된다. 데이터 크기(volume)는 단순 저장되는 물리적 데이터양을 나타내며, 빅데이터의 가장 기본적인 특징이다. 데이터 속도(velocity)는 데이터의 고도화된 실시간 처리를 뜻한다. 이는 데이터가 생성되고, 저장되며, 시각화되는 과정이 얼마나 빠르게 이뤄져야 하는지에 대한 중요성을 나타낸다. 다양성(variety)은 다양한 형태의 데이터를 포함하는 것을 뜻한다. 정형 데이터뿐만 아니라 사진, 오디오, 비디오, 소셜 미디어 데이터, 로그 파일 등과 같은 비정형 데이터도 포함된다.

정보로부터 원하는 결과를 얻기 위한 빅 데이터 분석과정을 살펴보면 ① Descriptive Analytics, ② Diagnostic Analytics, ③ Predictive Analytics, ④ Prescriptive Analytics 과정을 거친다.

1단계에서 무슨 일이 일어나는지 모니터링하고 시각화 하는 작업을 의미한다면, 2단계에서는 이를 진단하고 분류해서 연관성을 찾아내는 작업을 의미한다. 다음은 예측 단계로 정상중에서 비정상(이상)을 찾아낸다. 이때 많이 사용하는 방법이 기계학습(machine learning)으로, 지도학습(supervised learning) 또는 비지도학습(unsupervised learning) 방법 등을 통하여 비정상(이상)을 찾는다. 마지막으로 처방을 내리고 최적화하는 단계로, 수리적인 방법, 강화학습을 통하여 최적의 모델을 찾아서 제공한다.

2) 제조 빅 데이터

스마트팩토리에서는 빅 데이터의 주된 기능이 현장의 설비(생산설비, 계측설비)에 IoT를 연결하여 필요한 정보를 실시간으로 올리고 분석하는 역할을 수행한다. MES에서는 공정데이터(주로 검사/계측 Data)를 통계적 공정관리기법(SPC)을 이용하여 관리한계선을 설정하고 실시간으로 모니터링하여 관리한계선을 벗어나면 Interlock을 걸고, 작업자 또는 엔지니어가 필요한 조치를 취하고 다음 작업을 진행한다. 설비데이터는 설비엔지니어링시스템(EES)을 통하여 설비데이터(설비parameter)를 모니터링 하고, 설정된 구간을 벗어나면 Interlock을 걸고 엔지니어가 필요한 조치를 취하고 작업을 진행한다. 그리고 수율관리시스템(YMS)에서는 수율과 연계하여 제품의 공정데이터, 설비데이터, 검사/계측데이터를 연계하여 분석하는 작업을 진행한다. 하지만 이러한 일련의 분석작업은 전체 제조공정의 단편적인 정보를 대상으로 하는 부분적인 분석활동이라고 할 수 있다.

그러나 스마트제조의 빅 데이터는 제품을 생산하는 데 필요한 모든 정보를 대상으로 한다. 예를 들면 제품의 직접적인 정보(설계, 공정, 제품, 자재, 설비, 작업자)뿐만 아니라, 간접적 정보인 공장의 utility(power, temp, humidity…), 원부자재 정보, 수입검사 정보 등 전체적인 정보를 분석대상으로 한다.

이러한 기능을 수행하기 위해서는 제품의 설계에서 출하까지 발생하는 전체 정보, 고객의 A/S 정보까지 포함하는 방대한 양의 데이터가 수집되어야 가능하다. 또한 기능적으로 기존의 제품이나 공정, 설비의 이상을 감지하여 Interlock을 걸고 Feedback하여 조치를 취하는 단계에서 벗어나, 수율에 영향을 미치는 공정, 설비 변수를 찾아내어 조치하고 사전에 이상을 예측하여 필요한 조치를 취하는 시스템을 의미한다.

빅 데이터에서 한 단계 더 발전하여 미국의 GE와 피보탈사는 산업용 대규모 데이터레이크를 최초로 구축했다. 이 시스템을 통해 기업들은 산업인터넷과 연결된 장비에서 얻은 데이터를 저장하고, 관리와 분석을 통해 새로운 정보를 찾을 수 있다.

데이터레이크는 메타 데이터, 즉 데이터에 관한 데이터를 수집한다. 메타 데이터는 기존 분석기법이 놓치곤 했던 맥락(context)에 대한 정보도 제공한다. 데이터베이스 내의 수치들(numeric sequence)은 맥락이 분석될 때에만 의미를 가지고, 특정 상황과 연관된 다양한 분석을 제공한다.

데이터레이크 시스템을 통해 기업들은 기존 시스템과 비교해 더 많은 문제를 해결할 수 있게 되었다(그림 2-3).

그림 2-10 / 제조 빅 데이터 Provider 플래폼

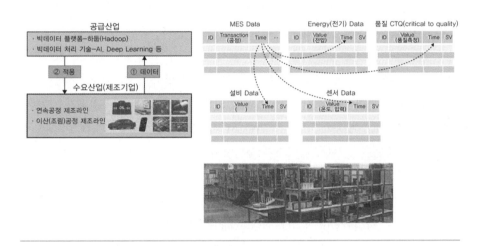

또한 분석하는 방법도 스마트팩토리에서는 단편적인 기술통계학, 데이터마이닝 기법을 사용하여 정형데이터(구조적 데이터) 위주의 분석작업이 이루어졌다. 그러나 빅데이터에서는 정형 및 비정형 데이터를 포함하는 방대한 양의 데이터를 수집, 저장하고 분석솔루션, 빅 데이터 처리기술(AI, Dip Learning 등)을 이용하여 분석할 수 있다(그림 2-10).

여기에는 기존의 제품이나 공정, 설비의 이상을 감지하여 Interlock을 걸고 Feedback하여 조치를 취하는 단계에서 벗어나, 수율에 영향을 미치는 공정, 설비 변수를 찾아내어 조치하고, 사전에 이상을 예측하여 필요한 조치를 취하는 지능화된 시스템을 의미한다.

3) 적용사례

반도체·디스플레이 생산 라인을 사람이 아닌 인공지능(AI)이 운영하면 생산성을 얼마나 높일 수 있을까. 반도체·디스플레이 생산 라인에는 웨이퍼와 패널을 옮기는 웨이퍼 이송설비(OHT)와 패널 이송설비(stocker)가 들어간다. 평소 이들 설

비는 제조사가 짜놓은 사전 계획대로 운영되지만 기계 고장, 생산 지연, 레시피 변경 등 사건(event)이 발생하면 현장 엔지니어가 임기응변식으로 운영을 조절한다. 현장 엔지니어의 능력에 따라 수율·생산성이 좌우되는 셈이다. 생산 라인이 복잡해질수록 문제는 심각해진다. D램을 기준으로 이전까지 1개 공장 안에는 1개 라인만 구축돼 OHT(Over Head Transport) 300개 정도만 운영하면 됐다. 하지만 공정이 추가되고 설비투자 비용이 늘어나면서 업계는 하나의 공장 안에 여러 개의 라인이 있는 메가 팹(mega fab)을 세우기 시작했다. 메가 팹에는 적어도 500대의 OHT가 들어가 계획대로 운영하기도 벅차다. 이 이송설비를 AI(Artificial Intelligence)가 운영하도록 하면 생산시간을 10배 이상 단축할 수 있다는 연구결과가 나왔다.

　기계학습(ML), 심층학습(DL) 등 기존 AI 기술은 빅데이터에서 특정 패턴을 추출해 알고리즘으로 만든다. 데이터가 충분하지 않으면 그만큼 알고리즘의 정확도도 떨어진다.

　실제 현장의 사례를 보면, 데이터가 없어도 스스로 시행착오를 겪으면서 알고리즘을 짜는 강화학습(reinforcement learning)을 반도체 공정의 물류시스템(OHT)에 적용하여, 현장 엔지니어가 이렇게 저렇게 라인을 운영해보면서 노하우를 쌓듯, AI도 경험을 통해 알고리즘을 고도화 한다. 이러한 강화학습 알고리즘은 생산 데이터와 장비 내 로그 데이터를 모두 활용하는데, 이는 공정 레시피가 바뀔 때마다 각 장비의 설정도 바뀌어야 하는데 조금만 설정값이 틀어져도 계획대로 장비가 움직이지 않고, 생산성도 떨어지기 때문이다. "제조사들은 이제껏 생산운영에 대한 데이터만 가지고 공정에 대한 사전 계획을 짜왔고, 이제 막 각 장비의 로그 데이터에 접근하기 시작했다"며 "생산 데이터와 장비 데이터를 모두 활용하면, AI가 생산은 물론 각 장비까지 이해할 수 있다"고 말하고 있다. 강화학습 알고리즘의 학습과정은 가상 환경에서 OHT 300대가 들어간 생산 라인을 운영해보는 시뮬레이션 기법을 활용하고, 현장 엔지니어가 숙달되기 위해서는 최소 수년이 필요하지만 알고리즘을 개발하는 데는 2~3일 밖에 걸리지 않았다. 그 결과 OHT의 웨이퍼 이송시간을 10분의1로 단축할 수 있고, 특히 강화학습 알고리즘은 웨이퍼 처리량이 많을수록 라인이 복잡할수록 이송시간을 크게 줄이는 것으로 나타났다고 발표되었다.

　물론 AI를 무작정 생산 라인에 도입할 수는 없다. 기본적으로 자동화가 돼있어 데이터를 수집해 상관관계를 파악하는 데이터 마이닝(data mining)을 할 수 있어

야 한다. 아직 대부분의 제조사들은 전 라인 자동화는 커녕, 생산 데이터를 엑셀
파일로 일일이 저장하는 수준에 불과하다.

4) 기존의 방법 vs 빅 데이터 시스템

기존의 방법과 빅 데이터 시스템을 적용 했을 때의 차이점을 살펴보면 다음
과 같다.

Root course analysis 측면에서 보면 기존에는 Data source의 제약으로 부분
적인 분석만 가능하지만, 빅 데이터를 활용하면 마지막 공정으로부터 처음 공정까
지 전체 공정에 대한 Root cause analysis가 가능하다. 또한 Performance,
Analysis Automation 측면에서도 기존 방법은 분석시간이 오래 걸리고 제공 안되
는 기능이 많지만, 빅 데이터 시스템에서는 정형, 비정형 모두 가능하고 분석시간
도 획기적으로 단축할 수 있다(그림 2-11).

그림 2-11 / 빅 데이터 Usage Example

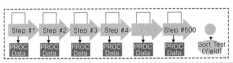

Root-Cause Analysis for Low Yield
· For 1 months data()30K wafers)
· For all process steps()0.5K steps)
· For all parameters()2M parameters)

Items		Before (Traditional Systems)	After (with Big Data Systems)
Data Source for Root Cause Analysis	Tracking Data	O	O
	Event Summary Data	△	O
	Trace Summary Data	(Limited, 1 step per 1 analysis)	(All step & all parameter used)
	Trace Raw Data	△	Planned
Performance	Data Size(Tested)	1GB	>300GB
	Algorithm Performance (Appr. 8GB for 30K wafers) Concurrent up to ×users	~1K minutes	Within half hour
Clustering	Wafer Map Clustering	Need to register User Maps	Dynamic Clustering
Analysis Automation	Drill Down Analysis	×	O
	Scheduling job	×	O
Analysis time to find Root Cause		A Week	<One hour
Near real time analysis		×	Planned

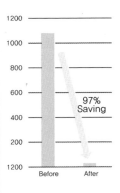

97% Saving

기업의 제조 현장에서 실제 활용되는 사례를 설비엔지니어링시스템(EES)의
경우를 예를 들어 살펴보자. 먼저 Dashboard를 통하여 설비에서 실시간으로 올라

오는 수많은 인자들을 모니터링한다. 여기서는 각종 중요한 자료들을 표나 그래프로 요약하여 보여준다. 그리고 이상을 찾아내는 알고리즘(비정형 패턴)을 통하여 파라메터의 이상을 찾아내고, 필요한 조치를 취하는 단계를 거친다(FDC: Fault Detection Classification). 선진공정제어(R2R: Run to Run)에서는 전공정과 후공정의 계측결과를 Feedback/Feedforward 받아서, 진행할 제품의 공정 조건을 최적으로 설정하여 내려준다. 설비유지보수의 경우도 설비에 들어가는 수많은 부품별로 설정된 교체시간과 사용실적, 현재의 상태 정보를 분석하여, 교체 주기를 예측하여 보여준다. 이러한 분석활동은 앞에서 기술한 빅데이터의 분석과정(Descriptive Analytics - Diagnostic Analytics - Predictive Analytics - Prescriptive Analytics)을 따라서 지능화된 엔지니어링 활동이 이루어지는 것을 잘 알 수 있다(그림 2-12).

그림 2-12 / Example: AI based Intelligent Engineering Analytic Platform

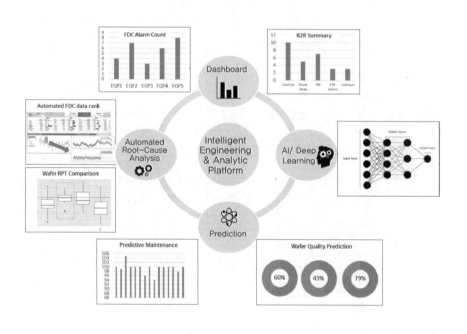

3. 사례연구

S전자는 반도체 물류/생산/공정 자동제어 시스템 구축으로 세계 최고 경쟁력 유지하고 있다. 본 사례는 MES(Manufacturing Execution System)를 중심으로 물류자동화와 엔지니어링 분석까지 통합되어 반도체 물류/생산/공정제어용 생산시스템 구축을 통하여 반도체 부문에서 가장 경쟁력 있는 최고의 생산성을 달성한 사례이다.

3.1 추진 개요

1) 추진 배경

S-MES는 반도체 라인의 웨이퍼(wafer) 대구경화(200mm→300mm)에 따른 무인 자동화(full automation) 필요성에 의하여 추진하게 되었다. 절대 우위 경쟁력을 확보하기 위한 생산성 극대화를 위해 웨이퍼 대구경화(200mm→300mm)를 추진하였고, 수작업에 의한 Wafer Handling이 불가능하여 보다 정밀하고 복잡한 제품 생산과 진보된 엔지니어링 활동을 지원하기 위한 물류/생산/공정이 연계된 완전 자동화 시스템의 필요성이 더욱 부각되었다.

그림 2-13 / 무인자동화(full automation)의 필요성

비즈니스 환경의 급격한 변화	• 웨이퍼 제품의 대구경화(300mm)로 작업자에 의한 운반 불가 • 집적도 증대/공정 복잡화/다품종 소량생산 • 분석 기법의 다양화 및 복잡화로 기술정보 증가
User Requirements의 다양화	• 수작업이 배제된 시스템 기반 생산제어 필요 • Wafer Level의 Tracking 및 분석 필요 • 생산/기술/품질 Data간 실시간 연계 필요 • 기준정보의 일원화 및 단일화 • 통합 UI 환경
IT 기술의 발전	• Architecture 체계화 및 Module/Component化 • 정보의 통합화 및 개인화 • 개발/운영 Solution 전문화 • System 보안 기술 강화 • H/W 처리 능력 고도화 및 안정화

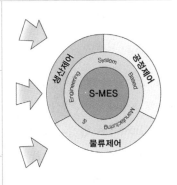

물류/ 생산/ 공정제어
무인자동화 구축 필요

2) 추진 목표

추진 목표는 무인자동화(full automation)시스템 기반의 초일류 제조 경쟁력을 확보하는데에 있다.

무인자동화(full automation)시스템 구축을 통하여 유연하게 환경변화에 대응 및 생산제어 분야의 기술 우위를 선점하고, 이를 바탕으로 강화된 운영우월성(operation excellency) 기반의 초일류 제조 경쟁력을 확보하고자 추진하였다.

그림 2-14 / 무인자동화 추진목표

Vision	Effective, Robust Manufacturing System for Operational Excellency			
Mission	물류/생산/공정제어 무인자동화(full automation) 구축			
추진 과제	생산	• SPEC[Recipe, Parameter 등] 표준화/자동화 • 생산계획에 의하여 생성된 Scheduling/Dispatching 작업수행의 무인화 구현 • 무인화 생산현장의 Monitoring /Operation을 위한 제조 Workplace 구축	기술 / 품질	• SPC Interlock 구축 • 실시간 설비 Monitoring/제어 • 최적 공정 조건 분석 및 실시간 자동 제어 구축
	수율	• Defect/ Bin Map 자동 분류시스템 구축으로 분석 Lead-time 단축 • FAB/ EDS/ PKG 전부문 수율분석/이상탐지 분석시스템 구축[Datamining기반]	시스템 운영	• 365일 무장애 시스템 운영 목표 • 주요 생산시스템의 Fail Over 구성 및 성능 Monitoring 시스템 구축 • Disaster Recovery 구축

3) 추진 전략

● 경영환경 변화에 앞선 IT기술 개발

S전자 물류/생산/공정제어 자동화시스템인 S-MES는 메모리 신성장론에 입각한 Business 환경 변화에 대비, IT기술 개발을 위하여 아래와 같은 기술로드맵(technical roadmap) 전략을 수립하여 지금까지 시행하였으며, 현재 차세대 생산라인을 위한 S-MES(x)를 설계하고 있다.

그림 2-15 / S전자 MES 발전단계

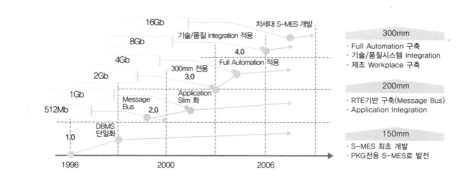

3.2 MES 구축

1) S-MES 개요

S-MES는 생산 현장을 실시간으로 제어하기 위한 자동화시스템으로서, 물류/생산 설비의 자동제어 및 작업공정의 자동화, 품질 예방 및 수율 향상을 위한 분석자동화, 그리고 모든 정보를 실시간으로 수집/분석하여 효율적인 생산이 가능하도록 365일 무정지(non-down)로 운영되는 제품생산의 핵심 구성요소이다(그림 2-16).

그림 2-16 / S-MES 구성요소

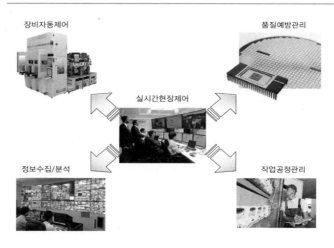

2) S-MES Image

　　S-MES는 제품생산을 위한 생산 Scheduling부터 자동반송 설비제어, Lot Track-in/Track-out, 공정제어, 생산설비제어 및 Engineering Data Monitoring/분석 등 핵심 7대 기능으로 구현되어 있다. 각 기능은 RTE 기반으로 급격한 환경변화에 대응 가능하고, 무인자동화(full automation)운영을 위하여 유기적으로 집적화(integration) 되어 있다(그림 2-17).

그림 2-17 / S-MES 주요 기능

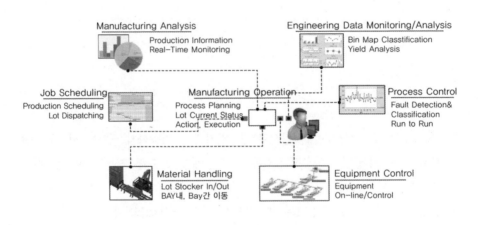

그림 2-18 / S-MES 추진전략

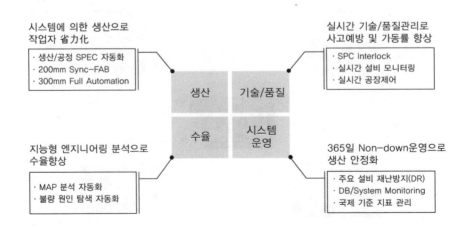

3) 전략과제 도출

S-MES 기본적인 기능을 중심으로 다음과 같은 전략과제를 추진하여 생산성, 품질, 수율 향상 활동을 전개한다. 경영환경의 변화에 따른 업계 최고의 경쟁력을 유지하기 위한 생산자동화 시스템으로 변화하고, 차세대 생산 라인을 위한 새로운 청사진(blue print)을 그려나가고 있다(그림 2-18 참고).

3.3 S-MES 전략과제

1) e-SPEC(표준화)

무인자동화(full automation)라인을 구현하기 위하여는 수작업으로 관리되던 생산/공정 표준을 자동화하여야 한다. e-SPEC은 기존의 복잡한 업무프로세스 및 각기 별도의 시스템에서 관리되던 문서 기반의 표준 관련된 프로세스를 단순화하고 통합하여, 자동으로 관리되도록 구현하였다. 엔지니어링(engineering) 업무와 관련된 변경(change) 사항 발생시, 해당 공정 및 생산의 표준이 자동으로 개정(revision) 되도록 구현함으로서, 리드타임(lead-time) 단축 및 작업 사고를 사전에 예방하게 되었다.

그림 2-19 / 기준정보 표준화

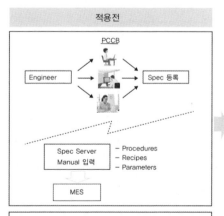
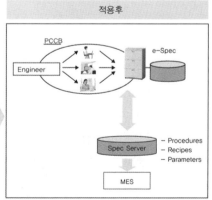

*PCCB: Process Change Control Board

2) 무인자동화(Full automation)

S-MES 기반의 무인자동화(full automation)라인은 시스템에 의한 생산계획 및 작업진행 결정, 자동 반송으로 완전 자동화된 생산방식을 의미하며, 라인 내 무인화 환경 및 Rule에 의한 계획생산으로 혁신적인 생산성 향상과 생산 Lead-time 단축을 달성하였다.

그림 2-20 / 무인자동화(full automation)

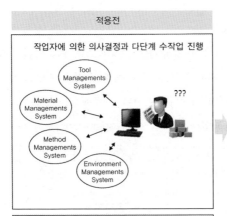

적용전

작업자에 의한 의사결정과 다단계 수작업 진행

Tool Managements System
Material Managements System
Method Managements System
Environment Managements System
???

· 단일 공정 내 작업 Flow를 작업자의 결정에 의존
· 라인당 기본 작업자 수 필요
· 작업자에 의한 반송 결정으로 반송시간 증대
· 수작업에 의존하여 TAT 증가

적용후

시스템에 의한 의사결정과 무인 자동화 구현

FAB Planning
Scheduler
Dispatcher
Scheduling
Production
Stocker
OHT
Equipment

· 전 공정 작업 Flow의 시스템 결정에 의한 자동화 구현
· 라인당 평균 작업자 감소
· 시스템에 의한 설비지정/반송으로 반송시간 단축
· Full Automation으로 작업자 省力化

3) SPC(Statistical Process Control) 관리

설비에서 발생하는 데이터는 크기가 방대하고 복잡하여, 단순히 제품의 규격 (spec)만을 check하거나 작업자의 경험에 의존하는 품질관리를 하였다. 이러한 데이터 관리 방식에서 제품의 공정 특성에 맞도록 데이터 유형별 SPC 개념을 도입하고 이상 검출방법을 정의하여, 시스템에 의한 실시간 관리를 함으로써 사고방지에 기여하고 있다.

그림 2-21 / SPC 관리

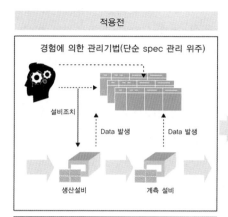
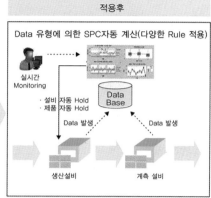

적용전	적용후
경험에 의한 관리기법(단순 spec 관리 위주)	Data 유형에 의한 SPC자동 계산(다양한 Rule 적용)

· 계측 공정에서 제품의 spec에 의한 단순 이탈 관리
· 사용자의 경험에 의한 품질관리 한계 설정:미세관리 불가
· 사람에 의한 사후 이상 검출

· 메인 공정과 계측 공정에서 통계적 이탈 관리
· Data 유형에 의거한 품질관리 한계 설정:미세관리 가능
· 시스템에 의한 Real Time 이상 검출

4) 실시간 설비 모니터링

Process 진행 완료 후에 발생하는 설비의 요약된 데이터를 이용하여 설비 및

그림 2-22 / Real Time 설비 모니터링

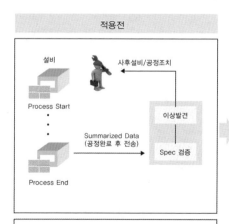
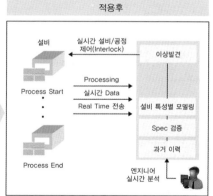

적용전	적용후

· Process 종료 후 발생하는 Summarized Data에 의존한 관리
· 작업 완료 후 설비 이상 발견으로 인한 사고 예방 미흡
· 실시간 설비 상태 파악 미흡으로 인한 설비 효율 감소

· Processing 중에 발생하는 대량의 실시간 설비 데이터 관리
· 설비 사고 예방 및 이상점 조기 예측을 통한 사고 방지 효과
· 설비 정상 상태에 대한 분석 기능 제공으로 설비 효율 향상

공정을 관리하는 방식을 개선하여, Process 진행 중에 발생하는 데이터를 수집하고 실시간 분석결과를 산출해낸다. 사전에 설비/공정의 이상 변동을 감지, 예측, 분석, 제어할 수 있도록 시스템화함으로써 사고방지와 생산성 향상에 기여하고 있다.

5) 선진 공정제어

선진 공정제어는 현재 로트(lot)에 대한 이전 공정에서의 계측 데이터나 동일한 설비에서 진행된 이전 Lot들의 공정 조건 및 계측 data를 이용하여 통계적인 제어 Logic으로 현재 Lot에 대한 최적 공정조건을 제시, 최적 생산조건을 유지하는 선진 공정제어 기법이다.

그림 2-23 / Advanced Process Control(APC)

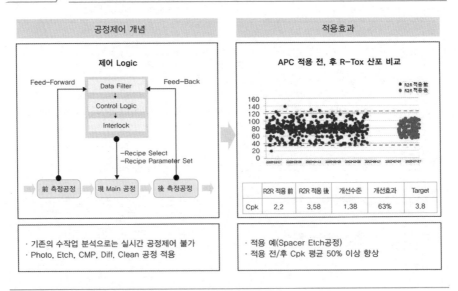

6) 불량 원인탐색 자동화

Wafer Defect/Bin 결과 이상 Lot이 발행한 혐의 설비나 공정을 파악하기 위해서는 관련된 데이터를 추출하고 분석하는데 약 7일~15일이 소요되고 결과도 정확하지 않았으나, 프로세스와 분석 Logic이 자동화된 혐의 설비 탐지시스템을 통하여 수분 내로 혐의 설비를 정확하게 분석할 수 있게 되었다.

그림 2-24 / Defect Data Analysis

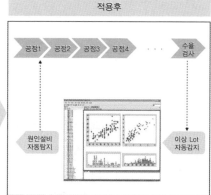

적용전	적용후
· 이상 Lot 발생시 Defect/Bin Map 육안 평가 및 임의설비 추정	· Clustering 기법을 활용한 Wafer Bin Map 자동 분류 · 자동 분류 후 이상 Bin Map은 엔지니어에게 자동 통보 · Defect/Bin뿐만 아니라 Parameter Data 자동 분류 가능

7) 시스템 무정지(Non-down) 운영

무정지 생산환경 구축에 필요한 각 H/W의 이중화 및 Backup과 재난 방지를 위한 원격지 DR(Disaster Recovery)서버 구축, 시스템 운영에 영향을 줄 수 있는 요

그림 2-25 / 실시간 시스템 운영 모니터링

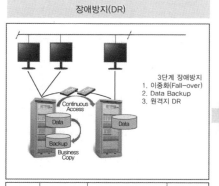
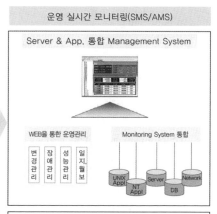

항목	이중화 여부	장애시 대응방안	대상라인
Server	O.K	Fallover	전라인
Data	O.K	Disk Backup Restore <(2hr)	전라인
Storage	O.K	원격지 Server + Storage 사용	전라인

· SPC기법을 이용한 System Monitoring 체계 구축
· 실시간 System Monitoring 및 문제 발생시 즉각 조치
· System 운영 업무 Portal 구축

인에 대한 모니터링 및 장애분석, 운영업무 Process 관리를 통합, 장애에 신속하게 대처할 수 있는 환경을 구축하였다.

3.4 적용효과 및 성공요인

1) 유형 효과

S-MES의 기대 효과로는 작업자의 성역화로 인한 인건비 절감, 생산성 향상으로 인한 설비투자 절감, TAT(Turn Around Time) 단축으로 인한 재공비용 절감, 사고예방으로 인한 손실 방지를 대표적으로 들 수 있으며, 그 외에도 공정제어로 인한 품질 및 가동률 향상까지 포함하며 더욱 큰 기대 효과를 기대할 수 있다.

표 2-4 / MES 적용효과

적용 효과	주요 내용	비 고
인건비 절감	자동화 구축으로 인건비 절감	기존 대비 200% 이상 절감
설비투자 절감	설비당 생산량(양품) 증가로 설비투자 감소	기존대비 20% 이상 감소
재공비용 절감	TAT 단축으로 평균재공 감소	기존 대비 300% 이상 절감
사고 예방	분석 Lead-Time 감소 및 사고예방	기존 대비 30% 이상 감소
수율 향상	주요 제품의 수율 향상(1~10%)	
계		

*작업자 수 및 TAT 등은 기업보안상 표시하지 않고 성능향상 지수로 대체함

2) 무형 효과

S-MES의 정량적인 기대효과 외에 시스템에 의한 작업 구현으로 신입사워 등 인력 변동에 의한 생산 변동이 감소하고, 작업이 단순해져 작업자 실수에 의한 사고 예방이 가능하며, 라인 증설시 정확하게 복사(copy exactly)하여 사용이 가능하다.

① 작업자의 작업방법을 단순화하여 작업자 이동[퇴사, 전배]에 따른 생산성 변화 억제 및 신입 인력의 조기 라인 투입 가능
② 작업자의 작업방법의 단순화로 제품품질 균일화

③ 시스템에 의한 생산방식제어로 다품종소량 생산가능

④ Map분석 자동화로 엔지니어 업무의 효율화

⑤ 기술분석 자동화로 신입 엔지니어도 10년 근무한 엔지니어처럼 고급분석 수행가능하고, 축적된 분석 로직(logic)은 회사의 전문가 지식베이스 (Knowledgebase)로 활용 가능

⑤ 데이터베이스(database) 및 시스템의 통합 모니터링으로 장애 감소

⑥ 신규 라인 Setup 시, 물류/생산/공정제어 시스템 조기 구축으로 공기 단축 가능

3) 핵심 성공요소

단순한 시스템의 개발이 아니라 생산 현장에 밀착하여 문제를 함께 파악하고, 이에 대한 해결방안을 제시하는데 앞장서 토털솔루션 프로바이더(total solution provider)의 역할을 수행하여 세계 최고의 일류 기업으로 거듭나는 원동력이 되었다.

그림 2-26 / 핵심 성공요소

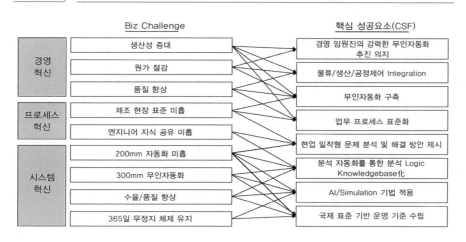

Chap **03**

제조실행시스템

1.1 MES의 정의

　　MES(Manufacturing Execution System, 제조실행시스템)는 1990년초 미국의 메사추세츠주 보스턴시에 소재한 컨설팅회사 AMR(Advanced Manufacturing Research)사에 의해 최초로 소개되었으며, 제조업의 시스템 계층구조를 계획-실행-제어의 3층 구조로 구분하여 그 가운데 실행의 기능을 MES로 정의하였다. MES의 역사를 살펴보면 1980년대 초반의 POP(point of production, 생산시점관리)는 생산현장의 작업자를 중시한 시스템으로, 작업자 중심의 데이터를 수집하고 생산현장의 작업지시가 주된 목적으로 사용되었다. 1990년대 출현한 SFC(Shop Floor Control, 제조현장관리)는 생산라인에서 발생한 데이터를 이용하여 작업지시나 작업장의 정보 상태를 관리했다. IT 측면에서는 Client/Server가 도입되어 제조현장의 정보를 실시간으로 사무실에서도 볼 수 있게 되었다.

　　또한 MES는 생산 라인의 장비를 운영하는 제어시스템과 생산자원관리시스템 (MRP, ERP) 등과의 분리된 환경을 통합하는 기능을 담당하는 시스템으로 발전하여 왔다. MES는 공정관리, 생산관리, 설비관리, 품질정보관리 및 기술정보관리 기능을 포함하는 공정관리시스템이라고 할 수 있다. MES의 목표는 주문정보와 기술정보를 바탕으로 작업계획을 세우고 제품의 품질, 비용, 납기 등의 관리목표를 달성할 수 있도록 작업순서, 장비, 작업자 등의 관리대상을 통제한다. 그리고 생산진행

상황과 실적을 지속적으로 감시하면서 생산계획에 따라 최적의 생산이 이루어지도록 지원한다(그림 3-1).

그림 3-1 / MES 구조도

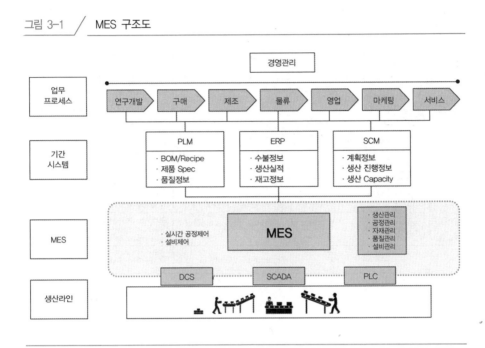

1.2 협의 MES 및 광의 MES

MES는 업무에 따라 수직적 계층으로 구분하여 레벨 0에서 레벨 4까지 다루고 있다(그림 3-2). 레벨 0의 실제 프로세스 계층에서 레벨 4의 전사 자원운영계획(생산, 판매, 물류, 구매, 재무 등)계층까지 단계적으로 나누어 정의하고 있다.

레벨 3에 해당하는 제조운영관리 계층을 MOM(Manufacturing Operaion Management)으로 정의하고, 협의의 MES로 구분한다. 그림 3-2의 영역(L3)에 해당되며, 전사의 생산계획에 맞추어 생산량을 할당하고 실적을 취합하여 관리하는 현장관리 시스템을 의미하며, 시대적 변화에 따라 공정운영정보, 품질정보, 설비현황 등 상하연계 및 조직 간 정보공유를 위한 Integration 업무를 수행한다.

광의의 MES는 영역(L1, L2, L3)에 해당되며, 제조현장의 계획수립 및 제조실행, Delivery에 이르는 전략-프로세스-시스템을 의미한다.

현장 Level의 Machine Control 단계(Level 1)는 주로 Sensing 기능을 수행하고, Process Control 단계(Level 2)에서는 제어 및 모니터링을 수행한다.

그림 3-2 / MES 업무영역(ISA-95기준)

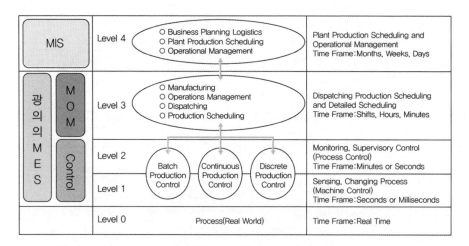

*자료: ISA(2005)

예전의 수작업(manual) 단계에서는 필요한 공정에서의 데이터만 수집되고, 일부 기능만 구현되어 실행되고 관리되었다. 하지만 현재의 무인자동화 환경에서는 제품이 투입되서 Out될 때까지의 모든 공정 및 공정에서의 작업 프로세스를 모두 시스템에 구현하여, 시스템에 의하여 작업이 실행하고 제어된다고 할 수 있다. 즉 현장의 제조, 공정, 설비, 품질 등 각 기능별로 수행하는 작업 프로세스를 모두 시스템화하여 작업을 실행시키고 관리한다고 보면 될 것이다.

① MES는 최신의 정확한 데이터를 이용하여 공장활동을 가이드하고 시작, 실행, 보고한다.
② 비부가가치 활동을 줄이고, 변화하는 조건에 대해 신속히 반응함으로써 효율적인 공장운영 및 프로세스를 만들어낸다.
③ MES는 정시납기, 재고회전, 총마진, 현금효과뿐 아니라 운영자원에 대한 이익 회수를 개선한다.

2. MES 참조모델

2.1 MESA Model

1990년 초기의 MESA International에서 제시한 MESA-11은 MES 표준기능으로 정착되었고, 2004년에는 Collaborative MES 모델로 공급자와 고객 간의 협업 업무를 중시한 기능으로 발전하였다. MESA에서는 MES의 정의를 "주문받은 제품을 최종제품이 완성될 때까지 생산활동을 최적화할 수 있는 정보를 제공하며 정확한 실시간 데이터로 공장활동을 지시하고, 대응하고, 보고한다"라고 정의하고 있다. 즉 제품이 투입되서 완성될 때까지 모든 생산공정을 실행하고 관리하는 시스템이라고 할 수 있다.

그림 3-3 / MESA-11 모델 구조

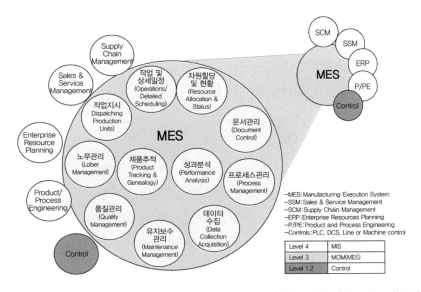

*자료: MESA International(1997)

MESA에서 제시하는 생산활동을 최적화하는 11개 기능은 다음과 같다.

1) 작업 및 상세일정(Operation/Detailed Scheduling)

적절한 순서가 정해졌을 때 Setup을 최소화하는 작업에 있어서, 특별한 생산단위와 연관된 처방, 우선순위, 속성 및 특성에 기초한 순서를 제공한다.

2) 자원할당 및 현황(Resource Allocation and Status)

설비, 도구, 작업자 숙련도, 자재 및 문서와 같은 다른 작업자에 가용한 사항들을 포함한 자원을 관리한다. 자원할당 및 상태관리 기능은 자원의 상세한 이력을 제공하고 설비의 상태를 실시간으로 제공하여 설비가 작업에 적절히 설치(Setup)되었는지 확인한다. 이와 같은 자원관리는 작업일정 목표에 부합하기 위한 예약 및 분배를 포함한다.

3) 문서관리(Resource Allocation and Status)

문서관리 기능은 작업지시, 처방, 도면, 표준 작업 절차, 부분 프로그램, 배치기록, 기술적 변경 요구사항, Shift와 Shift의 의사소통 및 계획된 것(As planned)과 이루어진 것(As Built) 정보에 대한 편집 능력을 포함하여 생산단위와 함께 관리되어야 할 기록형태를 관리한다. 문서관리 기능은 작업자에게 데이터를 제공하거나 설비제어에 대한 처방을 제공함으로써 작업지시를 현장으로 하달한다.

4) 작업지시(Dispatching Production Units)

배치, 로트(lot) 및 작업지시서(work order) 등과 같은 작업형태에 있어서 생산단위의 흐름을 관리한다. 작업지시 정보는 특정 작업이 필요한 순서대로 제시되고, 생산현장에서 발생하는 상황에 따라 실시간으로 변경된다. 생산현장의 미리 예정된 상세일정을 변경하는 기능을 포함하고 재작업(rework), 폐기(salvage), 버퍼관리 기능으로 특정 시점의 재공 수량을 통제한다.

5) 성과분석(Performance Analysis)

실적분석 기능은 과거기록과 예상된 결과의 비교를 통하여 실제적 작업운영 결과들에 대한 분 또는 초 단위보고를 제공한다. 실행결과는 자원활용, 자원가용성, 생산단위, Cycle-Time, 일정준수 및 표준준수로서 측정치들을 포함한다. 작업 인자들을 측정하는 여러 다른 기능으로부터 수집된 정보를 구체화 한다. 이 같은 형태는 보고서 형태로 준비되거나 실행에 대한 현재의 평가로서 On-Line으로 제 공된다.

6) 노무관리(Labor Management)

작업인원(노무) 관리기능은 분단위 시간구조의 개개인의 상태를 제공한다. 시 간대비 출석보고, 검증 추적 및 행위에 기초한 비용기준으로서 자재 및 공구 준비 작업과 같은 간접적인 행위의 추적능력을 포함한다. 위 기능은 최적의 할당을 결 정하기 위한 자원할당과 상호작용한다.

7) 유지보수관리(Maintenance Management Such as Maintenance and Servicing)

생산과 일정관리의 능력을 확인하기 위해 장비와 도구들을 유지보수하기 위 한 행위를 지시 및 추적한다. 이것은 새로운 문제를 진단하는데 도움을 주기 위해 과거사건 및 문제에 대한 이력을 유지한다.

8) 프로세스관리(Process Management)

공정관리 기능은 생산을 감시하고 진행 중인 작업의 향상을 위해 작업자들에 게 의사결정 지원을 제공하거나 자동적으로 수정한다. 이 같은 행위들은 내부적으 로 작용하거나 하나의 작업에서 다음 작업으로 공정을 추적하며, 감시되거나 제어 되는 또한 내부 작용하는 설비 및 장비에 특별히 초점을 맞추고 있다. 이것은 외 부적으로 수용 가능한 오차범위의 공정변경을 장비와 MES간 I/F를 제공하고 데이 터 집계/취득 기능을 가능하게 한다.

9) 품질관리(Quality Management)

품질관리 기능은 제표상의 품질제어를 확인하기 위해서나 문제를 구분하기 위해서, 제조현장으로부터 수집된 측정치들의 실시간 분석을 제공한다. 그것은 원 인을 결정하기 위한 징후, 행동 및 결과에 대한 상호작용을 포함하여 문제를 수정 하기 위한 행동양식을 제공한다.

10) 데이터 수집(Data Collection and Acquisition)

데이터 수집 및 획득 기능은 생산단위에 연계된 기록과 형태를 대중화하는 데이터와 내부 작업생산을 얻기 위한 I/F 연결을 제공한다. 위 데이터는 공장현장에서 수동적이거나 장비로부터 초 단위 구조까지 자동적으로 수집된다.

11) 제품추적(Product Tracking and Genealogy)

제품추적 및 이력관리 기능은 작업의 위치와 어느 곳에서 상시 작업이 이루어지는지를 보여준다. 상태정보는 누가 작업을 하고 있는지, 공급자의 요소자재, 로트나 일련번호, 현재의 생산조건, 경보상태, 재작업 또는 생산과 연계된 다른 예외사항들을 포함한다. On-line 추적기능은 최종생산품 각각의 사용법과 요소들의 추적능력을 부여하는 이력기능을 생성한다.

2.2 ISA-95 Model

ISA에서 정의한 MES 모델은 Data 흐름을 위주로 한 수평적 구조와 정보를 Level별로 정리한 수직구조로 정의하고 있다.

ISA-95(International Society of Automation)에서는 기업활동을 전사 자원운영계획 (생산, 판매, 물류, 구매, 재무 등), 제조운영관리, 생산제어(자동화 기능)으로 나누고, 수직적 계층으로 구분하여 레벨 1에서 레벨 4의 4개 계층으로 분류하였다. 우리가 일반적으로 말하는 광의의 MES는 레벨 1, 2, 3에 해당하는 영역을 의미하고, 레벨 3에 해당하는 제조운영관리 계층을 협의의 MES로 구분하고 있다.

그리고 ISA에서는 제조환경을 객체모델(object model)과 액티비티모델(activity model)로 구성하고, 각 계층의 인터페이스를 표준화하도록 하였다. 설비의 운영이나 센서의 구동 등 레벨 0, 1, 2의 경우를 Batch Process 산업에 대한 표준화(ISA-88)로 상세 정의하고, ISA-95 모델에서는 협의의 MES 모델에 중점을 두어 레벨 3과 레벨 4의 관계를 주로 다루고 있다.

그림 3-4 / ISA-95 MES Model(8 Activites)

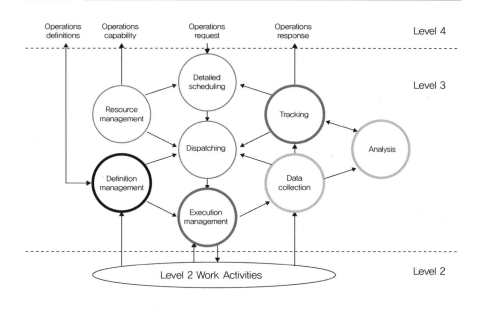

그림 3-4는 ISA-95의 액티비티 모델로서 객체 모델에서 정의한 생산, 설비, 품질, 재고에 대한 자원관리(resource management), 상세일정관리(detailed scheduling), 작업지시(dispatching), 실행관리(execution management), 기준정보관리(definition management), 추적(tracking), 데이터수집(data collection), 분석(analysis) 업무에 대한 상세 활동을 정의하고 있다.

여기서 객체 모델은 데이터 모델을 구축하기 위한 기초 개념으로, 4M(사람, 기계, 재료, 방법)의 리소스를 기반으로 제조활동의 요소를 생산, 설비, 품질, 재고 및 기타 Activity로 구분하였다.

2.3 ANSI/ISA-95 통합 Model

기업경영을 위해서는 Planning 레벨의 ERP와 Execution 레벨의 MES가 생산계획과 실적 등에 대하여 정보교환이 원활히 이루어져야 하고, 이를 위해서는 인터페이스 표준화가 필요하다. MES를 통해서 제조현장의 실시간 정보를 파악하고 관리를 할 수 있지만, 기업 관점에서 보면 타시스템과의 인터페이스를 통해 ERP/SCM과 MES 정보는 통합되어야 한다. 하지만 상용 MES/ERP/SCM 제품들은 각자의 데이터 정의를 사용하며 서로 다른 인터페이스로 인하여 시스템 통합이 용이하지 않다. 이에 ISA와 ANSI(American National Standards Institute)가 이와 같은 문제를 해결하기 위하여, SAP, ABB 등과 같은 주요 시스템 업체들을 참여시켜 1995년부터 표준을 개발하였다. 이 표준은 ERP/SCM과 MES 등의 시스템을 통합운영할 수 있도록 인터페이스와 객체 모델을 제시하고 있다.

MESA Model과 PRM(Purdue Reference Model) 수직구조를 이용하여 네 가지 Information Category와 Function Model을 도출하였으며, 여기에 Generic 활동 모형을 조합하여 ANSI/ISA-95 표준이 완성되었다. ANSI/ISA-95 Model은 여러 가지 MES Model(MESA, PRM, ISA)을 통합하여 ANSI 표준으로 등재된 모델로서 ISO에 의해 국제표준으로 활용되고 있다.

PRM 모델은 기업운영을 12개의 주요 기능으로 구분하고 있으며, ISA-95는 이를 기반으로 MES 영역을 네 가지 범주(생산, 설비, 품질, 재고)로 구분하여 MOM(Manufacturing Operations Management) 모델로 정의하고 있다.

ISA의 수직 모델과 MESA의 11개 기능을 통합하여 그려보면 그림 3-5와 같다. ERP, SCM, PLM으로 대표되는 MIS 영역, MESA-11 기능으로 정의되는 MOM 영역, PLC, DCS로 대표되는 Control 영역으로 구분하여 표현할 수 있다.

그림 3-5 / MES의 수직/수평 통합 구조도(ISA-95 + MESA 11 Function)

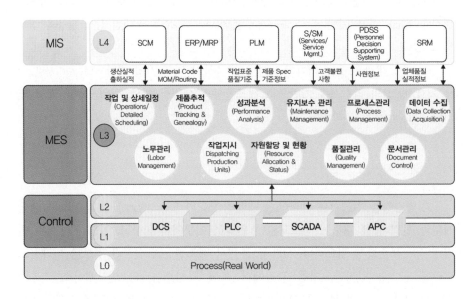

통합모델은 사업계획, 제조운영관리, 생산제어 등을 수직적 계층(control hierarchy)으로 구분하여 레벨 0에서 레벨 4까지를 다루고 있다. 레벨 0의 실제 프로세스 계층에서부터 레벨 4의 전사(enterprise)계층까지 단계적으로 정의하고 있다. 레벨 0의 실제 프로세스 계층에서부터 레벨 4의 전사(enterprise)계층까지 단계적으로 정의하였으며, 레벨 0은 설비와 장비의 운영으로 공정이 진행되는 최하위 계층으로 정의하고, 레벨 1은 센서나 기기가 구동하여 공정을 직접적으로 감지하거나 조정하는 계층으로, 레벨 2는 레벨 1에서 정의한 구동제어를 감독하고 관리하는 Supervisory Control 계층으로 정의하였다. 레벨 3은 생산에 관련된 운영관리나 작업계획과 분배 및 자세한 제품정보를 제공하며 분 혹은 시간 단위의 스케줄을 관리하는 계층으로, 레벨 4는 주간·월간 생산계획과 같이 공장별 생산계획이나 영업 목표를 관리하는 계층으로 정의하였다.

레벨 1, 2에 해당하는 PLC, DCS 등 공정 라인과 설비제어 부분을 생산제어로 통칭하고, 레벨 3에 해당하는 생산관리 계층을 제조운영관리 MOM(Manufacturing Operations Management)으로 정의하고 있으며, 레벨 1에서 레벨 3까지를 광의의 MES 영역으로, 또는 레벨 3만을 협의의 MES로 설명하고 있다.

2.4 AMR/APICS Model

1) AMR(Advanced Manufacturing Research)

- MES는 프로세스 그 자체의 직접적인 통제 및 사무실에 있는 기획시스템들 간에, 공장 Floor에 위치한 정보시스템
- 계획, 실행, 제어의 3계층 중 실행 계층이 MES 영역
- MES 이전에는 계획과 실행간의 의사소통의 어려움으로 정보가 부정확
- MES는 생산과 제조 관련 영역에서 계획과 제어영역의 고리 역할 수행

2) APICS(American Production and Inventory Control Society)

- MES는 제조 장비의 직접 및 관리적 통제를 위해 제품 수명주기 및 프로세스 통제 컴퓨터 시스템을 포함하는 Shop Floor 관리에 참여하는 프로그램 및 시스템
- 시간 흐름에 따른 실적 정보를 수집하고, 리포트와 그래픽 UI를 만들어내는 프로세스 정보시스템

- 최근과 과거 매우 짧은 시간 공장에서 일어나는 것을 운영인력에게 알리는 알람 역할

3) Gartner's IT Glossary

- MES는 업무지시를 실행하기 위해 온라인 도구를 제공하는 제조환경에서 생산방법 및 절차를 갖춘 전산시스템이다.
- 일반적으로 ERP 혹은 OCS 범위에서 분류되지 않은 어떤 제조시스템이라도 포함된다.
- 더욱 넓은 광의로는 전산화된 유지관리시스템(CMM), LIMS, SFC, SPC, QC 그리고 Batch 리포팅 및 통제와 같은 전문화된 어플리케이션이 모두 MES에 포함된다.

3. MES 발전과정 및 방향

3.1 MES의 변천과정

그림 3-6 / MES 변천과정

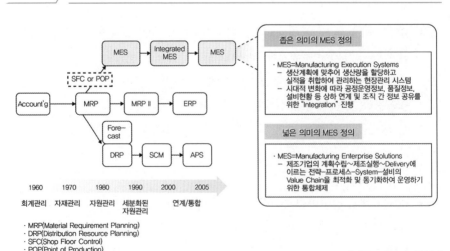

- MRP(Material Requirement Planning)
- DRP(Distribution Resource Planning)
- SFC(Shop Floor Control)
- POP(Point of Production)

*자료: Gartner(2004)

MES 변천과정을 살펴보면 초기에는 회계 및 재무지원을 위하여 정보시스템이 활용되면서 출발하였고, 생산 공장의 자재소요 최적화를 통하여 원가를 절감하고 재고를 최소화 하는 목적으로 추진하였다. 이후 MRP2에서는 생산현장의 원부자재뿐만 아니라 사람, 설비 등 생산관련 자원 투입의 최적화를 통한 생산성을 향상시키고 원가를 줄이는 목적으로 추진되었고, 90년대 들어서 전사적 자원관리(ERP)가 등장하였다.

또 다른 축으로는 수요예측의 효율화를 위한 SCM 및 APS에 이르는 시스템으로 발전하였다. 그리고 제조현장에서는 생산실적 관리위주의 SFC(Shop Floor Control), POP(Point of Production)시스템을 거쳐서 MES, Integrated MES, Flexible MES로 발전하였다.

그림 3-7 / MES 발전과정

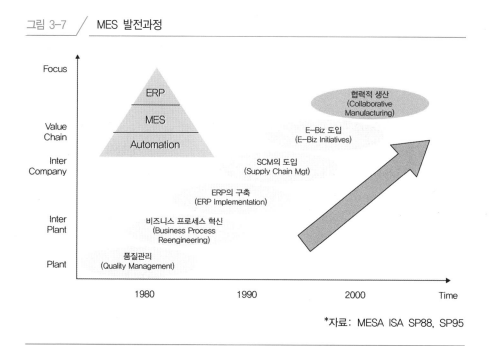

*자료: MESA ISA SP88, SP95

제조기업들은 처음에는 공장 내 효율을 어떻게 극대화 할 것인지 관심을 갖다가, 점점 생산기지가 다변화되면서 공장간 효율성, 회사 간 효율성, 가치사슬 내 효율성에 초점을 맞추게 된다. 그리고 이에 따른 혁신수단으로 품질관리, 업무재설계(business process reengineering), ERP 구축, SCM 도입, e-biz도입, 협업적 생산

(collaborative manufacturing)으로 발전하였다.

연대별로 보면 1980년대에는 MRP, SFC 1990년대에는 ERP와 연동된 MES, 2000년대에는 BPR을 통한 e-Manufacturing, 그리고 회사 간 협업을 중시하는 Collaborative Manufacturing Management로 발전해 왔다.

또한 제조 공정에서 생산시스템은 대부분 작업자, 설비엔지니어, 공정엔지니어, 기술엔지니어 등 인간이 포함되며, 공정에 인간이 개입되는 수준에 따라 수작업시스템(manual), 반자동시스템(semiauto)를 거쳐서 현재는 무인자동화(full automation) 시스템으로 발전하였다.

● 수작업시스템(Manual)

공정 내에서의 자재의 운반, 작업이 사람에 의해 이루어지며, 인간의 힘과 기술로 조작되는 공구를 사용한다. 하나 이상의 작업을 수행하는 한 명 또는 그 이상의 작업자로 구성된 시스템이다.

● 반자동시스템(Semi Automation)

작업자가 동력으로 구동되는 기계를 조작하는 것으로 생산시스템에서 가장 널리 사용되는 형태이다. 주문받은 제품을 가공하기 위해 설비를 조작하거나 컨베이어에 의해 작업물이 이동되고, 설비에 제품을 올리고(load) 작업이 끝난 후 내리는(unload) 작업을 작업자가 수행한다.

● 무인자동화(Full Automation)

작업자나 엔지니어의 직접적인 개입없이 설비나 운영시스템에 의해서 공정이 수행되는 시스템을 말한다. 모든 설비들이 연결되어 통제되고, 물류의 이동은 자동반송에 의하여 이루어지고, 작업순서나 모든 작업은 생산시스템에 의하여 수행되고 관리된다.

지능화된 스마트제조 시스템으로 가기 위해서는 기본적으로 가야 하는 단계라고 할 수 있다.

3.2 MES 발전 방향

MES의 발전과정을 시대별로 다시 정리해보면 1990년대에는 Point to Point 연계, ERP와 SFC를 통한 생산현장관리, Web시대의 개막으로 정의할 수 있다. 2000년대 들어서 EAI의 등장으로 MES를 통한 생산현장관리, Web 2.0으로 발전하였고, 2010년 이후에는 SOA를 기반으로 다른 기종 간의 통합, Enterprise 2.0 개념의 대두, 차세대 MES를 통한 Manufacturing 2.0 시대로 발전하였다.

글로벌 비즈니스 환경이 생산기지 다변화, 다품종소량 생산, 공정구조의 복잡성 증대, 고객요구 증대로 인하여 제조관리의 관점도 변화되고 있다. 이에 대응하기 위하여 제품 Value chain 전체에 대한 통합(Plant to Plant, MES to SCM/ERP)이 필요하고, 이러한 Business-oriented 제조실행을 위해 Manufacturing 2.0으로 진화하고 있다.

그림 3-8 / Manufacturing 2.0

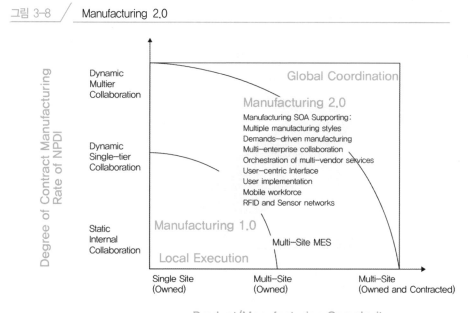

*자료: Manufacturing 2.0(ARM)

Plant 또는 Factory Level의 Business 영역과 Manufacturing 영역의 통합이 Manufacturing 1.0의 특징이라면, Enterprise Level Factory간 통합, 다양한 계층간

의 통합을 통한 전체 최적화가 Manufacturing 2.0이라고 할 수 있다.

　　Manufacturing 2.0의 주요 특징으로는 SOA지원, 다양한 생산방식의 지원, 자사와 협력사를 포함한 Multi-Site 협업 등이 있다.

3.3 MES 주요 기능 및 표준화

1) MESA 추진 전략

　　MESA에서 정의한 생산활동을 하는데 필요한 MES의 주요 기능은 다음과 같다 (MES 참조 모델 참조). 하지만 이러한 기능들은 1990년 초기에 나온 기능으로, 그 후로 공장자동화 및 생산방식의 변화에 따라 많은 발전이 일어나게 된다. 예를 들어서 반도체 산업(fabrication)의 경우 사용하는 웨이퍼(wafer)의 직경이 200mm-300mm-450mm로 증가하면서, 그에 따른 사용자의 요구 및 생산방식의 변화가 불가피하게 된다. 200mm 생산 라인에서는 작업의 최소단위인 Lot(25매/1 Lot)의 물류이동을 작업자(Operator)에 의하여 가능하였다. 그러나 300mm 시대로 접어들어서는 작업자에 의한 물류이동은 불가능하고, 자동반송시스템에 의하여 반송을 하게 되면서, 사람에 의한 작업은 점점 줄어들고 시스템에 의한 작업으로 전환하는 획기적인 계기가 되었다. 그에 따라서 자동반송시스템(AMHS), WIP Tracking시스템, Scheduling/Dispatching 시스템, 설비엔지니어링시스템(EES), 수율분석시스템 등의 기능이 획기적으로 발전하게 되었다.

　　　　[MESA-11 Function]
　　　　① 작업 및 상세 일정(Operations/Detailed Scheduling)
　　　　② 자원할당 및 상태관리(Resource Allocation ane Status)
　　　　③ 문서관리(Document Control)
　　　　④ 작업지시(Dispatching Production Units)
　　　　⑤ 성과분석(Performance Analysis)
　　　　⑥ 노무관리(Labor Management)
　　　　⑦ 유지보수관리(Maintenance Management)
　　　　⑧ 프로세스관리(Process Management)

⑨ 품질관리(Quality Management)

⑩ 데이터 수집(Data Collection and Acquisition)

⑪ 제품추적(Product Tracking and Genealogy)

그림 3-9 / MESA Strategic Initiative Model

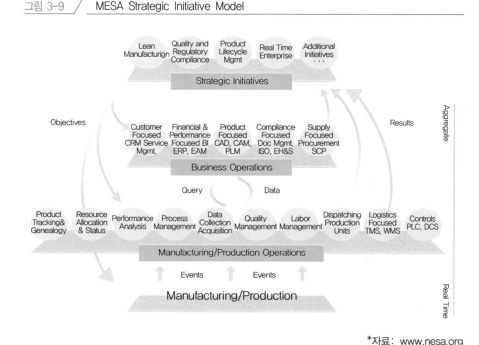

*자료: www.nesa.org

2008년 ISMI NGF(International SEMATECH Manufacturing Initiative, Next Generation Factory) 워크숍에서는 프로세스가 미세화되고 웨이퍼의 크기가 커짐에 따라 비용을 절감하고 사이클 타임을 단축시키는 차세대 공장을 실현하기 위해서 Carrier 및 Wafer 자동반송시스템(AMHS), 장치설계, 장치제어의 관점에서 지원해야 될 '19개 항목의 가이드라인'이 추가 선정되었다.

이와 같이 급속도로 변화하는 산업의 요구에 대응하고자 MESA에서 2007년에 MESA Strategic Initiative Model을 발표했다(그림 3-9). 이 새로운 모델에서는 종전의 11개 기능에 Business 관점에서 필요한 고객관리(CRM), 전사자원관리(ERP), CPS(CAD, CAM, PLM), 공급망관리(SCM), 환경안전 및 표준(EHS & ISO)을 추가하였다. 그리고 전략적으로 Lean Manufacturing, Quality and Regulation Compliance, PLM,

Real Time Enterprise, Asset Performance Management를 추가하였다.

산업의 빠른 변화와 이에 대응하여 제조기술과 생산역량이 증대되고 IT기술이 발전함에 따라 MES에서 필요한 기능은 계속 확대되고 있다.

2) ITRS Road Map

1987년 자동화에 대한 수요가 많고 빠르게 발전하는 반도체산업의 제조경쟁력 강화를 목적으로, 미국 반도체공업협회(Semiconductor Industry Association)를 중심으로 SEMATECH(SEmiconductor MAnufacturing TECHnology)이라는 민관 합동 반도체 제조기술 연구조합(컨소시엄)을 만들어 활동하기 시작했다. SEMATECH의 ITRS(반도체국제기술로드맵)에서 분과별로 필요한 기술로드맵을 만들어가고 있으며, 공장운영 및 자동화 분과에서 Factory Integration에 대한 Scope을 다음과 같이 제시했다(그림 3-10).

그림 3-10 / Factory Integration Scope

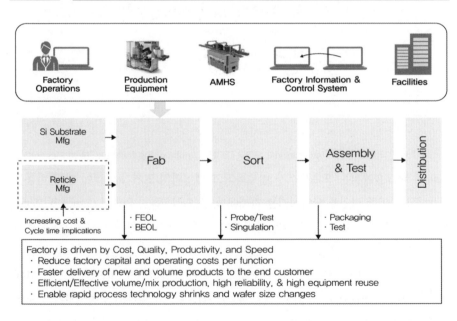

*자료: ISMI(http://ismi.sematsch.org)

이와 같은 Factory Integration에 대한 요구사항을 살펴보면 다음과 같다(표 3-1). 고객의 다양한 요구에 따라 다품종소량의 맞춤형 생산에 유연하게 대응해야 하고, 생산계획 및 진척관리를 통하여 Cycle Time은 더욱 줄여야 한다. 반도체, 디스플레이등 장치산업에서 설비의 중요성이 점점 증대되고 차지하는 비중이 높아지면서 공정제어(APC), 이상감지(FDC), 설비효율관리(EPT), e-Diagnostics 등의 필요성이 증대되고, 기업은 이러한 시스템을 통하여 품질 및 단위 생산성을 올릴 수 있다. 또한 반도체 웨이퍼의 직경이 200mm에서 300mm 체제로 전환되면서 자동화 의존도가 높아지고, Fullautomation에 대한 요구가 증대된다.

국내에서는 반도체 기업을 중심으로 Fab 라인의 무인자동화(fullautomation)가 발전하고 있으나, 전체 프로세스의 표준화·정형화가 선행되어야 하는 문제로 많은 제약 사항을 내재하고 있다. 특히 공정중에서 엔지니어의 판단을 필요로 하는 검사/계측 공정이나, 비생산(non-production), 엔지니어링 업무를 정형화하는데 많은 애로사항을 갖고 있다.

표 3-1 / Factory Integration Requirement

Cycle Time Reduction & Operational Flexibility	Cycle Time/Operational Flexibility: Multiple lots per carrier and/or fewer wafers per carrier. Get new products to customer much faster.
More good wafers out per tool	Output per tool must increase: Find breakthrough solutions that result in significant increases in good wafer out and increased OEE(eg: APC, e-Diag)
Highly automated factory	The 300mm factory is much more automated and must be designed to transport hot-lots and hand-carry's.
Reduce Time to Money	Reduce time to $$$/Cycle-time reduction: What are stretch goals for cycle time from ground-breaking to first full loop wafer out. How to achieve quicker shrink?
Factory size is becoming an issue	Increased floor space effectiveness: Don't want each new generation to drive big increase in cleanroom size, esp. since fab is segregated Cu/non-Cu and new metal layers added at each node.

2부

생산제어

Chap **04**

Manufacturing Operation System

1.1 MES의 영역

MES 영역은 생산자원(설비, 자재, 인력)의 투입에서부터 최종 생산제품의 출하에 이르기까지 생산계획, 생산수행, 그리고 생산실적을 관리한다. 광의의 MES는 자재입

그림 4-1 / **MES 영역**

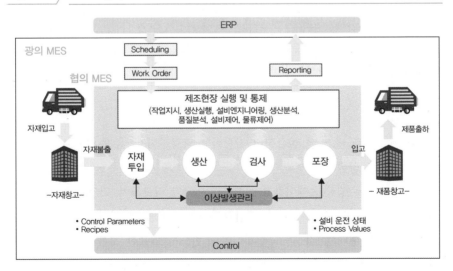

고/불출, 제품입고/출하, 설비제어(control), ERP로부터의 생산 스케줄링을 포괄적으로 포함하는 개념이라고 할 수 있다. 협의의 MES는 생산자원(설비, 자재, 인력) 투입에서부터 최종 생산제품의 출하에 이르기까지 생산계획, 생산수행, 생산실적을 관리한다(그림 4-1). 생산실행은 이 협의의 MES에 해당하며, MOS(Manufacturing Operation System), MES Core, Tracking, 생산관리, 공정관리라고 정의하기도 한다.

생산실행의 핵심은 곧 제조현장 실행 및 통제를 의미하며, 작업지시, 생산실행, 설비엔지니어링, 생산분석, 품질분석, 설비제어, 물류제어 기능을 수행한다.

MES는 제조 프로세스의 최적화를 수행하는 제조정보관리 및 제어 솔루션으로, 생산성을 향상시키고 제조안정성을 확보하기 위해 그림 4-2와 같이 각 계층별로 다양한 기능을 수행한다.

그림 4-2 / Layer별 주요 기능

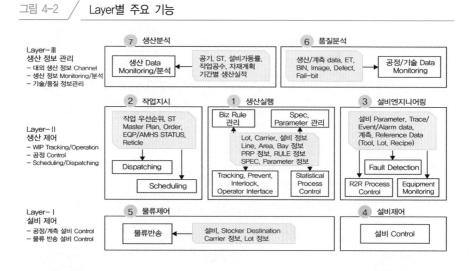

Layer-Ⅰ은 제조 및 물류설비 자동화를 담당하며, 물류제어(MCS), 설비제어(TC) 모듈로 구성된다.

Layer-Ⅱ는 생산을 제어하고 실행하는 업무를 담당하며, 작업지시, 생산실행, 설비엔지니어링 모듈로 구성된다. 생산실행은 MES 모듈 중 가장 중요한 모듈이기도 하고, 어떤 형태의 MES를 구현하더라도 반드시 필요한 모듈이다. 생산실행에서 다루는 주요 정보로는 로트, 캐리어, 설비, 라인, 에리어(area), 베이(bay), 프로세스(process), 룰(rule), 사양(specification), 파라미터 정보들이며, 이를 기반으로 Biz

Rule 관리, Tracking, Operation 기능을 수행한다. 생산실행은 작업지시 모듈에서 발행된 Work Order를 기반으로 생산을 통제하고, 이 정보를 물류제어, 설비제어에 전달한다. 그리고 실행결과 및 데이터를 입수하여 이를 필요로 하는 설비엔지니어링, 생산분석, 품질분석에 전달하고, 이들 모듈의 결과물들을 다시 생산에 반영하는 역할을 수행한다.

Layer-Ⅲ는 제품의 품질 및 생산성 향상을 목적으로 하며, 생산분석, 품질분석 모듈이 있다.

1.2 MOS의 구성 및 주요 기능

생산실행(Manufacturing Operation System) 모듈은 로트가 공정 흐름(flow)을 따라 순차적으로 작업이 진행될 수 있도록, 기준정보와 Biz Rule 관리를 통해 Operation을 실행하는 모듈이다. 생산실행의 기본구조는 기준정보, 작업진행, Biz Rule로 구성된다(그림 4-3).

그림 4-3 / 생산실행 모듈의 기본구조

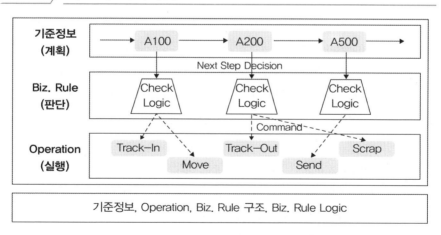

1) 생산실행(MOS) 모듈 주요 기능

생산실행의 주요 기능은 기준정보관리, Biz Rule관리, 실행관리, 시스템 관리로 구분되어진다. 기준정보는 GCM과 BOM, Biz Rule관리는 룰모델러와 룰엔진,

실행관리는 WIP, Inventory, Tracking, Tracing, 시스템 관리는 권한관리, 시스템 모니터링의 세부기능으로 나눌 수 있다(그림 4-4). 여기서 설명하는 기능들은 생산 실행의 대표적인 기능들로, 각 솔루션마다 조금씩 다를 수 있다.

그림 4-4 / 생산실행 모듈의 주요 기능

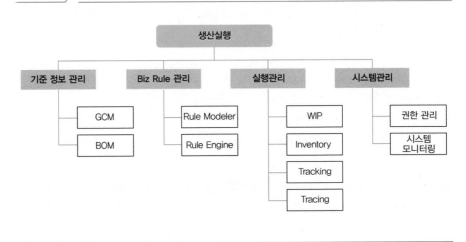

① 첫 번째, 기준정보관리의 세부기능은 GCM과 BOM이다. GCM은 General Code Master의 약자로 생산현장에서 사용되는 각종 기준정보, Code를 관리할 수 있는 기능을 제공한다. BOM은 Bill Of Material의 약자로 생산품의 BOM 마스터 정보를 관리하고, 생산현장에서 각종 부품이 장착될 때 오장착 방지기능, 주요 자재의 시리얼 번호 저장 및 관리기능을 제공한다.

② 두 번째, Biz Rule관리의 세부기능은 룰모델러와 룰엔진이다. 룰모델러는 Biz Rule구조 정의, BIZ Rule 생성 및 배포, Rule Flow 정의, 비즈니스 룰의 이력 관리, 버전 관리, 권한 관리, 비즈니스 룰 시뮬레이션 기능을 제공한다. 룰엔진은 Rule 기반으로 생산 프로세스가 진행되도록 WIP 기능과 연계시키는 역할을 하고 Rule Based Flow Control을 할 수 있는 기능을 제공한다.

③ 세 번째, 실행관리의 세부기능은 WIP, Inventory, Tracking, Tracing이다.

WIP은 Work In Process의 약자로 정해진 기준정보 및 룰에 따라 로트의 실행을 직접 지시한다. 로트의 실행방법은 Create, Start, End, Rework, Split, Merge, Hold, Release, Loss 등 다양하며, 이 모든 작업이 WIP 기능을 통해 이루어진다. Inventory는 주요 자재의 공급관리, 반송관리, 실적관리, 입출고관리, 모니터링 기능을 제공하고 Tracking은 이력정보 및 모든 로트의 트래킹 정보를 제공한다. Tracing은 주요 완제품, 반제품, 원재료를 추적할 수 있는 기능을 제공한다.

- **WIP 관리:** 실행관리 중 WIP 관리를 예시를 통해 상세히 살펴보자. WIP의 가장 중요한 기능은 생산진행관리이다. 생산진행관리는 Barcode, PDA, RFID, PLC 등의 각종 기기를 통한 로트 정보 획득, Create, Start, End, Track In, Track Out, Rework, Split, Merge, Hold, Release, Loss 등의 로트실행, Boxing 및 Labeling 관리, Shipping 관리, 생산결과에 따른 후 공정 결정 등을 수행한다(그림 4-5). 또 하나의 중요한 기능은 검증 기능인데, 해당 공정에 제품 및 자재가 잘못 투입되거나 작업자 혹은 설비가 잘못 투입되는지를 검증하는 기능을 제공한다. 마지막으로는 생산진행 현장에 대한 모니터링 기능을 제공한다. 작업진행 현황의 실시간 관리, WIP 정보 관리, 재 작업관리, 공정에서 발생하는 각종 이벤트에 대한 이력관리를 수행한다(그림 4-5).

- **Tracking & Trace 기능:** 실행관리 중 Tracking은 로트의 진행 현황에 대한 정확한 정보를 확보하는 것을 의미한다. 사람에 의한 입력이 아닌 장비를 통한 데이터 온라인 입력을 확대하여, 실시간 현장 정보를 기반으로 Tracking에 대한 정확도를 높일 수 있다. 이런 리얼타임 현장 데이터를 기반으로 원료 투입에서 출하까지의 한 로트 Tracking이 가능해진다. Tracing은 생산이 완료된 로트에 대한 추적을 제공한다. 공정 생산 로트에 대한 실시간 히스토리 정보를 관리함으로써 역방향, 순방향 양방향으로 모든 원부자재에 대한 추적을 보장한다. 또한 각 로트에 대한 Split/Merge/Combine/Scrap 등의 상세 History 관리도 수행한다(그림 4-6).

그림 4-5 / WIP 관리

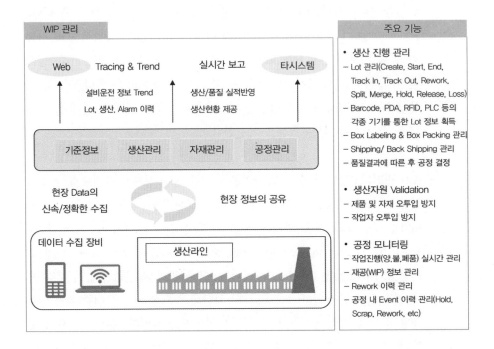

그림 4-6 / Tracking & Tracing 기능

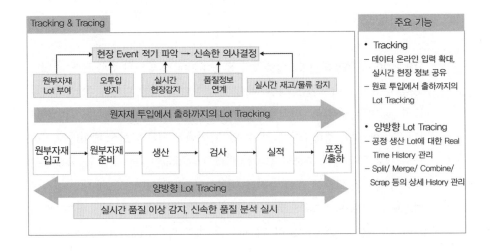

- **시스템 관리:** 시스템 관리의 세부기능은 권한관리와 시스템 모니터링 기능이 있다. 권한관리는 MES 시스템을 사용하는 사용자의 사용권한을 각 화면 단위까지 관리한다. MES 시스템이 제공하는 모든 서비스의 타입, 보안성, 사용자 체크 기능을 제공하고, 시스템 모니터링은 시스템 사용 현황 모니터링 기능을 제공한다.

2. MOS 솔루션

생산실행 솔루션은 ① 표준화와 특성화, ② Biz. Rules 독립화, ③ 통합화와 모듈화를 통해 빠르게 변하는 고객의 요구사항 및 생산환경의 변화에 적극 대응할 수 있어야 한다.

① 표준화 특성화의 의미는 제조업 전반에 걸쳐 공통적으로 적용 가능 부분을 표준화한다는 의미와 산업별 특화 기능들을 모듈화하여 Plug In 할 수 있어야 한다.
② Biz Rule 독립화는 Biz. Rules을 MES의 여타 기능과 독립시켜 Biz. Rule 변경적용 및 관리가 용이하다는 뜻이다. 즉 고객의 요구에 따라, 산업의 특성에 따라서 개발, 변경, 적용이 용이하도록 구현되어야 한다.
③ 통합화 모듈화의 의미는 표준 IT Framework인 J2EE/XML 기반의 Service Component를 모듈화한 SOA기반의 솔루션이라는 의미이다.

생산실행 솔루션에는 제조업의 Best Practice가 내재되어야 하며 MES관련 컨설팅/구축/ITO 경험을 통해 축적된 기술 및 지식을 적용하고, 표준에 대한 MES 발전계획이 반영되어야 한다. Scalable MES는 확장 가능한 MES 시스템이라는 의미로, 복수사업장 통합운영 및 원격사용이 가능해야 한다. Standard MES는 J2EE/XML을 기반으로 Manufacturing IT Framework가 일원화되고, ANSI/ISA-95, MESA 등 MES 국제표준 모델을 근간으로 한 MES 기능을 구현해야 한다.

그림 4-7 / MES Tracking의 주요 기능

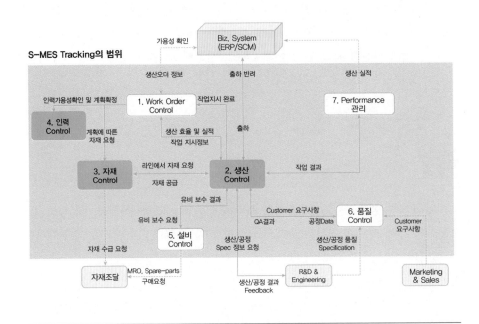

MES Tracking의 주요 기능을 살펴보면, 크게 Work Order Control, 생산 Control, 자재 Control, 인력 Control, 설비 Control, 품질 Control, 퍼포먼스 관리로 나누어진다(그림 4-7). 이 중에서 생산실행에 해당하는 생산 Control, 자재 Control, 인력 Control에 대하여 자세히 살펴보기로 한다.

2.1 생산 Control

생산 Control의 상세기능은 생산 기준정보 관리, 생산자원 검증, 생산진행관리, 공정 모니터링으로 구분되어 있다. 생산 기준정보 관리는 생산실행 및 제어에 관련된 Routing/MBOM/Shift/Recipe 관리, Facility/Product 관리, State Model 관리 등의 업무를 수행한다. 생산자원 검증은 제품 및 자재 오투입 방지, 작업자 오사용 방지 업무를 수행한다. 생산진행 관리는 로트 관리(Split/Merge, Scrap, Rework, Part Change, Hold), Box Labeling & Packing 관리, Shipping 관리, 품질결과에 따라 후 공정 결정을 수행한다. 공정 모니터링은 로트 Tracking/Tracing, 작업진행

(양, 불, 폐품) 실시간 관리, 재공(WIP)정보 관리, Rework 이력, 이벤트 이력관리 (Hold, Scrap, Rework 등) 업무를 수행한다.

그림 4-8 / 생산 Control 주요 기능

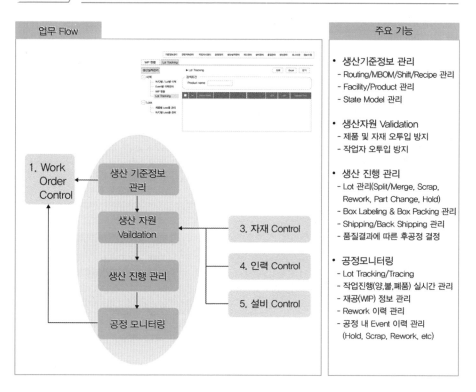

2.2 자재 Control

자재 Control의 상세기능은 자재 기준정보 관리, 자재공급 관리, 자재투입/반송 관리, 자재 실적 관리, 자재 모니터링으로 구분되어 있다. 자재 기준정보 관리는 소모성/내구성 자재 관리, 자재 State Model 관리, 자재공급 관리는 자재투입 요청 및 회수 관리, 자재 로트 구성 관리(Create/Split/Merge)를 수행한다. 자재투입/반송 관리는 자재투입 실적, 자재실적 관리는 공정 투입 이력, 자재 이력(Creation -Move-Assemble-Rework 등)을 관리한다. 자재 모니터링은 자재상태(Scrap, Hold, Active 등), 자재 WIP, 자재위치 관리 등의 업무를 수행한다.

그림 4-9 / 자재 Control 주요 기능

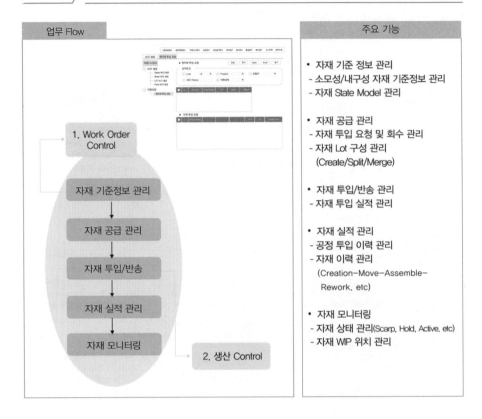

업무 Flow	주요 기능

업무 Flow

1. Work Order Control

자재 기준정보 관리

자재 공급 관리

자재 투입/반송

자재 실적 관리

자재 모니터링

2. 생산 Control

주요 기능

* 자재 기준 정보 관리
- 소모성/내구성 자재 기준정보 관리
- 자재 State Model 관리

* 자재 공급 관리
- 자재 투입 요청 및 회수 관리
- 자재 Lot 구성 관리
  (Create/Split/Merge)

* 자재 투입/반송 관리
- 자재 투입 실적 관리

* 자재 실적 관리
- 공정 투입 이력 관리
- 자재 이력 관리
  (Creation-Move-Assemble-
  Rework, etc)

* 자재 모니터링
- 자재 상태 관리(Scarp, Hold, Active, etc)
- 자재 WIP 위치 관리

2.3 인력 Control

인력 Control의 상세기능은 인력 기준정보 관리, 근무관리, 작업자 실적/효율 분석으로 구분되어 있다. 인력 기준정보 관리는 생산/보전 작업자 기준정보(인적사항, 기술, 자격 등), 근무 관리는 Shift별 근무계획, 대체자, 근무실적을 관리한다. 작업자 실적/효율 분석은 작업자별 생산실적 및 처리 현황, 작업자별 업무효율 분석(S/T, 불량률 등) 등의 업무를 수행한다.

그림 4-10 / 인력 Control 주요 기능

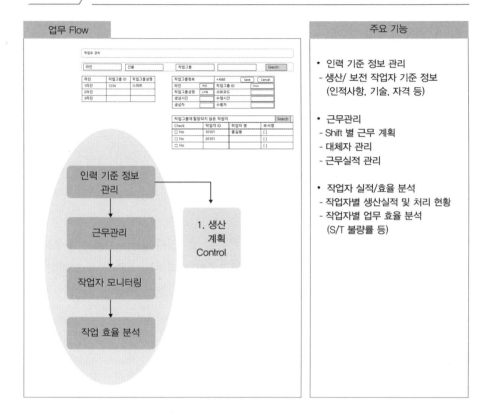

3. 기준정보

생산에서 중요한 기준정보는 기업의 생산/영업/관리부문에서 업무수행에 필요한 제반 경영활동의 기본이 되는 정보를 말한다. 기준정보에는 일반 Application 시스템 기준정보, ERP/SCM 시스템 기준정보, 그리고 MES 시스템의 Parameter성 기준정보 등이 있다.

기준정보의 범위는 크게 통합 기준정보와 사업부 기준정보로 나눌 수 있다. 통합 기준정보는 전사 기준정보를 의미하며, 전사 종합코드(CIS), 거래선 코드, Vendor 코드 등이 있다.

사업부 기준정보는 다음과 같이 나눌 수 있다.

- 코드성 기준정보(사업부 단위의 영업/개발/생산/구매·자재/원가 관련 기준정보)
- 관리성 기준정보(Family/Category 외 Grouping 정보)
- 공정관리용 기준정보(MES용 기준정보)
- 설비/품질 기준정보(설비 및 품질Master 기준정보)

3.1 기준정보 분류 및 관리방안

1) 기준정보의 분류

기준정보는 일반적으로 다음과 같이 분류할 수 있다(그림 4-11). 기준정보는 크게 전사에서 관리하는 기준정보와 각 사업부에서 관리하는 기준정보, 그리고 관리 대상에 따라 코드성 기준정보와 지표성 기준정보로 나눌 수 있다. 사업부 기준정보는 기준정보 관리대상 범위를 구분 정의하며, GCM(Global Code Master)을 기준으로 한 모든 시스템에 동일하게 적용하게 된다.

그림 4-11 / 기준정보 분류

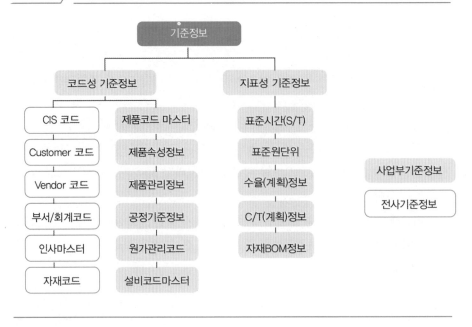

코드성 기준정보에서 전사제품 코드, 업체 코드, Customer 코드, 구매·자재 코드, 인사 코드 등은 전사에서 관리되며, 제품 코드 마스터, Family/Category 코드 정보, 공정 파라미터 기준정보, 제품(영업) 코드, 구매/자재 코드, 원가제품 기준정보, 설비마스터 정보, 품질불량 코드 등은 사업부에서 관리하게 된다. 지표성 기준정보에서는 S/T(표준시간), 표준 원단위, 기준수율, 기준C/T, 자재 BOM정보 등 기준이되는 지표성 정보를 사업부에서 관리한다. 여기서 코드성 기준정보는 전사, 사업부 단위 시스템에서 Unique한 Key Field로 활용되는 정보로서 모든 정보의 가장 기본적인 핵심이 되는 정보이다. 지표성 기준정보는 관리지표 대상 중에서 기준이 되는 지표성 정보를 말하며, 정적인 정보로서 업무/기능별 주요 Factor로 활용되는 정보이다.

2) 기준정보의 관리방안

기준정보는 모든 시스템의 근간이 되는 중요한 정보로서 기업정보의 정합성을 확보하려면 운영이 매우 중요하다. 다음은 기준정보의 세부 관리방안에 대하여 살펴보기로 한다.

① 프로세스 측면
  - 기준정보의 생성/변경/폐기에 대한 정형화된 관리절차의 수립이 필요하며 부문 간 공통적으로 적용해야 한다.
  - 기준정보 체계 및 속성에 대한 부문간 통일화 작업을 하고, 이에 대한 변경관리 절차를 수립해야 한다.
  - 기준정보 체계에 대해 표준 SPEC으로 관리 및 공유함으로써, 오류 정보를 사전에 예방하게 한다.

② 조직 측면
  - 개별 기준정보에 대한 책임관리 부서를 선정하여 해당 기준정보에 대한 역할 및 책임을 부여한다.
  - 기준정보에 대한 운영 전담부서는 기준정보 그룹에서 창구역할을 수행하며, 지속적인 모니터링을 통한 데이터 정합성을 확보한다.

③ 시스템 측면
  - 기준정보는 원칙적으로 GCM에서 통합관리하고, 전사차원의 통합기준

정보 메타 데이터베이스(Meta Data Base)로 확대 적용한다.

- 기준정보 관리대상 범위는 코드성 기준정보 및 지표성 기준정보를 포함하되, 부문/기능별 기준정보는 자체시스템에서 운영한다.

3) 기준정보의 수행역할

기준정보 관리는 또한 다음과 같이 네 가지 수행 역할별로 나누어 관리하게 된다.

① 운영 표준화

- 기준정보에 대한 전사 운영 프로세스 제정 및 공지
- 전사 기준정보 활용을 최대한 지원하기 위한 방향 제시
- 기준정보 운영에 대한 정기적인 감사(Audit) 및 시정 조치를 하는데, 기준정보 그룹에서 맡는다.

② 프로세스 실행

- 업무영역에 따른 기준정보 대상 구분 정의
- 기준정보 생성/변경/소멸에 대한 업무처리절차 수립 및 사업부별 책임자 선정/운영
- 데이터 정합성 차원에서 질적인 개선작업 추진을 수행하는데, 기준정보 그룹에서 맡는다.

③ 시스템 운영

- 필수 Field의 표준제정 및 I/F 구현방법 제시
- 프로세스 실행부서에서 제정 요청한 사용자 권한 관리 및 시스템 요구사항 반영을 수행하며, 기준정보 그룹(시스템 부문)에서 수행한다.

④ 시스템 사용자

- 프로세스 제정 부서에서 정의한 업무절차 준수
- 정의된 프로세스에 의거 기준정보 데이터 생성 및 변경/삭제작업 요청을 수행하며, 기준정보 그룹과 시스템 담당그룹에서 수행한다.

3.2 공정별 기준정보

다음은 실제 기업의 사례로 기업의 각 프로세스와 관련된 기준정보 현황에 대하여 살펴보자. 회사의 전체 업무영역이 영업/마케팅, 연구개발, 제조, 구매/외

주 및 기타로 구분된다면, 각 영역별로 관리되는 기준정보로서 전사, 총괄, 그리고 각 사업부에서 관리되는 항목들이 표시되어 있다. 그중 특히 제조 영역에서 관리되는 기준정보는 타 영역보다 많은 정보를 관리하고 있다. A 사업부와 관련된 기준정보는 현재 약 100여 종으로 조사되었으며, 대부분의 기준정보는 기준정보 시스템들(GCM 등)에 의해 관리되고 있다(그림 4-12).

그림 4-12 / A 사업부 기준정보 체계

구분		Sales & Marketing	R&D	Manufacturing		구매/외주	기타
				제조	기술(설비)		
전사	코드성	·Customer Code ·Customer Area				·Cis ·GPIS	·Payment Term ·Currency ·Country ·Cost Price ·Company Code
총괄	코드성			·Site ·Area	·설비 ID ·설비 Code/명 ·설비 Type ·설비 Group	·외주업체 Code ·외주업체 Location ·Material Code ·Material Type ·Material Group ·업체 Code ·자재 BOM	
사업부	코드성	·Sales Code/명 ·Sales Area ·Sales ORG/명 ·Branch ·NG정보	·Chip Size ·Pin 개수 ·과제 Code ·IP 정보 ·Library ·Net Di	·Part Number ·Making Code ·Package Code ·Package Type ·Process ·Process Plan ·Location ·Step ·LOT ID			
	지표성			·S/T, TAT ·표준 수율 ·설비 수율			

제조에서 관리되는 기준정보들을 좀더 자세히 공정별로 나누어 살펴보면 다음과 같다(그림 4-13). 공정별 기준정보들은 다음 그림에서 보다시피 다양하게 생성되고 관리하는데, 공정 개발 및 설계 단계에서부터 중요한 기준정보들이 생성이 되고 있다. 이 정보들은 제조의 여러 단계를 거치면서 더욱 세분화되어 생성되고 관리된다. 이는 올바른 제품 품질을 유지하기 위해 필요한 기준정보들이며 향후 제품과 설비에 대한 추적관리까지 가능하게 해준다.

그림 4-13 / 프로세스별 기준정보

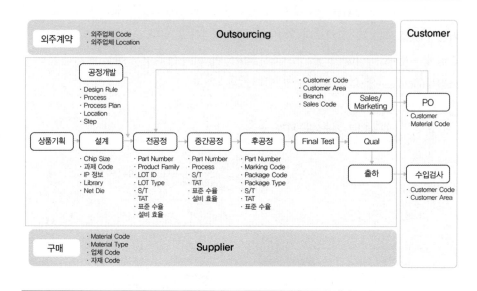

3.3 생산 전 필요한 기준정보

생산 전에 준비되야 하는 외부 기준정보 및 전체 구조는 다음과 같다(그림 4-14).

그림 4-14 / 생산 전 준비되어야 할 외부 기준정보

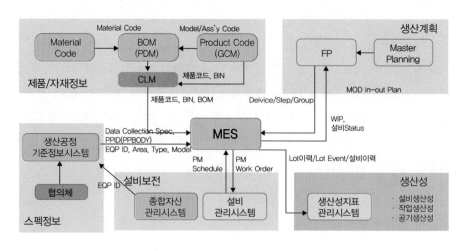

MES를 기준으로 제품/자재 정보에서는 자재 코드, PDM에서는 Model/Assembly code, 그리고 GCM에서 생성되는 제품 코드와 BIN 등이 있다. 생산계획에서는 FP에서 Device, Step Group, Shift별 생성되는 In-Out 계획에 관련된 정보들과, MES에서 제공하는 WIP Status, 설비 Status 관련된 정보들이 있다. 또한 스펙정보에서는 PPID, EQPID, Area, Type, Model에 관련된 정보가 MES로 전달되며, 설비보전에서는 종합자산관리 시스템으로부터 EQPID의 정보가 스펙쪽으로 전달된다. 또한 설비관리 시스템에서는 MES에 PM Schedule, PM, Work Order 정보를 주고 받게 된다.

생산성 지표관리 시스템은 MES로부터 로트이력, 로트 이벤트, 그리고 설비이력 정보를 받게 된다. 이러한 정보의 교류를 통하여 제조에 필요한 중요한 정보를 생성하거나 관리하여, 기업의 이익에 기준정보가 기여를 하게 된다.

3.4 오사용 방지(Fool Proof) 방안

1) 기준정보 누락 방지

사전에 정의가 필요한 Data는 관계부서나 담당자에게 필요시점 7일 전까지 등

그림 4-15 / 기준정보 누락 방지

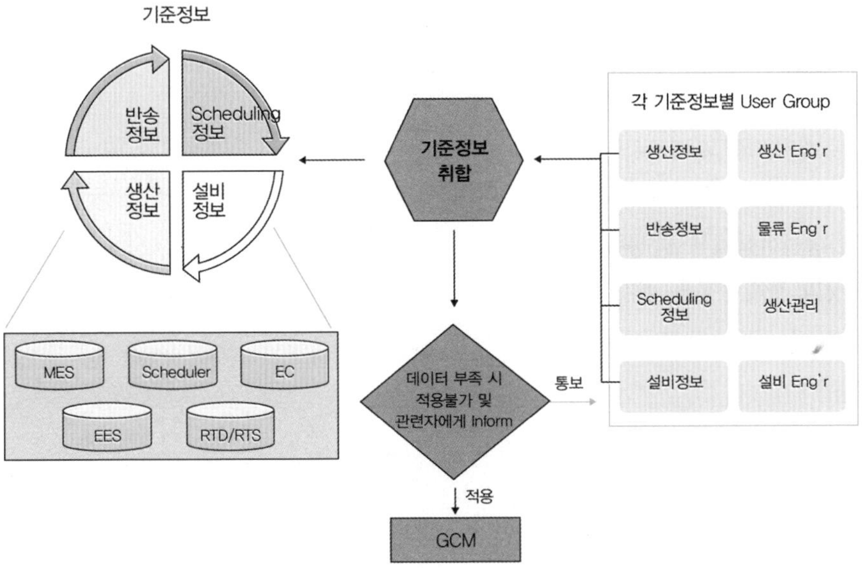

록을 완료할 수 있도록 해야 하고, 지체시 반드시 담당자에게 경고를 보내야 한다. 만일 Data가 필요한 발생시점에서 생성되지 않았을 때는, 반드시 관련 담당자에게 통보를 해주고, 기준정보 미비시 적용 불가 사실을 알려주어야 한다. 실제로 현장에서 기준정보가 등록 안된 경우에 임시로 등록을 하고 작업을 한다든가, 아예 무시하고 작업을 진행하는 경우가 종종 발생한다. 따라서 "No Spec No Work" 개념으로 기준정보가 미비시에는 작업이 이루어지지 않도록 체계가 적용되고, 특히 현장 관리자들이 기준정보의 중요성을 인지하고 관리하는 노력을 지속적으로 기울여야 한다.

2) 기준정보 정합성 관리

사업부에서 1차 검증을 통해 기준정보 UI 화면에서 필수항목 입력 여부를 체크하고, 만일 에러가 발생하면 관련자에게 정보를 피드백한다. 1차 검증이 끝나면, 2차 검증으로 사전 정의된 데이터를 체크하게 된다. 이는 각 사업부의 시스템에서 데이터를 받아 확인을 하는 작업으로, 변경사항이 발생하면 관련자에게 즉시 정보

그림 4-16 / 기준정보 정합성 관리

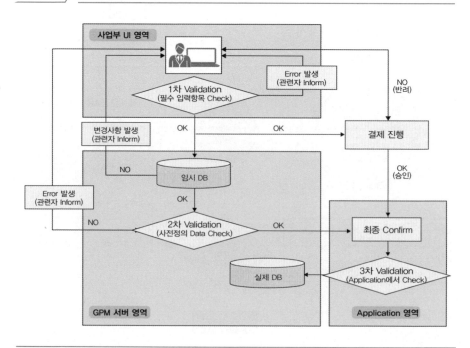

를 제공해 주어야 한다. 그리고 3차 검증으로 각 어플리케이션에서 데이터를 체크하고, 문제가 발생하기 않으면 중요 기준정보는 Workflow와 연동시켜 결재를 진행하게 된다. 여기서 1차 검증은 사업부에서 이루어지고, 2차 검증은 기준정보 관리부서, 결재는 사업부/기준정보 부서에서 합의를 받아야 완료된다.

기준정보 체계를 정립하는 과정에서의 주요 이슈에 대하여 살펴보면

첫째, 데이터 표준 및 룰(rule)의 미비, 둘째는 기준정보의 임의 적용, 셋째는 기준정보의 관리체계의 미흡을 들 수 있다.

이에 대한 개선방안으로 첫째, 표준 및 룰의 재정립이 필요하고, 기준정보의 룰 및 표준 중에서 사업부 실정에 맞지 않는 것들은 찾아서 개선해야 한다.

둘째, 기준정보 관리를 강화해야 한다. 기존 시스템들은 전사 GCM에 등록된 값을 기준으로 코드값 및 코드명을 수정하도록 해야 한다.

셋째, 책임과 역할에 대한 강화이다. 각각의 기준정보에 대한 부서별 역할 및 책임에 대하여 명확해야 하며, 사업부 기준정보 관련 시스템 관리 및 운영 부서의 일원화가 필요하다.

그림 4-17 / 기준정보 체계 정립시 이슈

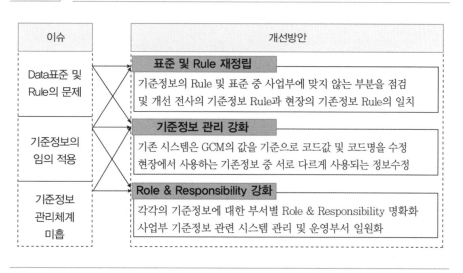

기업의 기준정보는 기업의 업무가 점차적으로 확대되고 다양해지면서, 현장의 작업이 시스템에 의하여 이루어지고 관리됨에 따라 매우 중요한 업무가 되고

있다. 즉 기준정보가 정확하게 정의가 안 되고 각 사업부, 시스템별로 각기 다른 용어로 사용되고 데이터의 정합성이 맞지 않는다면, 시스템상에서 제공하는 모든 지표, 지수는 무용지물이 될 것이다.

또한 스마트팩토리/스마트제조 시스템으로 나아가려면 반드시 그 체계가 갖추어지고, 기준과 절차에 따라 엄격하게 관리되어야 한다.

그러나 많은 기업에서 기준정보 체계가 정확히 갖추어지지 않고, 데이터 정합성이 떨어져서 지표를 관리하고 데이터를 분석하는 데 많은 애로사항을 겪고 있다.

이러한 문제는 기준정보를 관리하는 사람, 부서의 입장에서는 잘해야 본전이고 조금만 문제가 발생해도 크게 책임을 묻게 되어, 매사에 수동적으로 대응하는 것에 기인한다. 즉 제조, 기술, 품질, 구매/자재 등 주요 부서에 비하여 상대적으로 성과 측면에서 매력도가 떨어지고, 서로가 기피하는 조직이 될 수 있다. 이러한 문제를 해결하기 위해서는 관리자의 관리방침 및 우선순위를 어떻게 갖고 가느냐에 따라 성공 여부가 결정된다고 할 수 있다.

일정계획

1. 개요

생산관리 분야는 산업공학 분야에서 오랫동안 핵심분야로 자리잡고 있으며, OR(Operation Research)과 통계학 그리고 최근에는 데이터마이닝(Data Mining)/빅데이터(big data)를 생산현장에 접목하는 매우 실용적인 학문 분야이다. 생산관리는 크게 다음과 같이 두 분야로 구성되어 있다.

생산관리＝생산계획(production planning)＋생산공정관리(production process control)

생산계획의 목적은 고객이 원하는 양만큼 제품을 적시에 생산하는 것이다. 고객의 수요보다 많은 생산량은 재고 비용을 가져오며, 수요보다 적은 생산량은 기회 비용을 초래한다. 따라서 제조기업이 해야 할 중요한 일 중의 하나는 수요와 공급의 균형을 유지하는 것이고, 이러한 수요와 공급의 균형을 맞추기 위하여 그림 5-1과 같이 5단계의 계획 및 통제시스템을 통하여 실행이 이루어진다.

그리고 생산공정관리의 목적은 생산계획에 따라서 실제로 제품을 만드는 현장에서 발생하는 모든 문제를 최적으로 제어하여, 수율(yield)과 생산성(productivity)을 향상시키는 것이다. 수율은 정상품질의 제품 비율을 뜻하며, 생산성은 단위시간 동안 만들어내는 제품 수를 의미한다. 본장에서는 전체적인 생산계획의 개요와 생산공정관리, 일정계획에 대하여 상세히 다루고자 한다.

1.1 생산계획 및 통제시스템

제조는 제품 및 프로세스, 설비, 장치, 작업숙련도, 자재 등의 다양성으로 인해 매우 복잡한 활동이라고 할 수 있다. 제조 경쟁력을 갖추기 위해서는 이와 같은 기업의 자원들을 효과적으로 이용하여 최고의 품질을 갖는 제품을 적시에 경제적으로 생산해야 한다. 이것은 복잡한 문제이며 따라서 훌륭한 생산계획 및 통제시스템을 갖추는 것이 중요하다.

훌륭한 생산계획시스템은 다음 네 가지 질문에 답할 수 있어야 한다.

- 어떤 제품을 만들 것인가?
- 그 제품을 만드는데 얼마나 걸리는가?
- 현재, 무엇을 가지고 있는가(자원, 기술력)?
- 추가로 무엇이 더 필요한가?

결국은 수요와 공급의 균형을 맞추기 위한 우선순위(priority)와 생산능력(capacity)에 관한 문제이다. 생산계획 및 통제시스템에는 모두 5개의 주요 레벨이 있다(Amold and Chapman, 2002).

그림 5-1 / 생산계획 및 통제시스템

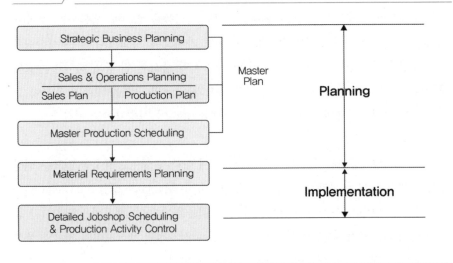

1) 전략경영계획(Strategic Business Plan)

향후 1~3년 동안 기업에서 달성해야 할 주요 목표를 기술하며, 기업이 나아갈 큰 방향을 제시한다. 일반적으로 3년 단위의 중기 사업전략을 수립하고, 매년 하반기에 차년도 경영계획을 세운다. 장기적인 예측에 기반을 두며 마케팅, 재무, 생산, 기술에 대한 내용을 포함하게 된다. 따라서 전략계획은 마케팅, 재무, 생산, 기술계획 사이의 방향과 위치를 제공하게 된다. 마케팅은 시장을 분석하고 기업의 대응방안을 다루게 되며 일반적으로 공략해야 할 시장, 공급할 제품, 고객 서비스 수준, 가격, 광고 전략 등을 포함한다. 재무는 기업에 필요한 자금의 공급과 사용 및 현금 흐름, 이익, 투자회수율, 예산 등을 포함하게 된다. 생산은 시장의 요구를 만족시키기 위해 공장, 설비, 장치, 작업자, 자재 등을 효율적으로 다루는 것이 포함된다. 기술은 신제품 기획, 연구 및 개발, 제품 변경을 다루는데 시장에서 팔릴 수 있고 가장 경제적으로 생산할 수 있게 하려면 마케팅 및 생산과 작업을 공유해야 한다. 전략경영계획의 수립은 경영진에 의해서 이루어지며, 마케팅 재무, 생산으로부터 나온 정보를 이용하여 각 부서별 계획의 목표와 목적을 수립할 수 있도록 프레임워크를 제공하게 된다. 조직 내 모든 부서의 계획을 통합하며 일반적으로 매년 갱신되고 각 부서별 계획들도 최근의 예측이나 시장 및 경제상황을 고려하기 위해서는 지속적으로 갱신되어야 한다. 판매운영계획(S&OP)은 전략경영계획을 지속적으로 실현시키며, 다른 부서의 계획과 연계시키는 과정이다. 판매운영계획은 매달 정기적으로 갱신되는 동적인 과정이며, 기업의 목표를 달성할 수 있도록 현실적인 계획을 제공하게 된다.

2) 생산계획(Production Plan)

전략경영계획에 의해 수립된 목표가 주어지면 생산관리는 다음과 같은 사항을 고려한다.

- 일정기간 동안에 생산되어야 할 제품군의 수량
- 요구되는 재고 수준
- 설비, 작업자, 자재 등 특정기간 동안 필요로 하는 자원
- 필요로 하는 자원의 가용성

계획담당자는 회사 내의 유한한 자원을 효과적으로 사용하여 시장수요를 만족시킬 수 있는 계획을 수립해야 한다. 각 계획 레벨에서는 필요한 자원을 결정하고 자원의 가용성을 검토하게 되는데, 반드시 우선순위(priority)와 생산능력(capacity)이 균형을 이루어야 한다. 계획기간은 일반적으로 주 단위 12주 정도이며 매주 갱신된다.

3) 주 생산일정(MPS: Master Production Schedule)

개별 제품의 생산을 위한 계획이다. 즉 생산계획(production plan)에서 수립된 전체 생산량(volume)을 맞추기 위하여, 제품군이나 품목별로 만들어진 계획을 개별 제품(제품코드) 수준으로 세분화하게 된다. 주 일정(master scheduling)이란 주 생산일정을 개발하는 절차이며, 주 생산일정은 이 절차의 최종 결과물이다. 주생산계획은 일반적으로 단기(1~4주)는 확정 PO이고, 장기(5~12주)는 생산능력이 자재의 사전조정 및 대응이 가능하다. 이는 주로 구매 및 제조 리드타임에 따라 결정된다.

4) 자재소요계획(MRP: Material Requirements Plan)

주 생산일정에서 결정된 최종 제품의 생산에 소요되는 부품의 구매 혹은 생산을 위한 계획이다. MRP에서는 부품의 필요 수량 및 투입 시점을 다루게 되며, 구매와 제조현장 관리는 특정 부품의 구매와 생산을 위해 MRP 결과를 이용하게 된다. 계획기간은 구매와 제조 리드타임의 합계보다 커야 하는데 MPS에 맞추어 수립한다.

5) 일정계획 및 현장관리(Detailed Jobshop Scheduling And Production Activity Control)

일정계획 및 제조현장관리는 생산계획 및 통제시스템에 대한 실행 및 통제가 이루어지는 단계이다. 위에서 세부적인 생산계획이 정해지면 제조현장관리는 수립된 계획에 따라 공장 내에서의 작업 흐름을 실행하고 통제하는 역할을 담당한다. 계획의 정합성을 올리는 활동도 중요하지만, 계획대로 실행됐는지 분석하여 통제하는 활동은 더욱 세심한 관리가 필요하다고 할 수 있다. 일정계획에 대한 세부적인 내용은 3절에서 기술하였다.

1.2 판매운영계획

판매운영계획(S&OP: Sales and Operations Planning)이란 기업의 수요와 공급의 균형을 달성할 수 있도록 지원하는 의사결정 프로세스이다. 대부분의 제조회사에서는 생판회의 혹은 판생회의란 이름으로 판매계획과 생산계획을 공식적으로 확정하는 내부 프로세스가 존재한다. 일반적으로 월단위로 진행되며 공장의 생산관리(또는 SCM부문) 부서에서 주관하던가, 또는 판매사업부의 영업관리 부서 주관으로 진행된다. S&OP는 계획 대 실적을 바탕으로 판매, 생산, R&D, 재무 등 각 분야별 계획들을 상호 조정하여 전체 사업계획과 일치시키는 역할을 하며, 차질(GAP) 원인을 분석하여 그에 대한 대책을 수립한다.

오늘날 비즈니스 환경은 단순한 회의 이상의 효과적인 S&OP 프로세스를 요구하며, 수요와 공급의 단순 균형이 아닌 최적 대안을 지원할 수 있는 환경을 요구하고 있다. S&OP는 전체 Supply Chain 내에서 사업전략 및 사업계획, 주 일정계획 간 상호 연결고리 역할을 하는 핵심적인 기능을 수행한다. S&OP 회의를 하는 목적은 다양한 비즈니스 프로세스 및 기능을 통합하여 의사소통이 정기적으로 적시에 이루어지도록 하고, 부서 간에 상충하는 목표를 조정하여 전체 최적화 관

그림 5-2 / S&OP 프로세스

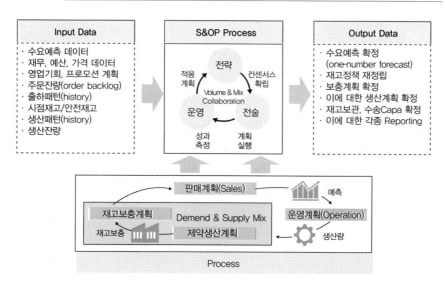

*자료: JDA Software Group(http://www.jda.com)

점에서 수요공급망 내의 모든 프로세스를 운영하는 것이다. 즉, 전체 최적화를 위해 기업 내 전 부문이 한 방향으로 움직이는 동기화된 단일 계획을 수립하는 것이며, 계획대로 실행의 시작인 최적의 계획을 수립하는 것이다. S&OP를 통해서 각 부문에서 수립한 계획을 조율하고 최종적으로 승인한다는 의미이다. 만약 영업이 요구한 만큼(판매계획) 생산에서 충분히 공급하지 못하는 계획을 수립했다든가, 또는 실적 차질이 발생한 경우 S&OP는 이에 대한 각 부문의 이해와 대응방안 등을 협의하고, 그에 대한 대책을 확정하는 중요한 협의체라고 할 수 있다.

애버딘그룹(Aberdeen Group)에서 S&OP를 시행 중인 140개 기업들에 대한 벤치마킹 조사 결과, S&OP 프로세스를 지속적으로 향상시키고자 하는 가장 큰 이유는 바로 고객주문 이행률의 향상으로 나타났다. 부서 간의 의사소통의 향상, 재고 감소 및 주문 이행률의 증대, 결품 감소, 공급중단 최소화, 생산성 향상, 리드타임 감소, 고객 유지력 증대, 매출 총이익 향상이 뒤를 잇고 있다(KMAC SCM센터, 2010). 특히 고객에게 확정하여 통보된 납기를 준수하기 위하여, 고객별/제품별 RTF(Return to Forecast) 준수율을 별도의 지표로 관리하고 있는 기업들이 점점 증가하고 있다.

대부분의 사람들은 델컴퓨터의 성공요인이 인터넷을 통한 PC 직판 모델과, 공급망을 이용한 원부자재의 적기공급이라고 애기하고 있다. 그러나 델컴퓨터 제조담당 딕 헌터 부회장은 "델의 성공 비결은 PC 직판을 위한 공급망의 통합과 운영능력이 아니다. 이는 쉽게 모방이 가능하기 때문에 핵심 경쟁력으로 보기 어렵다. 오히려 델 SCM의 성공요인은 공급과 수요 사이의 역동적인 균형을 유지시키기 위해 지속적으로 프로세스와 데이터를 조정하는 능력이다"며 S&OP의 중요성을 강조하고 있다. 수요예측, 납기약속, 자원운영 등의 SCM 프로세스 핵심 내용은 실수요 기반 예측을 통해서 납기응답(RTF: Return to Forecast)대로 판매하고 S&OP 대로 생산계획을 수립해서 실행력을 높이는 것이라 할 수 있다. 결국 S&OP는 생산에서 판매에 이르는 물동 전반에 대한 정보력과 위험요소를 사전에 발굴할 수 있는 분석력을 바탕으로 적기에 제품과 서비스를 제공하기 위해 Supply Chain의 전체 최적화를 실현하는 도구로 활용된다.

2. 생산공정관리

2.1 생산공정관리의 목적

생산공정관리의 목적은 생산성과 수율의 향상이다. 이 목적을 달성하려면 공장 내에서 작업(생산활동의 단위)과 자원(설비, 물류장비, 작업인력)의 관리가 최적으로 운영되어야 한다. 특히 생산성을 높이기 위해서는 공장 내에서의 작업의 흐름이 적체 현상 없이 빠르게 진행되어야 하며, 수율이 향상되려면 자원이 최적으로 배치되고 정상적으로 작동되어 결품이 발생하지 않아야 한다.

자재소요계획(MRP)으로부터 전달되는 부품의 주문지시서는 부품 번호, 주문량, 생산 개시일, 생산 완료일로 구성되어 있으며, 지정된 주문량은 크기 때문에 일반적으로 작은 단위로 쪼개서 공정에 투입된다. 이때 투입되는 생산단위를 작업(Job)이라고 하며, 하나의 작업은 제품의 특성에 따라서 Item(낱개)단위로 구성되거나 여러 개를 모은 Lot일 수 있다. Item 단위로 생산하는 대표적인 부품은 자동차의 엔진, LCD 판넬 등이 있으며, Lot 단위로 가공되는 것은 반도체의 웨이퍼(wafer), 전자회로기판(PCB: Printed Circuit Board) 등이 있다.

전체 생산공정을 관리하는 시스템을 MES(Manufacturing Execution System)라고 하며, MES는 주문받는 제품을 정상적으로 만들 때까지 실시간으로 생산에 관련된 데이터를 제공하고, 이를 이용해 생산활동을 지시하고 대응하며 이에 대한 결과 보고를 한다.

생산실행시스템(MES)에는 일반적으로 다음과 같은 기능이 포함되어 있다.

- 데이터 수집 및 획득(data collection/acquisition): 공장 내의 모든 자원과 작업의 상태 정보를 온라인으로 수집하여 데이터베이스에 저장한다.
- 작업 일정계획(job scheduling): 한정된 가공능력을 가진 설비를 고려하여 설비에서의 작업들의 투입 스케줄을 결정한다. 스케줄은 작업의 순서와 시작 기간을 의미한다.
- 작업지시(dispatching jobs): 투입 스케줄에 따라서 작업을 설비에 투입하는 지시서를 작업자에게 제공한다.

- 제품추적(product tracking): 개별 작업의 흐름 상태를 추적하여 온라인으로 작업의 진척 상태를 모니터링 한다.
- 실적분석(performance analysis): 기업의 목표 대비 실적을 비교하고 원인을 분석한다. 목표는 고객에게 제시한 제품의 납기일, 생산량, 설비 가동률, 수율 등이 될 수 있다.
- 공정관리(process management): 실적 분석에 의해서 문제점이 발견되면 작업의 흐름을 조정한다. 생산과정을 모니터링하여 병목 현상이 발생하면 작업을 재할당(rearrange)하고, 공정의 문제는 자동화시스템을 통하여 제어한다.
- 자원할당 및 상태 관리(resource allocation and status management): 원활한 작업 흐름을 위하여 설비, 가공 툴(tool)과 자재의 할당을 지시하며 필요한 작업인력을 재조정한다. 또한 배치된 자원의 상태를 관리하여 항시 재조정 및 투입이 가능하게 한다.
- 공정이상 탐지(FDC: Fault detection & classification)와 선진공정제어(APC: Advanced process control): 완제품이나 공정 중에 있는 가공품의 상태를 모니터링하여 결품이 발생하지 않도록 한다.
- 유지보수 관리(maintenance management): 설비와 가공 툴의 상태를 모니터링하여 필요시 장비를 보수함으로써 최적의 운영 조건을 유지하도록 관리한다.
- 노무관리(laber management): 근무중인 작업 인력의 실적을 모니터링하고, 숙련도에 따른 작업 스케줄을 관리한다.
- 문서관리(document management): 공정에 필요한 모든 문서를 체계화하여 관리한다. 주문지시서부터 공정에 필요한 레시피[1](Recipe), 완제품의 규격, 공정 규격 등을 포함한다.

ERP/SCM과 MES와의 관계를 살펴보면 MES는 전사의 생산계획을 내려 받아서 실행하고, 일정에 맞추어 공장(shop-floor)의 설비와 물류를 제어하는 역할을 담당한다.

즉 전사의 생산계획에 맞추어 공장의 상세 일정계획을 수립하고, 이를 실행하기 위하여 공장(shop-floor) 내의 개별 설비에서 필요한 데이터를 수집하고 공장

---

[1] 공정 레시피(recipe)는 공정 진행에 필요한 화학 물질을 주입하거나 압력, 온도, 전압(설비변수) 등을 올리고, 유지하고, 낮추는 등의 물리적인 목표 작업들을 명시한다.

에서 발생하는 모든 상황을 제어하며, 위로는 ERP/SCM과 연동하여 필요한 정보를 상호 주고 받는다.

MES는 SCM 시스템과 연결하여 주문에 관련한 정보와 생산가용 정보, 생산실적 정보를 제공하고, 제품개발 부서의 PLM(Product Lifecycle Management) 시스템과 연결하여 제품과 공정의 규격에 대한 정보 및 공정 레시피에 대한 정보를 제공받을 수 있으며, 실제 공정을 통해 얻은 공정 데이터를 PLM 시스템에 보내 제품개발에 반영할 수 있도록 한다.

그림 5-3 / MES와 ERP, Shop-floor 관계

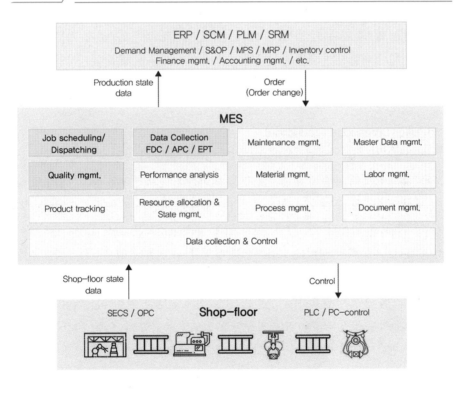

이번 장에서는 MES의 주요 기능 중에서 학문적인 고찰이 필요한 작업 일정계획(작업지시 포함)을 다루고, 다음 장(Chapter 7)에서 공정이상탐지(FDC), 선진공정제어(APC), 그리고 통계적 공정관리(SPC)에 대한 내용을 다룬다.

2.2 생산방식

제조업의 유형은 생산방식, 재고정책, Supply Chain상의 위치, 생산전략과 납기소요시간에 따라 분류할 수 있다. 본장에서는 공정에 따른 생산방식과 납기소요시간에 따른 분류 방법에 대하여 좀더 자세히 살펴보기로 한다.

1) 생산방식에 의한 제조업 분류

생산방식(manufacturing process)은 제품의 다양성과 생산량을 기준으로 연속생산, 단속생산, 반복생산, 프로젝트생산으로 나뉘며, 배치 형태에 따라 공정별 배치(process layout), 셀 배치(cell layout), 제품별 배치(product layout) 등으로 구분된다.

제품을 제조하기 위한 방법(시스템)은 여러 가지가 있을 수 있기 때문에 어떤 생산 방식을 선택할지는 제품을 구매하는 소비자와 제품을 제조하는 작업장을 모두 고려해 결정해야 한다.

● **연속생산(Continuous Production)**

연속생산은 일반적으로 장치산업을 의미하며, 제품의 생산이 도중에 중단되지 않고 지속적으로 계속 이루어지는 것을 의미한다. 연속생산은 장치산업으로 공정의 특성상 가동을 중지하고 새로 시작하는데 많은 시간과 비용이 소요되므로 24시간 계속적으로 가동되어야 하며, 이를 위해 필요한 정보를 실시간으로 관리해야 한다. 고도로 자동화된 설비를 효율적으로 운영할 수 있는 공장운영시스템이 필수이며, 작업자가 생산활동을 하는 것이 아니라 생산활동을 실시간으로 감시하고 제어하는 시스템 구축이 필요하다. 설비는 공장 전체 운영을 좌우하는 핵심 관리 항목이며 효율적인 공장운영을 위해 자동화와 정보를 통합할 수 있는 기간시스템이 필요하다. 연속생산은 프로세스 구조에 의해 스케줄링을 하기 때문에 장기생산계획과 흐름생산일정계획 기능이 중요하고, 계획이 공정제어 설비와 연계될 수 있는 구조가 되어야 한다.

배치형태는 공정별 배치형태(process layout)이며, 석유화학, 철강, 반도체, 디스플레이, 시멘트, 고무, 페인트 등이 이에 해당된다.

● 단속생산(Intermittent Production)

　단속생산은 유사한 기능을 수행하는 기계 또는 작업장을 함께 그룹화하는 직능별 배치를 의미한다. 단속생산은 제품이 아닌 프로세스 중심으로 설계되어 있고, 생산량의 규모에 따라 소량규모를 생산하는 잡숍(job shop)과 중량생산을 하는 배치숍(batch shop)으로 구분된다.

　각 공정 간 일정계획 및 능력계획이 유기적으로 연계되기 위해 생산진행이 오더 단위로 트래킹(tracking)되며, 생산리드타임(L/T)이 길고 재공재고가 많아 정교한 작업 스케줄링이 필요하다.

　배치형태는 공정별 배치형태(process layout)이고, 정비공장, 기계설비, 맞춤복, 병원(Job Shop), 출판사, 제과점(batch shop) 등이 이에 해당된다.

　또한 유사한 공정을 여러개 묶어 놓은 셀(cell) 방식은 다양한 종류의 제품을 대량생산할 수 있으며, 탄력적으로 제품생산 라인을 조정할 수 있고, 공정을 개선하기 쉽다.

● 반복생산(Repetitive Production)

　반복프로세스는 유사한 제품군을 생산하기 위해서 필요한 작업장을 작업 순서에 맞게 배치하며, 제품은 미리 정한 통제된 비율로 일련의 프로세스 단계를 거친다. 반복프로세스는 일반적으로 조립라인 형태의 구조를 갖으며 대량생산을 하기에 적합하다.

　반복생산은 소비자의 수요에 맞게 다양한 제품을 적기에 생산해야 하므로 수요예측이 필요하고, 준비교체 및 대체공정 수행비용이 연속생산에 비해 낮고, 생산비율을 조정해서 생산량을 조정한다. 많은 부품을 최종 제품의 납기에 맞게 조달하고, 라인을 적절히 운영하여, 최소의 생산비용으로 소비자의 수요에 맞추어 제품을 적기에 생산하는 것이 중요하다.

　배치형태는 제품별 생산(product layout)이며, 자동차, 가전제품, 컴퓨터, 기성복 생산이 이에 해당하며 일관된 품질수준과 제한된 유연성이 요구된다.

● 프로젝트생산(Project Production)

　일반적으로 프로젝트는 대규모 작업이므로 작업자나 설비 또는 기계를 직접 프로젝트를 수행(생산)하는 장소로 옮겨서 작업한다. 소규모 제품을 소량 생산하는 단속생산과 달리 프로젝트는 규모가 큰 단일제품을 대부분 하나만 생산하는 주문생산이다.

제품이 각기 소비자의 요구에 따라 다르므로, 자재 조달계획이 어렵지만 구매 또는 생산 리드타임이 긴 반제품에 대해 수요를 예측해서 생산 리드타임을 줄이는 것이 중요하다. 프로젝트 제품의 일정에 맞는 수행을 위해서 융통성 있고 신속한 프로젝트별 생산일정계획이 중요하다. 제품이 고정되고 설비가 이동하여 작업하는 형태가 많고, 특히 조선/항공 부문은 조립/가공 작업관리 기능도 중요한 요소이다. 건설, 플랜트산업, 선박, 항공기 생산이 이에 해당되며, 고도의 유연성이 요구된다.

2) 생산전략과 납기 소요시간에 의한 분류

기업이 경쟁력을 갖기 위해서는 고객의 요구를 만족시키고 요구한 납기를 맞추기 위한 전략을 가져야 한다. 기업의 입장에서 보면 납기소요시간은 제품 오더를 받아서 납품하는 데까지 걸리는 시간을 의미한다. 고객은 납기소요시간을 가능한 짧게 원할 것이고, 기업입장에서는 이러한 요구를 만족시키기 위하여 다음의 네 가지 전략을 가진다.

- MTS(Make-to-Stock): 생산이 완료된 완제품 재고로 고객 주문에 대응
- ATO(Assemble-to-Order): 생산이 반정도 완료된 반제품 재고로 고객 주문에 대응
- MTO(Make-to-Order): 고객 주문이 들어오면 그때부터 대응하여 생산
- ETO(Engineer-to-Order): 고객 주문이 들어오면 그때부터 개발을 시작

일반적으로 생산이 완료된 완제품 재고로 고객 주문에 대응하면 MTS, 생산이 반정도 완료된 반제품 재고를 갖고 있다가 고객 주문에 대응하면 ATO, 고객 주문이 들어오면 그때부터 생산에 들어가는 MTO, 고객 주문이 들어오면 그때부터 개발을 시작하여 생산하는 ETO 방식으로 분류한다.

• MTS(Make-to-Stock, 전망생산)
공급자가 제품을 생산하여 완성된 상품재고를 판매하는 것을 말한다. MTS 방

식은 영업에서 고객 주문을 접수하고 생산에 지시해 제품 창고에서 출하하므로, OTD L/T(Order-to-Delivery Lead-Time)이 가장 짧다. 그러나 수요 변동에 따라 부담해야 하는 제품 재고로 인해 이 방식에서는 수요 변동성에 따른 대응력이 가장 중요하게 된다.

● MTO(Make-to-Order, 주문생산)

MTO 방식은 영업에서 고객 주문을 접수하면 그 때부터 생산에 들어간다. 여기서는 재고에 대한 부담은 없지만, 장납기 자재의 가용성과 고객 요구사항의 변경, 설계 변경 등에 따라 전체 OTD L/T이 길어지게 된다. 그래서 MTO 방식에서는 장납기 자재나 설계 변경에 따른 공급 변동성에 대응하는 능력이 가장 중요하게 된다.

● ATO(Assemble-to-Order, 주문조립생산)

위 생산방식의 단점을 극복하고자 도입된 ATO 방식은 영업에서 고객 주문을 접수하면 이미 완료된 반제품 상태의 재고를 최종 조립하여 출하하므로, MTO 방식보다는 OTD L/T은 짧아지고, MTS 방식보다 수요 변동에 따른 제품 재고 부담은 감소된다. 하지만, MTS, MTO 방식의 복잡성을 동시에 갖게 되어, 반제품 재고를 수요에 맞춰 잘 준비해야 하고 설계 변경에 따라 생산을 잘 수행해야 한다.

● ETO(Engineer-to-Order, 주문설계생산)

ETO 방식은 선박이나 항공기처럼 고객의 설계서가 독특한 기술적 특성이나 특수한 주문을 요구하는 경우이다. 고객의 주문이 들어오면 설계부터 시작하여 개발, 자재구매, 생산, 출하, 설치/시공까지 행하기 때문에 OTD L/T이 가장 길며 개발정보 변경 범위 또한 크다.

여기서 어떠한 생산방식이 가장 좋다고는 말할 수 없다. 고객의 요구사항 및 생산제품 즉, 생산수용 능력, 원부자재 및 공정 재고 등의 상황이나 조건에 따라 알맞은 생산방식을 선택하는 것이 중요하다. 그림 5-4는 각 생산방식의 특성을 도식화하여 보여준다.

그림 5-4 / 각 생산방식의 특성

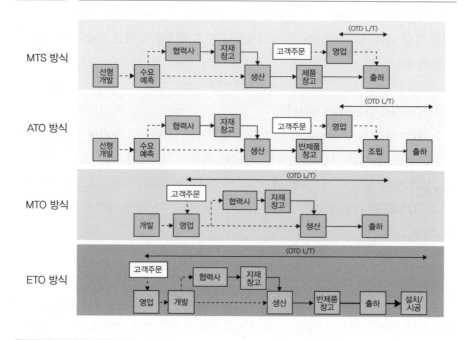

3. 일정계획(Job Scheduling)

3.1 일정계획 개요

주생산계획과 자재소요계획을 통해 필요한 생산량과 그에 따른 세부적인 생산계획이 정해지면, 실제로 생산공정 작업을 다루는 공장(shop-floor)에서는 여러 개의 작업(job)의 조합이 요구된다. 이때, 각 작업의 순서를 효율적으로 관리하여 계획된 생산량을 기한 내에 달성하는 것이 일정계획(scheduling)의 목표이다. 즉, 일정계획은 그림 5-5에서 보듯이 MPS, MRP를 통해 결정된 생산계획에 맞추기 위한 공장에서의 세부 작업의 순서를 효율적으로 관리하는 것이며, 일정계획은 MES의 핵심 기능 중 하나이다.

일정계획 문제를 수학적으로 표현하면 다음과 같다. 목적함수는 모든 작업의 완료 시간과 같은 성능지표(performance measure)이며, 이 지표는 비용과 관련된다.

- Min(Max) 성능지표
- Subject to 작업의 순서와 같은 제약

그림 5-5 / 생산 결정의 계층과 일정계획

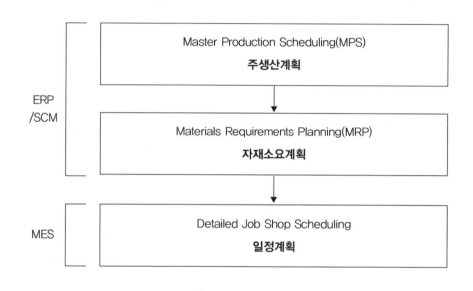

일정계획 문제는 어떤 성능지표에 대한 최적화를 수행하느냐에 따라 다른 해 (작업순서의 조합)가 도출되며, 해의 도출을 위한 알고리즘이 달라진다.

위와 같은 일정계획 문제를 체계적으로 접근하기 위해 몇 가지 용어와 기호 를 설명한다.

- 작업은 n 개의 작업 $\{J_1, J_2, ..., J_n\}$들이 있다고 가정하고 i 번째 작업을 J_i로 표현한다.
- 작업을 가공하는 기계는 M으로 표현하며 m 개의 기계 $\{M_1, M_2, ..., M_m\}$들이 있다고 가정하고, j 번째 기계를 M_j로 표현한다.

- $p_{ij} \sim$ 작업 i의 기계 j에서의 가공시간(processing time)을 의미한다.
- $r_i \sim$ i 번째 작업의 도착시간(release time or arrival time)을 의미한다.

■ 간트 차트(Gantt Chart)

일정계획 정보는 다양한 형태로 나타낼 수 있으나, 19세기 말 헨리 간트(Hary Gantt)에 의해 처음으로 사용된 간트 차트가 가장 많이 사용되는 시각적 도구이다. 기계(설비)를 Y 축으로 놓고, 시간을 나타내는 X 축 상에 작업을 상자 형태로 표시하며 작업시간에 비례하여 표시한다. 기계의 가공시간(processing time)과 유휴시간(idle time)을 확인할 수 있으며, 전체 작업의 완료 시점을 쉽게 확인할 수 있다.

그림 5-6 / 간트 차트

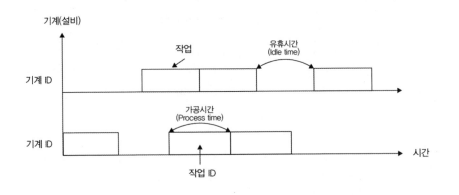

■ 기계환경에 따라 다양한 작업형태가 존재하며, 작업형태에 따라 다음과 같이 나눌수 있다.

◆ 단일기계(Single Machine)

1대의 기계에 여러 작업들을 가공하는 환경으로, 특정 시간에 단 1개의 작업만 처리 가능하다.

그림 5-7 / 단일기계

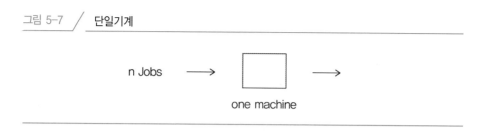

병렬기계(Parallel Machine)

동일(identical) 또는 이종(heterogeneous) 병렬기계들이 사용 가능하고, 작업들은 임의의 1대의 기계에서 처리될 수 있다.

그림 5-8 / 병렬기계

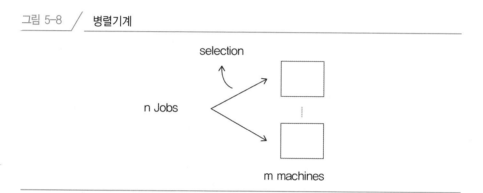

흐름작업장(Flow Shop)

작업들이 일렬로 늘어선 기계를 동일한 순서로 가공되는 형태이다.

그림 5-9 / 흐름작업장

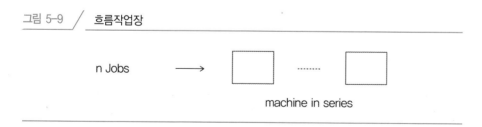

유연흐름작업장(Flexible Flow Shop)

일렬로 작업 단계(stage)가 구성되어 있고, 각 단계는 병렬기계가 존재할 수 있다. 작업들은 각 단계를 동일한 순서로 가공되지만, 일부 단계는 건너 뛸 수 있다.

그림 5-10 / 유연흐름작업장

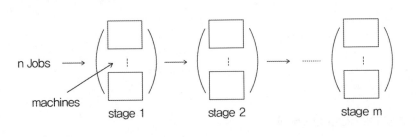

각 기계에서 처리되는 작업의 순서가 동일한 형태로 첫 번째 기계에서 가공된 순서에 따라 모든 기계들이 같은 작업순서를 갖는다면 이를 순열 스케줄(permutation schedule)이라 부른다. 예를 들어, 첫 번째 기계 m_1에서의 작업순서가 $J_1 \rightarrow J_3 \rightarrow J_2$이었다면, 나머지 모든 기계에서의 작업순서가 $J_1 \rightarrow J_3 \rightarrow J_2$가 된다.

• 개별 작업장(General Job Shop)

현장에서 가장 폭넓게 사용되는 작업형태로 유연흐름작업장과 기계환경은 동일하다. 그러나 개별 작업장에서는 개별 작업에 따라 가공순서가 다른 것을 허용한다. 특히, 동일한 가공순서를 다시 반복 형태를 갖는 경우를 재진입 개별 작업장(recirculation job shop)이라 하며, 이는 반도체 생산 공정에서 많이 사용하는 작업형태이다.

그림 5-11 / 개별 작업장

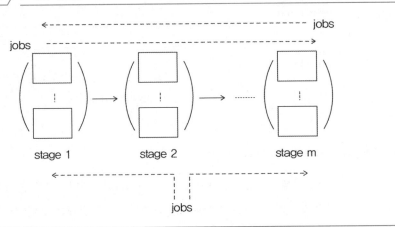

■ 다음은 일정계획 문제에 대한 몇 가지 가정 사항이다.

① 각 작업은 하나의 단위 개체(entity)로 나눠질 수 없다.

하나의 작업이 나뉘어 기계에서 가공된 후 다시 합치는 경우를 작업 분할 (job split)이라 한다.

② 정해진 작업순서를 깨뜨리고 먼저 처리하는 선 점유(preemption)는 고려하지 않는다.

③ 가공시간은 스케줄(schedule)과는 독립적이다.

④ 준비시간(setup time)은 스케줄과 독립적이다.

⑤ 기계 사이의 이동시간은 가공시간에 비해 매우 짧아서 무시한다.

⑥ 기계의 고장을 고려하지 않는다.

⑦ 경로순서 제약은 사전에 알고 있는 것으로 간주한다.

⑧ 임의성(randomness)은 허용하지 않는다(가공시간, 도착시간 등은 고정됨).

이를, 확정적 일정계획(deterministic scheduling)이라 하며, 가공시간이나 도착시간 등 수치가 고정적이지 않은 경우 확률적 일정계획(stochastic scheduling)이라 한다. 여기서는 확정적 일정계획에 대하여 기술한다.

다음은 일정계획 문제의 성능지표와 목적함수를 살펴보자.

1) 기호 정리

- $d_i \sim J_i$의 납기(Due-date)
- $a_i \sim J_i$의 가용시간(Allowance Time): 납기와 도착시간의 차이 $a_i = d_i - r_i$
- $W_{i(k)} \sim J_i$가 k 번째 공정을 진행하기 전에 기다리는 대기시간(Waiting Time)
- $W_i \sim J_i$의 총 대기시간($W_i = \sum_{k=1}^{m} W_{i(k)}$)
- $C_i \sim J_i$의 완료시점(Completion Time)

$$C_i = r_i + \sum_{k=1}^{m} (W_{i(k)} + p_{ij(k)}) \tag{5.1}$$

j(k)는 k번째 공정을 수행하는 기계를 나타내는 것으로, $p_{ij(k)}$는 작업 i의 k 번째 공정을 수행하는 기계의 가공시간을 의미한다.

- $3F_i \sim J_i$의 체류시간(Flow Time)

$$F_i = C_i - r_i \tag{5.2}$$

■ 대기시간(Waiting Time), 완료시점(Completion Time), 체류시간(Flow Time)

작업 i를 기준으로 설명하면, 대기시간은 $W_{i(3)}$과 같이 완료된 작업 i가 다음 순서의 가공이 시작되기 전까지 기다려야 하는 시간을 의미한다. 완료시점은 해당 작업의 마지막 가공 순서가 모두 끝난 시점에서의 시간 C_i를 나타내며, 체류시간은 작업이 시작 가능한 시점인 도착시간 r_i에서부터 완료시점 C_i까지의 시간 F_i를 의미한다(그림 5-12).

그림 5-12 / 대기시간, 완료시점, 체류시간의 설명

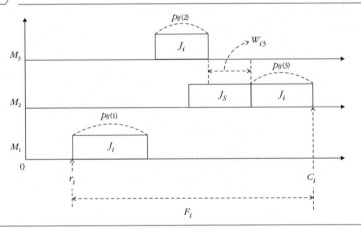

- $L_i \sim J_i$의 지연시간(lateness): 완료시점과 납기와의 차이(양수는 작업완료가 지연된 것을 뜻하고, 음수는 조기에 완료된 것을 뜻함)

$$L_i = C_i - d_i \tag{5.3}$$

- $T_i \sim J_i$의 순수지연시간(tardiness): 완료시점이 납기로부터 얼마나 지연되었는지를 나타냄.

$$T_i = \max\{L_i, 0\} \tag{5.4}$$

- $E_i \sim J_i$의 조기시간(earliness): 완료시점이 납기로부터 얼마나 조기완료되었는지를 나타냄.

$$E_i = \max\{-L_i, 0\} \tag{5.5}$$

■ 지연시간(Lateness), 순수지연시간(Tardiness), 조기시간(Earliness)의 설명

작업 i의 완료시점 C_i를 기준으로 납기 d_i가 오른쪽에 있는 경우는 조기완료된 경우로 지연시간이 음의 값을 가지며, 반대로 납기 d_i이 왼쪽에 있는 경우는 납기를 넘기게 된 것으로 지연시간이 양수를 갖는다. 순수지연시간은 납기보다 작업완료가 늦게 끝나는 경우만 나타내며, 조기시간은 납기보다 작업완료가 먼저 끝나는 경우만 나타내는 성능지표다.

그림 5-13 / Lateness, Tardiness, Earliness의 의미

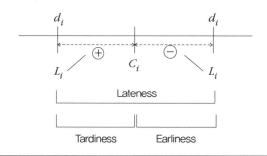

2) 주요 성능지표

일정계획에서 사용하는 주요 성능지표는 다음과 같다(표 5-1).

표 5-1 / 주요 성능지표

기호	의미
$C_{\max} = \max\{C_1, C_2, ..., C_n\}$	모든 작업의 완료시점(Makespan)
$\overline{C} = \sum_{i=1}^{n} C_i / n$	평균 작업 완료시점(Mean Job Completion Time)
$F_{\max} = \max\{F_1, F_2, ..., F_n\}$	최대 작업 체류시간(Max. Job Flow Time)
$\overline{F} = \sum_{i=1}^{n} F_i / n$	평균 작업 체류시간(Mean Job Flow Time)
$L_{\max} = \max\{L_1, L_2, ..., L_n\}$	최대 작업 지연시간(Max. Job Lateness)
$\overline{L} = \sum_{i=1}^{n} L_i / n$	평균 작업 지연시간(Mean Job Lateness)

$T_{\max} = \max\{T_1, T_2, ..., T_n\}$	최대 작업 순수지연시간(Max. Job Tardiness)
$\overline{T} = \sum_{i=1}^{n} T_i / n$	평균 작업 순수지연시간(Mean Job Tardiness)

3) 목적함수

◆ min-max 함수와 Total(Average) 함수

표 5-2 / min-max 함수와 Total(Average) 함수

min-max 함수	Total 또는 Average 함수
$\min C_{\max}$ or $\min F_{\max}$ (모든 작업에 대해서 $r_i = 0$이면 $F_{\max} = C_{\max}$)	$\min \sum_{i=1}^{n} T_i$ or $\min \sum_{i=1}^{n} F_i$
$\min L_{\max}$ or $\min T_{\max}$	$\min \overline{T}$ or $\min \overline{F}$

◆ $\min n_T$ (n_T는 납기를 초과하여 완료된 작업 수를 의미함)

3.2 일정계획 문제의 분류

일정계획에서는 기계환경과 작업의 전제 조건 그리고 목적함수에 따라서 다양한 문제가 존재한다. 그러므로 각 문제를 좀 더 간편하고 명확하게 표현하는 방법이 필요하다. 이 장에서는 기호를 가지고 일정계획을 표현하는 방법을 알아본다.

일정계획 문제는 다음과 같은 정형화된 방식을 이용하여 분류한다.

$$\alpha \mid \beta \mid \gamma$$

where α : 기계환경
β : 작업의 전제조건
γ : 성능지표

- α (기계환경)은 다음과 같은 종류가 있다.

표 5-3 / α -기계환경의 종류

기호(α)	의 미
1	단일기계(Single Machine)
Pm	가공 속도가 같은 기계로 구성된 병렬기계(Identical Machines in Parallel)
Qm	가공 속도가 다른 기계로 구성된 병렬기계(Machines in Parallel with Different Speed)
Rm	작업마다 기계에서의 가공시간이 다른 병렬기계(Unrelated Machines in Parallel)
Fm	흐름작업장(Flow Shop)
FFc	유연흐름작업장(Flexible Flow Shop), 여기서 c는 Stage를 의미함
Jc	개별 작업장(Job Shop)

- β (작업의 전제조건)은 다음과 같은 종류가 있다.

표 5-4 / β -작업 전제조건의 종류

기호(β)	의 미
r_j	작업의 도착시간이 존재
s_{ij}	순서의존적인 작업 준비시간이 존재
prmp	작업의 선 점유(Preemption)가 존재
prec	작업의 처리순서가 존재
prmu	순열 스케줄만을 고려
recrc	작업장으로의 재진입(Recirculation)이 허용

- γ (성능지표)는 앞에서(표 5-1) 정의한 것을 사용한다 (예: $C_{\max}$, $\overline{T}$).

　표 5-5와 같이 일정계획 문제 조건에 따라 일정계획 기법을 나누어 볼 수 있다. 작업환경과 성능지표 그리고 앞에서 설명한 일정계획 문제의 표현방법과 함께, 작업의 시작 가능한 시간인 도착시간이 모두 0인지 아닌지에 따라 정적(static) 또는 동적(dynamic)으로 구분한다.

표 5-5 /	일정계획 기법 분류표				

작업형태 (기계환경)	성능지표	$\alpha \mid \beta \mid \gamma$		작업 도착시간	최적 스케줄 알고리즘 (또는 발견적 기법)
단일 기계	Mean flow time($\overline{F}$)	$1 \mid r_j \mid \overline{F}$		정적 $(r_i = 0)$	SPT rule
	Maximum Lateness(L_{max})	$1 \mid r_j \mid L_{max}$(or T_{max})			EDD rule
	Number of Tardy 작업 s(n_T)	$1 \mid r_j \mid n_T$			Moore's algorithm
	$\max_{i=1}^{n}\{f_i(C_i)\}$	$1 \mid prec \mid$ $\max_{i=1}^{n}\{f_i(C_i)\}$			Lawler's algorithm
	Any performance measures	Any scheduling problem			Dynamic programming
병렬 기계	Makespan(C_{max})	Pm $\mid r_j \mid C_{max}$ (or Qm $\mid r_j \mid C_{max}$, Rm $\mid r_j \mid C_{max}$)			LPT scheduling for C_{max}
	Makespan(C_{max})				List scheduling for C_{max}
흐름 작업장	Maximum flow time(F_{max})	Fm $\mid r_j \mid F_{max}$ (or FFc $\mid r_j \mid F_{max}$)			Johnson's algorithm
개별 작업장	Mean Tardiness($\overline{T}$)	Jc $\mid$ recrc $\mid \overline{T}$		동적 $(r_i \neq 0)$	CR rule Covert rule MDD rule
	Number of Tardy jobs(n_T)	Jc $\mid$ recrc $\mid n_T$			MST rule

3.3 작업형태에 따른 분류

제조현장에서 이루어지는 작업은 기계환경에 따라 다양한 작업형태가 존재한다. 일정계획은 작업형태에 따라서 단일기계 일정계획, 병렬기계 일정계획, 흐름작업장 일정계획, 개별 작업장 일정계획으로 나눌 수 있다. 본절에서는 그 중에서 가장 기본적인 단일기계 일정계획, 병렬기계 일정계획, 흐름작업장 일정계획 알고리즘에 대하여 살펴보고자 한다.

1) 단일기계 일정계획(Single Machine Scheduling)

단일기계 환경에 대한 일정계획은 그림 5-14와 같이 작업의 도착시간이 모두

0인 정적인 조건의 단일기계 일정계획 문제를 해결하기 위한 기법들이다.

그림 5-14 / 단일기계 일정계획

그림 5-14 / 단일기계 일정계획

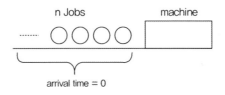

단일기계 환경에서 n개의 작업이 있을 때 가능한 스케줄의 개수는 n! 이다. 그리고 유휴시간(idle time)을 고의적으로 발생시킨다면 고려해야 할 스케줄 수는 더욱 많아진다. 다음에 나오는 일정계획 기법은 유휴시간을 고려하지 않는 스케줄 링을 의미한다.

(1) Shortest processing time(SPT) 일정계획

SPT 규칙은 단일기계 환경에서 기계의 평균 체류시간(mean flow time: $\overline{F}$)을 최소화 시키기 위한 일정계획 기법으로 작업들을 가공시간이 작은 다음과 같은 순 서대로 작업을 배열한다. 즉, $1 \mid r_j \mid \overline{F}$ 문제를 풀기 위한 방법이다.

$$p_{i(1)} \leq p_{i(2)} \leq \cdots \leq p_{i(n)} \tag{5.6}$$

(2) Earliest due-date(EDD) 일정계획

EDD 규칙은 단일기계 환경에서 작업의 납기로부터 가장 늦은 작업의 지연시 간(Maximum Lateness(L_{max}))을 최소화하기 위한 일정계획 기법이다. 따라서, 작업의 납기가 빠른 다음과 같은 순서대로 작업을 배열한다. 즉, $1 \mid r_j \mid L_{max}$ 문제를 풀 기 위한 방법이다.

$$d_{i(1)} \leq d_{i(2)} \leq \cdots \leq d_{i(n)} \tag{5.7}$$

어떤 스케줄이든 간에 납기의 오름차순으로 재정렬할 수 있다면, L_{max}를 증 가시키지 않고 재정렬시킬 수 있다. 다시 말하면, 납기의 오름차순으로 모든 작업을 정렬시키면 그 때의 $L_{\max}$가 최소값이 된다. 또한 EDD rule은 $1 \mid r_j \mid L_{\max}$ 에 대한 최적 일정계획도 제공한다.

(3) 지연 작업 수 최소화를 위한 일정계획(Moore's algorithm)

비행기 연착 등과 같이 정해진 시간 안에 처리되지 않는 작업이 손해를 가져올 경우, 납기를 초과한 작업(Tardy Job)의 수(n_r)를 최소화해야 한다. 단일기계 환경에서 이렇게 n_T를 최소화하는 $1 \mid r_j \mid n_T$ 문제를 해결하는 일정계획 기법이 Moore 알고리즘이다.

Moore 알고리즘은 기본적으로 EDD 규칙을 기반으로 하며 크게 다음의 4단계로 구성된다.

Step1. 모든 작업의 순서를 EDD 규칙에 따라 정렬하여 Current sequence를 찾는다.

Current sequence: $J_{i(1)}, J_{i(2)}, \cdots, J_{i(l)}$ such that

$d_{i(k)} \leq d_{i(k+1)}$ for k = 1,2,...,n − 1

Step2. Current sequence에서 첫 번째 지연 작업 $J_{i(l)}$를 찾는다. 만약 지연된 작업이 없다면 Step4로 이동한다.

Step3. Sub sequence($J_{i(1)}, J_{i(2)}, \cdots, J_{i(l)}$)에서 가공시간이 가장 큰 작업을 제거하고 Step2로 되돌아간다(current sequence가 전보다 하나 짧아짐).

Step4. Current sequence의 뒤에 Step3에서 제거된 작업(없으면 current sequence 그대로)을 붙여서 최종의 최적 스케줄을 얻는다(제거된 작업의 순서는 상관없음).

(4) 작업간의 실행순서가 있을 때의 일정계획(Lawler's algorithm)

단일기계 하에서 일부 작업간에는 실행 순서가 미리 정해져 있는 경우가 존재한다. 이 순서는 반드시 지켜져야 하며, 작업순서에 대한 조건(precedence constraint)이 없는 작업들은 일정계획 알고리즘에 따라 순서가 만들어질 수 있다. 따라서 작업순서에 대한 제약 조건이 많아지면 고려해야 할 스케줄의 수가 줄어든다는 이점이 있다.

Lawler 알고리즘은 작업순서에 대한 제약 조건이 있을 때, 각 작업 i의 완료시점 C_i의 함수 $f_i(C_i)$ 중에서 최대값을 최소화할 수 있는 알고리즘이다.

$$\text{Minimize } \max_{i=1}^{n}\{f_i C_i\}$$
$$\text{Subject to precedence constraints}$$

만일 $f_i(C_i) = C_i - d_i$이면 목적함수는 $\max_{i=1}^{n} L_i$가 되고, $f_i(C_i) = \max\{C_i - d_i, 0\}$이면 목적함수는 $\max_{i=1}^{n} T_i$가 된다. 그리고 이 알고리즘은 작업순서에 대한 제약 조건이 없을 때도 적용 가능하므로 매우 강력한 단일기계 일정계획 알고리즘 중의 하나이다.

Lawler 알고리즘의 각 단계를 살펴보도록 하자.

Step1. 스케줄이 가능한 모든 작업의 총 작업완료시점 $\tau = \sum p_i$를 구한다. 그리고 스케줄 마지막에 위치할 수 있는 작업의 집합 V를 구성한다. $|V| = 1$이면 종료한다.

Step2. $f_k(\tau) = \min_{J_i \text{ in } V}\{f_i(\tau)\}$인 작업 J_k를 발견하여 스케줄의 맨 뒤에 위치시킨다. $V = V - \{J_k\}$

2) 병렬기계 일정계획(Parallel Machine Scheduling)

작업형태가 병렬기계 환경에 대한 일정계획은 그림 5-15와 같이 도착시간이 모두 0인 정적인 조건의 병렬기계환경이다. 여기서 총 작업소요시점(makespan)

그림 5-15 / 병렬기계 환경

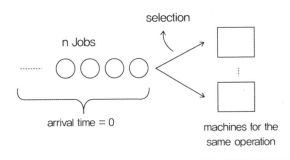

C_{max}를 최소화하는 문제를 해결하기 위한 방법으로 LPT(Longest Processing Time) 일정계획과 List 일정계획을 사용한다.

이 기법들은 최적해는 아니지만 최적해에 근사한 해를 찾아내는 발견적 기법 (heuristic technique)이라고 할 수 있다.

(1) C_{max} 최소화를 위한 List 일정계획

병렬기계 환경에서 C_{max}를 최소화시키기 위한 또 다른 기법으로 List 일정계획이 있으며, 다음의 3단계로 이루어진다. LPT 일정계획과 마찬가지로 발견적 기법이기 때문에 반드시 최적 일정계획을 보장할 수는 없다.

Step1. 작업의 순서를 임의로 정렬하여 목록(List)을 만든다.
Step2. 정렬된 작업에서 가장 첫 번째 작업을 기계들 중에 가장 빨리 가공을 시작할 수 있는 기계에 배정하고 목록에서 제거한다.
Step3. 모든 작업들이 스케줄 될 때까지 Step2를 반복한다.

(2) C_{max} 최소화를 위한 LPT 일정계획

병렬기계 환경에서 C_{max}를 최소화시키기 위한 기법인 LPT 일정계획은 크게 다음의 두 단계로 이루어진다. 발견적 기법이기 때문에 반드시 최적 일정계획을 보장할 수는 없다.

Step1. 작업의 순서를 LPT(Longest Processing Time: SPT의 반대)로 정렬한다.
Step2. 각 기계 중에 이미 배정된 작업들의 총 가공시간이 최소인 기계에 Step1에서 정렬된 순서대로 배정한다.

3) 흐름작업장 일정계획(Flow Shop Scheduling)

흐름작업장 환경에 대한 일정계획 기법 가운데 Fm | r_j | F_{max} 문제를 풀기 위한 Johnson 규칙을 살펴보자. 그림 5-16과 같이 각 작업에 대해 연속된 두 개의 기계를 정해진 순서인 M_1, M_2 순서대로 가공되도록 하는 환경에서 작업의 최대 체류시간(F_{max})을 최소화시키기 위해 Johnson 규칙을 사용한다. 앞에서 살펴본 다른 스케줄 기법과 마찬가지로 작업의 도착시간이 모두 0인 정적인 조건이다.

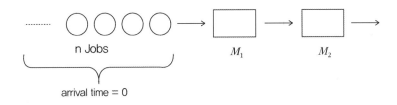

그림 5-16 / 흐름작업장 환경(m=2일 때)

Johnson 규칙은 흐름작업장 중에서도 기계 수가 2이고, F_{max}가 성능지표인 문제에 대해서 최적해를 제공하며, 기계 M_1, M_2에서 동일한 가공순서를 가지는 순열(permutation) 스케줄이 항상 더 효율적이기 때문에 순열 스케줄만 고려해도 된다.

Johnson 규칙의 간략한 핵심은 다음과 같다.

흐름작업장의 기계 가공 순서가 $M_1 \rightarrow M_2$이라고 할 때, M_1에서 최소 가공시간을 갖는 작업을 가장 앞의 위치로 일정계획하고, M_2에서 최소 가공시간을 갖는 작업은 가장 뒤의 위치에 일정계획한다.

이를, 수학적인 표현으로 나타내면 다음과 같다.

"최적 스케줄에서 작업 i 가 작업 j 에 선행하면 $\min\{p_{i1}, p_{j2}\} \leq \min\{p_{i2}, p_{j1}\}$의 조건을 만족한다"이 필요조건이 만족하는지는 다음의 네 가지 경우로 설명할 수 있다.

$\min\{p_{i1}, p_{j2}\}$		$\min\{p_{i2}, p_{j1}\}$	
p_{i1}	$\leq$	p_{j1}	→ M_1에서의 최소 가공시간 작업을 갖는 작업 i 가 선행
p_{i1}	$\leq$	p_{i2}	→ $p_{i2} \leq p_{j1}$ 이므로, $p_{i1} \leq p_{j1}$ 가 됨
p_{j2}	$\leq$	p_{i2}	→ M_2에서의 최소 가공시간 작업을 갖는 작업 i 가 후행
p_{j2}	$\leq$	p_{j1}	→ $p_{j1} \leq p_{i2}$ 이므로, $p_{j2} \leq p_{i2}$ 가 됨

여기서 $\min\{p_{i1}, p_{j2}\} \leq \min\{p_{i2}, p_{j1}\}$조건은 충분조건이기도 하다.

Johnson 규칙의 세부 단계를 살펴보면 다음과 같다.

Step1. k＝1, l＝n 이라 하자.

Step2. 스케줄 되지 않은 작업 목록(U_s)을 다음과 같이 정의하자. $U_s = \{J_1, J_2, ..., J_n\}$

Step3. 모든 i(i＝1, 2, ..., n)에 대한 p_{i1}, p_{i2}의 값들 가운데 최소값을 찾는다.(최소값이 하나 이상인 경우 J_i를 임의로 하나를 선택한다).

Step4. 만약, Step3의 최소값을 갖는 J_i가 첫 번째 기계 M_1에서 발견되었다면(즉, p_{i1} 중에 최소값이 있을 때) 다음과 같이 진행한다.

① 작업 J_i를 k 위치에 배정한다.

② 스케줄 되지 않은 작업 목록(U_s)에서 J_i를 제거한다.

③ k를 k＋1로 증가시킨다.

④ Step6으로 이동한다.

Step5. 만약, Step3의 최소값을 갖는 J_i가 두 번째 기계 M_2에서 발견되었다면(즉, p_{i2} 중에 최소값이 있을 때) 다음과 같이 진행한다.

① 작업 J_i를 l 위치에 배정한다.

② 스케줄 되지 않은 작업 목록(U_s)에서 J_i를 제거한다.

③ l을 l－1로 감소시킨다.

④ Step6으로 이동한다.

Step6. 만약 스케줄 되지 않은 작업 목록(U_s)에 J_i가 한 개라도 남아있으면 Step3로 이동하고, 그렇지 않으면 멈춘다.

지금까지 작업형태에 따라서 단일기계, 병렬기계, 흐름작업장에서의 일정계획 기법들에 대해서 살펴보았다. 일정계획은 생산성 향상에 매우 큰 영향을 끼치기 때문에 제조회사에서는 매우 큰 관심을 가지고 있다. 하지만 불행하게도 작업도 많고 기계도 많은 큰 공장에서 최적의 작업 스케줄을 찾는다는 것은 매우 힘들다. 따라서 공장 환경에 맞는 발견적 기법을 개발하여 최적에 근사한 스케줄을 찾는 것이 현실적으로 비용대비 효과 측면에서 적합한 대안이라고 할 수 있다.

Chap 06

설비엔지니어링

1. EES 개요

EES(Equipment Engineering System)는 1970년대 미국에서 설립된 SEMI(Semicon-
ductor Equipment and Materials International)[1], 국제반도체장비재료협회) 주관으로 반도체
공장운영에 필요한 기능들을 정의하면서 시작되었고, 설비의 가동률을 향상시키고 성능
을 유지하기 위한 데이터 수집 및 활용에 대한 기능 위주로 정의 되었다. 그 후에 장
치산업에서 설비에 대한 비중이 증대하면서 국제 반도체 제조업체 컨소시엄인 ISMI[2]
와 일본의 JEITA/Selete[3]에서 공동으로 발표한 ITRS(Inrenational Technology Roadmap
for Semiconductors)[4]에 EEC(Equipment Engineering Capabilities)로 포함되어 발전되어
왔다. EES는 MES에서 요구되는 데이터보다는 좀 더 상세한 데이터를 수집하고 분
석하여 설비종합효율(OEE)을 올리고, 궁극적으로 생산성 및 수율을 올려 제조경쟁
력을 높이는데 목표를 두고 있다. MES가 설비와의 연동에 SECS/GEM의 프로토콜
을 사용하는데 비해, EES는 별도의 EDA(Interface A) 포트 사용을 권장하고 있다.
연계하는 데이터의 양이 많기 때문에 라인 운영과 관계되는 MES에 미치는 영향을
최소화 하기 위해서이다.

---

1) SEMI(Semiconductor Equipment and Materials International): 국제반도체장비재료협회
2) ISMI(International SEMATECH Manufacturing Initiatitive): 국제반도체제조업체컨소시엄
3) JEITA(Japan Electronics and Information Technology Industries Association):
   일본전자정보산업협회
   Selete(Semiconductor Leading Edge Technologies Inc.): 반도체첨단테크놀러지
4) ITRS(International Technology Roadmap for Semiconductors): 국제반도체기술로드맵

독자의 이해를 돕기 위하여 본장의 앞부분에서는 실제 기업에서 사용하는 사례 위주로 내용을 기술하고, 뒷 부분(FDC, APC)에서는 이론적인 내용을 좀 더 깊이 있게 다루고자 한다.

EES의 필요성이 부각된 배경은 다음과 같다.

1) 설비고장의 원인을 제거하여 설비종합효율 OEE(Over Equipment Efficiency)을 향상시키기 위해서 제조업체들은 MES보다는 더욱 상세한 데이터에 기반한 분석을 원하고 있다.
2) FAB 내에서 장비의 고장이 발생했을 때 즉시 엔지니어에게 Feedback되고, 라인까지 직접 들어가지 않더라도 사무실에 근무하는 엔지니어나, 지역적으로 멀리 떨어져있는 장비 벤더에서 조치해야 하는 필요성이 부각되었다.
3) 제품이 고부가가치화 되고 미세화 되면서, 설비관리 및 공정제어를 위한 다양한 기능(equipment health monitoring, FDC, R2R, Real-time control, Predictive Maintenance)에 대응하기 위해서는 공장설비로부터의 상세한 데이터가 필수적이다.

특히 반도체 및 평판디스플레이(flat panel display) 제조 분야에서 다음과 같은 요구사항이 지속적으로 발생하였다.

① Device 크기의 소형화 및 미세화(공정제어 및 이상감지)
② 기판/Wafer의 대구경화(300mm)
③ Device 기능의 고부가가치화 및 고집적화(lot 관리에서 wafer 관리로)
④ 제조원가의 절감 요구(원가경쟁력 확보)
⑤ 생산성의 증가 요구(설비가동률 향상)
⑥ 장비의 고기능화 및 고가화(설비 미세관리)

세계 반도체장비재료협회(SEMI)에서 제시된 e-Manufacturing에 대한 Roadmap-에서는 MES, EES(EEC), AMHS(MCS)가 세 축을 이루어 e-Manufacturing을 완성한다고 발표하였다(그림 6-1). 또한 최근의 스마트팩토리, 스마트제조를 위해서는 실제로 작업이 이루어지는 제조현장(Shop-floor)의 설비연결은 가장 기본적으로 필요한 기능이 되었다.

그림 6-1 / e-Manufacturing Roadmap

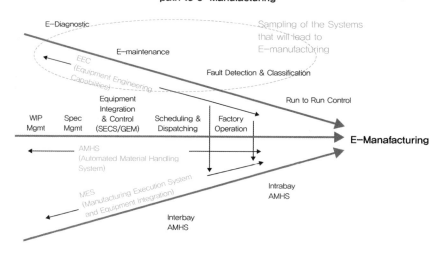

*자료: SEMI e-Manufacturing workshop

1.1 EES 주요 기능

EES는 최근 들어 반도체/FPD/PCB 기업들에게 수율과 생산성 향상 측면에서, 제품의 고기능화에 따른 공정의 미세관리를 위하여 필수적인 시스템으로 사용되고 있다. 또한 현장의 작업이 작업자에 의한 수작업에서 단계에서, 시스템에 의한 작업으로 무인화 비율이 증가되면서 그 중요성이 점차 증가하고 있다.

EES의 주요 기능은 벤더의 제품별로(package) 다양하지만, 설비효율관리(EPT), 작업조건관리(RMS), 공정제어(APC), 설비이상감지(FDC)의 네 가지 기능은 공통적으로 많이 사용되고 있다(그림 6-2). 업체에 따라서 통계적공정관리(SPC), 가상계측(VM), 예방정비(PPM) 등의 기능을 Framework에 추가로 개발하여 제공하고 있다.

또한 일부 대기업에서는 자사 제품 및 공정의 Knowhow를 지키기 위하여, Framework은 상용제품을 사용하고, Applicatiom은 자체적으로 개발하여(in-house) 사용하는 기업도 다수 있다.

그림 6-2 / EES 구성도

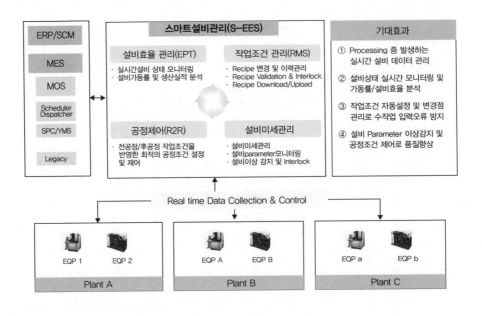

- 프로세스 제어 솔루션(Process Control Solutions)
  . FDC : Fault Detection and Classification
    R2R : Run-to-Run Solution
    SPC : Statistical Process Control
- 예방정비 솔루션(Preventive Maintenance Solutions)
    PPM : Predictive & Preventive Maintenance
- 레시피 관리 솔루션(Recipe Management Solutions)
    RMS : Recipe and Parameter Management Solution
- 설비효율관리 솔루션(Equipment Performance Tracking Solutions)
    ECM : Equipment Constant Module
- 가상계측 솔루션(Virtual Metrology Solutions)

EES에서 기본적으로 많이 사용되는 기능은 다음과 같다

① FDC(Fault Detection and Classification): 생산설비의 파라메터를 Real-Time으로 Monitoring하여, 이상변동을 감지하고 예측 및 통제하는 기능을 수행하는 시스템

② R2R(Run to Run): 공정 진행 런(Run/Lot)에 대한 공정능력을 향상시키기 위하여, Recipe Parameter를 선택하거나 그 값을 보정해주는 기능을 수행하는 시스템

③ PPM(Predictive & Preventive Maintenance): 설비보전 작업에 대한 생성, 작업지시, 작업수행, 작업결과에 대한 보전작업을 일괄 관리하는 시스템

④ EPT(Equipment Performance Tracking): 설비에서 발생하는 각종 이벤트와 Alarm data를 이용하여 설비효율 분석 및 각종 설비지표 산출

⑤ RMS(Recipe Management System): 개별 설비마다 상이하게 존재하는 Recipe와 Recipe Body를 원격으로 통합관리하는 시스템

1.2 EES 아키텍처

1) Peakperformance system

그림 6-3은 국내에서 대표적으로 활용되고 있는 비스텔(사)의 EES Framework이다. EES 기능 측면의 다양한 모듈(FDC, RMS, R2R, EPT, SPC, VM 등)을 지원하고 있으며, 현장의 생산설비/계측설비/부대설비 등의 장비와 연계를 위한 커뮤니케이션 서비스(SECS/GEM, EDA. TDI, Sensor Bus 등)를 제공하고 있다.

계층적으로 데이터 서비스 및 중앙집중식 리포팅을 위한 Knowledge 서비스 및 어플리케이션 서비스를 제공하고 있다.

EES는 기본 기능 외에 Fail-Over, Switch-Over, Logging, Monitoring 등 다음의 네 가지 주요 기능을 제공한다.

① Communication 서비스
  • 다양한 장비 Interface 제공(SECS/GEM, EDA, TDI, Sensor Bus 등)

- 다양한 Legacy Interface 제공(TIB/RV, CORBA, JMS, COM/DCOM 등)
- Customize 가능한 Interface 제공

② Data 서비스
- 중앙집중식 DCP(Data Collection Plan)와 Manager
- 유동성 있는 Data Access Manage Service(Commercial DBMS, MMDS, Data Compression 등)

③ Knowledge 서비스
- 중앙집중식 Reporting System
- 중앙집중식 예측 Management System

④ Application 서비스
- 사용자 관리
- 보안 관리
- PCS Libraries 공유
- 유동적 Workflow

그림 6-3 / EES Architecture_Peakperformance

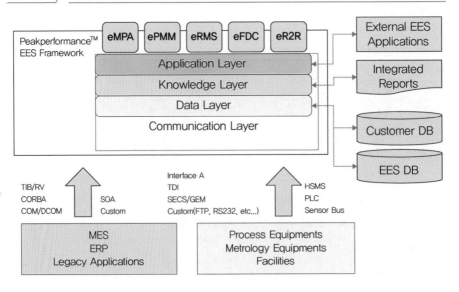

2) E3 System

미국 Applied Materials사의 EES Framework Architecture는 다음과 같다.

설비와 SECS/GEM, OPC, Interface A 등의 통신방식을 활용하여 연계하며, .Net 확장 컴포넌트를 사용하여 추가 센서와 연동할 수 있다. 주요 EES 기능 모듈 인 R2R, FDC, EPT, SPC 등을 제공하며 Legacy 연동을 위한 어플리케이션 어댑터 를 제공하고 있다.

그림 6-4 / EES Architecture_E3

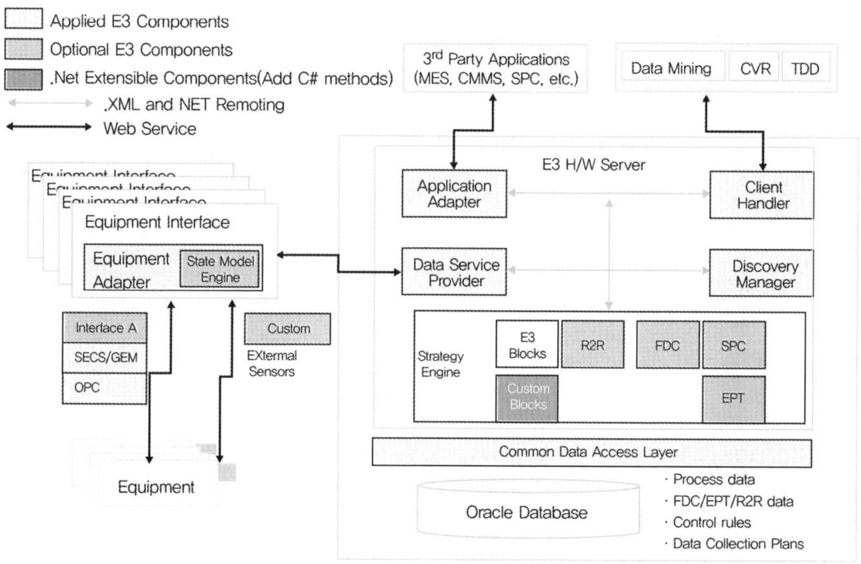

141

2. 설비효율 관리(EPT)

2.1 EPT의 기능 및 효과

1) EPT 주요 기능

EPT 즉, Equipment Performance Tracking은 설비관리시스템의 기본적인 기능으로, 주로 설비가동률을 관리하는 시스템이다. 여기에는 설비별 실시간 데이터를 받아 상태를 관리하는 설비 실시간 모니터링 기능과, Down Rule에 의한 모설비상태 관리 및 설비단위, 모듈단위 상태를 조회할 수 있는 설비상태관리 기능이 있다. 월간/주간/일간 지표를 산출할 수 있는 설비지표 산출 기능, Alarm별 코드를 지정하여 Rule에 따라 설비상태를 변경할 수 있고 많이 발생하는 Alarm 정보를 조회하고 분석할 수 있는 설비 Alarm 모니터링 기능, 이전 주(週)의 기준정보를 바탕으로 Standard Time과 Tact Time 관리 및 조회를 할 수 있는 S/T, T/T관리 기능이 있다. 그리고, 사용자별로 리포트할 아이템을 선정하고 지정된 시간에 사용자에게 메일을 발송하는 일간 리포트(daily report) 기능이 있다. EPT의 기능을 요약하여 정리하면 다음과 같다.

① 실시간 Monitoring: 설비가동 현황(Main Unit, Sub Unit)
② 설비 State 관리: Run, Idle, Down, PM(Preventive Maintenance), BM(Break down Maintenance)
③ 설비지표 산출: 가동률, MTTF(Mean Time To Failure), MTBF(Mean Time Between Failure), MTTR(Mean Time To Repair)
④ Alarm Monitoring & Loss Analysis
⑤ S/T(Standard Time), T/T(Tact Time) 관리 및 분석
⑥ Daily Report, Equipment Capability Aalysis

2) EPT의 목적

설비에서 발생하는 각종 Event와 Alarm Data를 이용하여 설비효율 관리 및 분석, 각종 설비지표 산출, 설비유실 분석, Standard Time & Trace Time관리, 생

산성 분석을 위한 목적으로 사용된다.

① Manage Equipment Performance: SEMI Standard 기준의 설비지표 산출, Real-Time 설비상태 Monitoring, Equipment and Module level

② Analyze Equipment Efficiency: Equipment Loss Analysis, Standard Time & Tack Time Management, WIP Analysis

③ Improve Equipment Capability: Root Cause Analysis, TAT Analysis

SEMI Standard에서 정의된 설비의 상태를 바탕으로 각종 설비의 지표 산출 및 유실분석이 가능하다. 그림 6-5처럼 a. 현재의 설비 상태, b. 설비와 모듈상태의 그래픽 표현, c. 주어진 기간 동안의 설비상태, d. 설비나 모듈의 이벤트나 Alarm 정보를 보여준다.

그림 6-5 / EPT 개념도

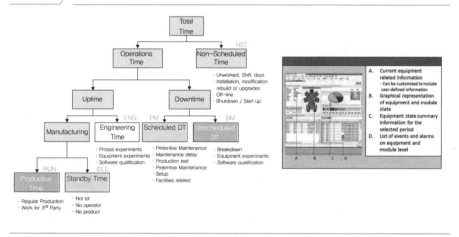

3) EPT 효과

그림 6-6은 EPT의 기대효과를 도식화하여 보여준다.

EPT의 기대효과로는 실시간 모니터링을 통해서 설비문제 발생시 빠르게 대응할 수 있으며, 설비에 대한 정확한 상태관리로 설비 로스(loss) 시간 분석이 가능하다. 또한 설비지표 산출을 통하여 다양한 지표분석 자료를 얻을 수 있고, 이를 통해서 비가동시간 제로로 설비효율의 극대화를 가져올 수 있다.

그림 6-6 / EPT 기대효과

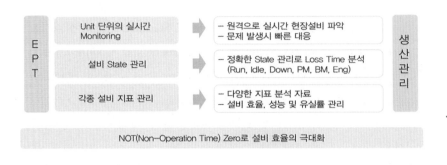

2.2 EPT 구현 사례

그림 6-7은 공장의 각층, Area별 설비의 가동상태를 실시간으로 보여주는 화면이다. 정해진 분류기준에 따라 각 호기별 현재 상태를 보여줌으로써 관리자, 엔지니어, 작업자들이 원격으로 설비가동 현황을 파악할 수 있고, 이상 발생시 즉시 조치할 수 있다. 또한 설비의 효율분석, 고장분석(설비별 월간 장애 건수, 장애시간, 복구시간) 등을 지표로 제공하고 있다. 설비에서 진행된 제품 현황도 같이 제공된다.

그림 6-7 / 라인내 설비의 가동 현황(사례)

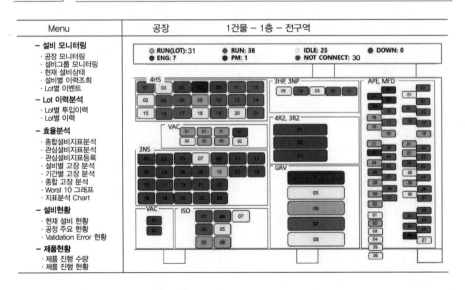

그림 6-8은 PCB 생산라인 도금(plating) 설비의 각 조(sub)별 설비상태를 보여 주는 그림이다. 장치설비는 설비 내에서 일괄공정이 진행되므로 각 조별로 별도의 제어장치가 설치되어 있어서, 조별로 올라오는 상태정보를 실시간으로 보여주고 있다. 또한 설비에서 진행한 제품의 이력정보도 요약해서 보여준다.

그림 6-8 / 장치설비의 각 조별 상태정보(사례)

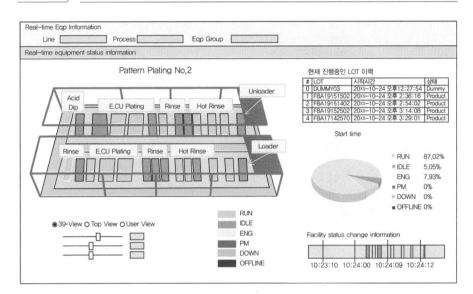

표 6-1은 기업에서 많이 사용되는 설비생산성 지표를 나태낸 것이다. 제조기업, 특히 장치산업에서는 설비가격이 고가이면서 작업이 일괄공정으로 진행되는 경우가 대부분이다. 따라서 장비의 가동률은 제품 원가의 큰 비중을 차지하게 되고, 기업 입장에서는 가동률을 단 1%라도 올리기 위하여 다양한 활동을 하고 있다. EES 시스템이 도입되기 전에는 현장에서 수작업으로 지표를 산출하고, 그에 따라 투명한 지표관리가 이루어지지 않았다. 그러나 EES 시스템이 도입되면서 사무국을 만들어 설비생산성 관리 Logic, 주요 지표에 대한 표준화, 데이터 정합성 관리, 정기적인 실적 집계 및 관련 부문 피드백 등의 활동을 통한 개선활동을 지속적으로 하고 있다.

표 6-1 / 설비생산성 산출 로직(사례)

구분	의미	단위	산출 공식
설비종합효율	설비를 가동할 수 있는 시간 중 설비의 부가가치를 창출해낸 시간	%	표준공수/부하공수
설비유효율	설비의 Full 가동 시간 중 부가가치를 창출해낸 시간	%	표준공수/총보유공수
시간가동률	설비를 가동할 수 있는 시간 중 설비를 실제로 가동한 시간	%	가동공수/부하공수
성능가동률	설비를 실제로 가동한 시간 중 설비를 이론상 가동한 공수	%	실가동공수/가동공수
고장건수(대당)	설비 한 대당 하루 발생하는 고장 건 수	건	총 고장건수/설비수
MTBF(Mean Time Between Failure)	평균 고장 간격 시간	분	가동공수/고장건수
MTTR(Mean Time To Repair)	평균 고장 수리 시간	분	고장공수/고장건수
고장 강도율	기계고장에 의한 유실률	%	기계 고장공수/부하공수

3. 설비이상 탐지(FDC)

3.1 설비변수와 공정변수

생산설비에서 제품공정이 진행되면 부착된 센서로부터 설비변수 데이터가 수집된다. 그리고 설비에서 가공이 끝나면 계측기를 이용해서 제품의 공정결과인 공정변수를 검사하여 데이터를 수집한다(그림 6-9 참조). 따라서 설비에서 공정이 완료될 때마다 설비변수 데이터, 공정변수 데이터가 수집된다.

공정변수는 계측기를 이용해 측정하므로 대부분 수치형(numerical) 데이터이다. 그러나 공정 규격에 명시된 한계선을 넘는 측정값이 나오면 해당 제품을 불량으로 취급하고 반대일 경우에는 정상으로 취급하면, 공정변수는 "정상" 또는 "불량"을 갖는 범주형(category) 데이터로 변환할 수 있다. 또한 통계적 관리한계선을 넘는 측정값이 나오면 해당 제품을 "비정상"으로 취급하고 반대일 경우에는 "정상"으로 취급하면, 공정변수는 "정상" 또는 "비정상"을 갖는 범주형 데이터로 변환할 수 있다.

그림 6-9 / 설비변수와 공정변수

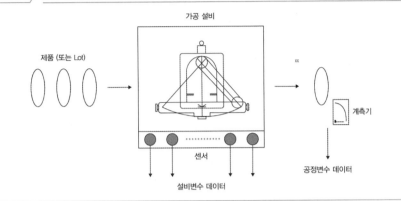

대부분의 공정은 수 분 이상 진행되므로 하나의 센서가 수집하는 설비변수 데이터는 그림 6-10과 같이 시계열 데이터(time series data) 형태를 보인다. 통계적 분석을 위해서는 일반적으로 시계열 데이터의 평균을 취하여 단일 요약 값을 변환한다. 그러나 그림 6-10의 설비변수 시계열 데이터에서 보듯이 전체 시계열의 구간의

그림 6-10 / 반도체 에칭(Etching)공정에 사용되는 설비변수의 시계열 데이터

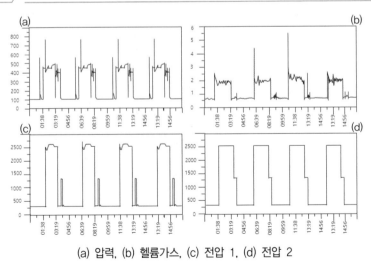

(a) 압력, (b) 헬륨가스, (c) 전압 1, (d) 전압 2

평균이 설비변수 값의 역동적인 변화를 제대로 반영하지 못한다는 단점이 존재한다. 따라서 전체 구간이 아닌 공정의 결과에 영향을 많이 미치는 특정 소 구간[5]의 평균을 공정의 요약 값으로 사용하기도 한다. 만일 설비변수가 시계열 데이터가 아닌 단일 값이면, 공정변수와 마찬가지로 범주형 데이터로 변환이 가능하다.

변수들간에는 교호작용(interaction) 효과가 존재할 수 있다. 예를 들어 반도체 웨이퍼를 가공하는 진공장비(vacuum chamber)에는 설비변수 압력과 헬륨가스가 주입되는데 압력이 너무 높게 들어가면 헬륨가스는 레시피에 명시된 양보다 적게 주입되게 되며, 이 설비변수들간에는 높은 음의 상관관계가 존재한다. 공정변수간에도 교호작용이 발생할 수 있다.

공정의 이상은 변수의 평균이나 산포(분산)가 정상 상태에서 벗어나는 것을 의미한다. 그렇다고 공정의 이상은 불량품이 나온다는 의미는 아니다. 정확히 얘기하면 공정의 이상은 불량품 발생의 전조 신호라고 할 수 있다.

단일변수를 모니터링하면서 공정의 이상을 탐지하는 방법을 단변량(univariate) FDC라고 한다. 반면의 복수의 변수를 동시에 모니터링하면서 공정의 이상을 탐지하는 방법은 다변량(multivariate) FDC라고 한다.

1) 관리한계선과 규격한계선

관리한계선(control limit)은 제조 설비에서 자연적으로 발생하는 공정변동(natural process variability)를 감안하여 정하는 한계선을 의미한다. 관리한계선을 넘어가면 공정에 변화(평균 또는 산포의 변화)가 발생했다는 신호이지 제품이 불량이라는 뜻은 아니다. 반면에 규격한계선(specification limit)인 USL(Upper Specification Limit)과 LSL(Lower Specification Limit)은 제품설계시 설정한 한계선으로, 이 한계선을 넘어가면 제품이 오작동을 발생할 수 있다. 그림 6-11은 관리한계선과 규격한계선의 관계를 보여준다. 규격한계선은 관리한계선보다 크다. 그러나 수학적으로 두 한계선 사이의 관계는 존재하지 않는다.

---

5) 공정 레시피는 설비변수별로 다수의 스텝(Step)으로 구성되어 있고, 각 스텝에서 지시한 설비변수 Set point 값이 시계열 데이터의 모양을 만든다.

그림 6-11 / 관리한계선 vs 규격한계선

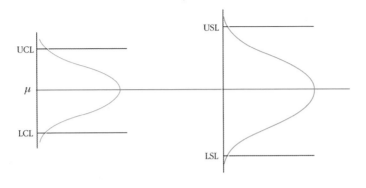

2) 공정 레시피(Process recipe)

레시피(Recipe)라는 말은 식재료로 음식을 만드는 방법을 뜻한다. 음식을 만드는데 필요한 재료의 종류 및 선택, 조리에 필요한 도구, 구체적인 조리법, 데코레이션 등 요리에 필요한 모든 사항이 요리법에 포함된다고 볼 수 있다.

일례로 가정에서 많이 사용하는 전자렌지를 예를 들어서 살펴보자.

전자렌지에는 음식을 요리할 줄 모르는 사람도 쉽게 할 수 있도록, 우유데우기, 계란찜 등의 메뉴를 선택하면 설정되어 있는 시간, 온도, Power 등 조건에 따라서 사용자가 원하는 음식을 만들 수 있다.

제품을 만드는 공정에서도 우리가 원하는 제품을 생산하기 위해서는 이러한 공정 레시피가 필요하다. 한 예로, 반도체 에칭(etching) 공정은 반도체 회로 패턴을 형성시켜주기 위해 화학물질을 이용하여, Wafer의 불필요한 부분을 선택적으로 제거해준다. 형성하기 원하는 회로 패턴을 요리에 비유한다면, 이를 위해 필요한 세부 과정은 레시피에 해당하고 공정에서는 이를 공정 레시피라 칭한다. 에칭 공정을 진행하기 위해서는 기본적으로 장비 내의 전력(전압, 전류), 화학물질 혹은 기체, 압력 등의 설비변수가 필요하다. 그림 6-12에서 보듯이 압력을 낮추고 전력을 올려주면, 화학물질이 에칭 설비 챔버(chamber) 안으로 유입되고, 불필요한 부분이 제거된다. 이 과정은 기본적으로 3개의 과정이 여러 번 반복되는 형태가 최종적인 에칭 공정 레시피라고 할 수 있다.

그림 6-12 / 공정 레시피의 예

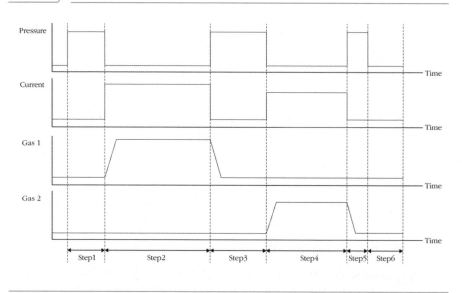

그림 6-12에 대한 공정 레시피 설명은 다음과 같다.

Step 1. 압력을 높게 유지하여 공정 진행을 준비한다.

Step 2. 압력을 낮추고 전력을 높여 화학기체가 일정시간 동안 균일하게 유입
되도록 한다(첫 번째 에칭 수행).

Step 3. 압력을 높이고 전력을 낮춰 화학 기체가 더 이상 유입되지 않도록 한다.

Step 4. 다시 압력을 낮추고 전력을 높여 화학 기체가 일정시간 동안 균일하
게 유입되도록 한다(두 번째 에칭 수행).

Step 5. 압력을 높이고 전력을 낮춰 더 이상의 에칭이 진행되지 않도록 한다.

Step 6. 공정이 마무리되고 다음 공정 진행을 준비한다.

3.2 단변량 FDC(Univariate FDC)

단변량 FDC는 단일 변수를 모니터링하여 공정의 이상을 탐지하는 방법으로,
대표적으로 많이 사용되는 설비변수의 평균과 산포의 변화를 탐지하는 방법에 대
하여 살펴보기로 한다.

1) $\overline{X}$ 관리도를 이용한 공정의 평균 변화 탐지

$\overline{X}$ 관리도(x-bar Chart)는 전통적인 통계적 품질관리(SQC: Statistical Quality Control) 방법이다. 모니터링하는 설비변수 X가 있을 때, 제품이 설비에서 가공될 때마다 변수 X의 표본(데이터)이 독립적으로 추출(Independent random variable)된다고 가정하자. $\overline{X}$ 관리도에서는 n개의(n>1) 제품가공이 완료되어 변수 X의 표본 그룹 x_1, x_2, ..., x_n이 모이면, 표본 평균인 $\overline{X} = \sum_{i=1}^{n} x_i/n$를 그림 6-13과 같이 관리도에 찍는다. 표본 평균은 어떤 표본을 추출하느냐에 따라서 값이 변하기 때문에 공정의 표본 평균 또한 변수 X처럼 확률변수가 된다. 따라서 이 그림처럼 $\overline{X}$ 값이 변하게 된다.

$\overline{X}$ 관리도는 확률변수인 $\overline{X}$가 변화하는 추세를 관찰하여 공정의 이상 상태(Out-of-Control)를 판단한다. 따라서 $\overline{X}$가 어떤 확률분포를 하는지 아는 것이 매우 중요하다. 변수 X의 모집단이 정규분포 $N(\mu, \sigma^2)$을 따른다고 가정했을 경우에, 표본 평균 $\overline{X}$는 정규분포 $N(\mu, \sigma^2/n)$가 된다. 즉 그림 6-14와 같이 평균은 같고 분산이 좁아지는 정규분포 모양을 갖게 된다.

그림 6-13 / 설비변수의 $\overline{X}$ 관리도

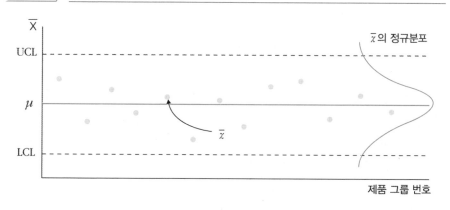

$$E(\overline{X}) = \frac{1}{n} E(x_1 + \cdots + x_n) = \frac{1}{n} [E(x_1) + \cdots + E(x_n)] = \frac{1}{n} n\mu = \mu \quad (6.1)$$

$$Var(\overline{X}) = \frac{1}{n^2} Var(x_1 + \cdots + x_n) = \frac{1}{n^2} [Var(x_1) + \cdots + Var(x_n)]$$

$$= \frac{1}{n^2} n\sigma^2 = \frac{\sigma^2}{n} \quad (6.2)$$

151

그림 6-14 / 변수(X) 정규분포 모양과 $\overline{X}$ 정규분포 모양의 차이

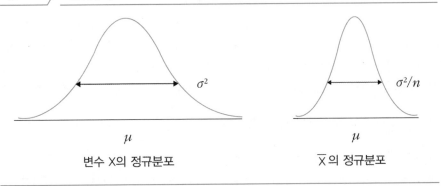

변수 X의 정규분포 $\overline{X}$의 정규분포

분산이 작으면 표본 값이 비슷하게 나온다는 것을 의미한다. 극단적으로 표본 크기 n→∞로 설정하면 $\overline{X}$ 값은 거의 동일하게 된다. 따라서 공정에 이상이 발생하여 변수 X의 평균 μ가 변화했다고 가정했을 때, 표본 크기 n이 매우 크면 결함을 좀 더 확실하게 발견할 수 있다. 하지만 표본 크기 n을 크게 하면 공정 결함을 늦게 발견한다는 단점이 있다. 반면에 표본 크기를 작게 하면 빨리 공정 결함을 발견할 수는 있으나, 신뢰성이 결여된다. 일반적으로 변수 X의 모집단이 정규분포를 따른다면, 표본의 크기 n은 3~5로 설정한다.

한편 변수 X의 모집단이 정규분포를 따르지 않더라도, 표본의 크기 n이 커지면 중심극한정리(central limit theorem)에 의해서 표본평균은 정규분포 $N(\mu, \sigma^2/n)$에 수렴하게 된다. 대체적으로 n>30이면 근사 정도가 만족할 만하다고 알려져 있다.

그림 6-13에서 보듯이 $\overline{X}$가 정규분포 $N(\mu, \sigma^2/n)$를 따른다면 μ를 중심으로 대부분의 $\overline{X}$값이 랜덤(Random)하게 산포되어 있을 것이며, 분산의 세 배(즉, $3\sigma_{\overline{X}}$)를 넘어가는 $\overline{X}$값은 거의 관측되지 않을 것이다. 왜냐하면 μ를 중심으로 $-3\sigma_{\overline{X}} \sim +3\sigma_{\overline{X}}$ 범위는 전체 분포의 99.73%를 차지하기 때문이다. 따라서 일반적으로 $\mu + 3\sigma_{\overline{X}}$을 UCL(Upper Control Limit: 관리상한선)로 설정하고, $\mu - 3\sigma_{\overline{X}}$을 LCL(Lower Control Limit: 관리하한선)로 설정한다.

만일 $\overline{X}$의 평균 μ가 $\mu'(\mu' > \mu)$로 바뀌는 평균 변화(Mean shift)가 발생했다면, 관리도에는 어떤 현상이 발생할까?

아마도 그림 6-15처럼 μ 선 위쪽에 많은 수의 $\overline{X}$값이 관측되거나, 아예 관리한계선을 넘는 값이 자주 관측될 것이다. 따라서

규칙(1) 만일 $\overline{X}$값이 관리한계선인 UCL 또는 LCL을 넘으면 공정에 변화가
발생했다고 추정한다.

규칙(2) 만일 $\overline{X}$값이 관리한계선을 넘지는 않더라도 μ의 위쪽 또는 아래쪽
에 연속적으로 찍히면 역시 공정에 변화가 발생했다고 추정한다.

이 두 가지 규칙 중 규칙(2)에는 애매한 단어가 있다. "연속적"이란 말인데 어
느 정도로 연속해야 하는 것일까? 통계학적으로 증명된 것은 없지만 일반적으로 6
개 이상이 연속적으로 위나 아래로 찍히면 공정에 변화가 있다고 판단한다. 참고
로 통계학에서는 어떤 패턴이 연속적으로 발생하는 것을 런(Run)이라고 한다.

그림 6-15 / $\overline{X}$ 관리도에서 공정의 변화 탐지

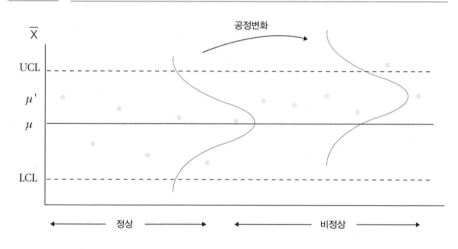

● WECO rules

앞서 소개한 두 가지 규칙 외에 산업계에서 많이 사용하는 공정변화를 감지하
는 규칙이, Western Electric Company에서 개발한 규칙으로 WECO rules이 있다.

Any Point Above +3 Sigma

	+3σ Limit
2 Out of the Last 3 Points Above +2 Sigma	+2σ Limit
4 Out of the Last 5 Points Above +1 Sigma	+1σ Limit
8 Consecutive Points on This Side of Control Line	Center Line
8 Consecutive Points on This Side of Control Line	-1σ Limit
4 Out of the Last 5 Points Above -1 Sigma	-2σ Limit
2 Out of the Last 3 Points Above -2 Sigma	-3σ Limit

Any Point Below -3 Sigma

And 6 in a row trending up or down. 14 in a row alternating up and down.

공정에 변화가 발생했다고 판단되면 공정 라인을 멈추고, 필요한 조치를 취한 후에 작업을 진행한다.

$\overline{X}$ 관리도를 사용할 때 얼마나 자주 관리한계선(UCL 또는 LCL)을 넘어가는 $\overline{X}$ 값이 나올까? μ를 중심으로 $-3\sigma_{\overline{X}} \sim +3\sigma_{\overline{X}}$ 범위는 전체 분포의 99.73%를 차지하기 때문에 거의 관리한계선을 넘어가지는 않을 것이다. 하지만 언제쯤 넘어가는 값이 나오는지를 알아보는 것도 필요하다. 왜냐하면 공정의 평균에 변화가 없을 때 관리한계선을 넘어가는 $\overline{X}$ 값이 나오면, 규칙(1)에 의해서 공정 변화가 발생했다고 추정할 것이다. 그러나 이는 명백히 오류이다.

이런 오류를 1종 오류(Type I error 또는 false alarm)이라고 한다. 즉

1종 오류(α): 공정의 평균에 변화가 없는데도 변화가 발생했다고 잘못 판단
하는 오류

정규분포인 경우 UCL과 LCL을 넘어가는 확률(α)는 $\alpha = 0.0027$이다. 그러면 첫 번째 표본에서 평균의 이동을 잘못 탐지할 확률은 α가 되고, 두 번째 표본에서 평균 이동을 잘못 탐지할 확률은 $(1-\alpha)\alpha$가 되며, 세 번째 표본에서야 평균 이동을 탐지할 확률은 $(1-\alpha)^2\alpha$가 된다. 따라서 공정이 정상(in control)인데도 평균이

이동되었다고 잘못 탐지하는 회수의 기댓값은

$$\sum_{x=1}^{\infty} x(1-\alpha)^{x-1}\alpha = 1/\alpha \tag{6.3}$$

$\alpha = 0.0027$이면 평균 횟수는 $1/0.0027$인 약 371회가 된다. 정리하면 1종 오류가 발생하는 빈도는 371회만에 한 번이다. 역으로 생각하면 관리한계선을 넘어가는 평균 주기가 371회 보다 작아지면, 공정의 평균에 변화가 발생했다고 볼 수 있다. 통계학에서 특정 사건이 발생하기까지의 평균 런의 회수를 ARL(Average run length)이라고 부른다. 그리고 공정이 정상인데도 평균의 이동을 잘못 탐지하는 회수의 평균을 ARLo라고 하며 다음 식과 같다.

$$\text{ARLo} = 1/\alpha \tag{6.4}$$

제1종 오류에 반대되는 오류를 제2종 오류(Type Ⅱ error 또는 missed alarm)라고 부른다. 즉

2종 오류(β): 공정의 평균에 변화가 발생했는데도 불구하고 변화가 없다고 잘못 판단하는 오류

2종 오류는 1종 오류보다 심각하다. 왜냐하면 공정에 문제가 생겼는데도 사전에 발견을 못해서 마지막 공정에서 수율이 줄어들기 때문이다. 만약 품질에 이상이 있는데도 검사공정에서 제대로 선별되지 못하고 출하된다면, 기업 입장에서는 더욱 심각한 문제가 발생할 것이다. 반면에 1종 오류는 내부적으로 생산성 저하의 문제가 발생한다. 실제는 문제가 없음에도 불구하고 자꾸 가성경고(False alarm)가 울려서 공정을 중단하게 만들고, 작업 Loss가 발생할 수 있다.

그림 6-16을 통해 1종 오류와 2종 오류의 관계를 살펴보자. 이 그림에서 UCL과 LCL을 줄여서(예: μ를 중심으로 $-2\sigma_{\overline{X}} \sim +2\sigma_{\overline{X}}$ 범위로 설정) α 를 크게 하면, β 는 줄어들 것이다. 반면에 UCL과 LCL를 늘리면(예 μ를 중심으로 $-4\sigma_{\overline{X}} \sim +4\sigma_{\overline{X}}$ 범위로 설정) α는 줄어들지만, β 는 커질 것이다. 따라서 1종 오류와 2종 오류는 함께 줄일 수 있는 것이 아니라 다른 한쪽의 희생을 요구하게 된다.

그림 6-16 / 1종 오류(α)와 2종 오류(β)의 관계

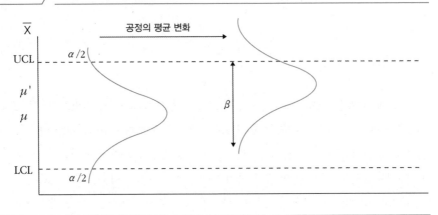

● OC 곡선

2종 오류를 공정의 평균 변화와 연결지어 만든 곡선을 OC곡선(Operating Characteristic Curve)이라고 부른다. 그림 6-17은 OC곡선을 보여준다.

그림 6-17 / OC곡선

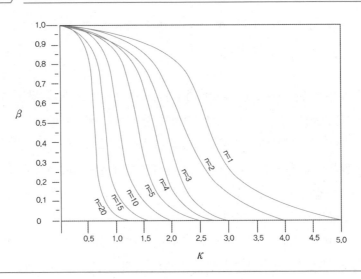

이 그림에서 수직축은 2종 오류인 β 이고, 수평축은 평균이 표준편차의 k 배 ($k\sigma_{\overline{X}}$)만큼 이동한 것을 의미한다. 예를 들어 표본 크기 n=10일 때 k=1.0 이면

$\beta = 0.75$ 정도가 되고, k=2 이면 β는 거의 0이 된다. 즉 공정의 평균이 많이 이동하면 2종 오류가 줄어든다.

$\overline{X}$ 관리도는 구축 단계(building phase)와 운영 단계(operating phase)로 구성된다. 지금까지는 $\overline{X}$ 관리도를 사용하는 방법인 운영 단계를 학습했다. 지금부터는 $\overline{X}$ 관리도는 구축하는 방법에 대해서 논의한다. $\overline{X}$ 관리도를 사용하려면 $\overline{X}$의 평균인 μ, UCL$=\mu+3\sigma_{\overline{x}}$ 그리고 LCL$=\mu-3\sigma_{\overline{x}}$이 설정되어 있어야 한다. 그러나 μ와 $\sigma_{\overline{x}}$는 하느님만이 알고 있는 모수(parameter)이므로 우리는 학습 데이터(training data)을 이용하여 모수를 추정해야 한다. 학습 데이터는 설비가 정상상태에서 가공된(in-control) 변수의 표본을 의미한다. 학습 데이터를 이용해서 $\overline{X}_1$, $\overline{X}_2$, ..., $\overline{X}_m$이 준비되었으면

$$\hat{\mu}= \overline{\overline{X}}= \frac{(\overline{X}_1+\overline{X}_2+...+\overline{X}_m)}{m} \tag{6.5}$$

으로 추정된다. 즉 $\overline{\overline{X}}$는 관리도의 중심선(Center line)이 된다.

학습 데이터를 이용하여 UCL와 LCL을 구축하기 위해서는 R(Range: 범위)를 정의해야 한다. $\overline{x}_1$을 만들기 위한 표본을 x_1, x_2, ..., x_n이라고 하면, $R_1 = x_{max} - x_{min}$으로 정의한다. 즉 표본 중에서 가장 큰 값과 작은 값의 차이가 R이다. 학습 데이터가 m개의 표본 그룹으로 구성되어 있어서 R_1, R_2, ..., R_m가 정의되면

$$\overline{R}= \frac{R_1+R_2+...+R_m}{m} \tag{6.6}$$

으로 정의한다.

최종적으로 $\overline{X}$ 관리도의 UCL과 LCL은 다음과 같이 추정된다.

$$\text{UCL} \approx \overline{\overline{X}}+3\frac{\hat{\sigma}}{\sqrt{n}}= \overline{\overline{X}}+A_2\overline{R} \tag{6.7}$$

$$\text{LCL} \approx \overline{\overline{X}}-3\frac{\hat{\sigma}}{\sqrt{n}}= \overline{\overline{X}}-A_2\overline{R} \tag{6.8}$$

$\overline{X}$ 관리도의 UCL과 LCL을 구축하였다면, 학습 데이터를 관리도에 찍어본다. 그리고 만일 UCL과 LCL을 벗어나는 데이터가 있으면, 이런 이상치(Outlier)를 제거하고 학습 데이터를 재구성한 후 다시 UCL과 LCL을 구축한다. 이런 과정을 모든 학습 데이터가 UCL과 LCL 사이에 있을 때까지 반복하여 최종적인 UCL과 LCL을 설정한다.

※ A2($\overline{X}$ 관리도의 계수치)는 "관리도 관리한계 계수표" 참조("품질경영", 강금식).

2) R(Range) 관리도를 이용한 공정의 산포변화 탐지

지금까지 살펴본 $\overline{X}$ 관리도는 공정의 변화 중 평균이 변할 때 탐지하는 방법이다. 그러면 변수 X의 평균은 변하지 않더라도 산포가 변화하는 것은 어떻게 알 수 있을까? 이럴 경우 사용하는 관리도가 R 관리도이다.

$\overline{X}$ 관리도의 목적: 변수 X의 평균 변화를 탐지
R 관리도의 목적: 변수 X의 분산(산포) 변화를 탐지

R 관리도 역시 변수 X는 정규분포를 따른다고 가정한다. 그림 6-18은 변수 X의 평균 변화와 분산 변화를 보여준다.

그림 6-18 / 변수 X의 평균 변화와 분산 변화

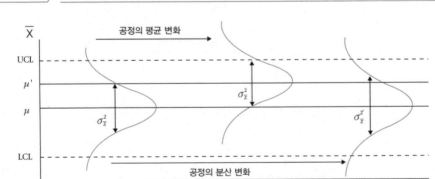

사용방법 면에서 R 관리도는 $\overline{X}$ 관리도와 같다. 공정변수 X의 표본 x_1, x_2, ..., x_n이 모이면 표본 중에서 가장 큰 값과 작은 값의 차이가 R이다. 즉 R= $x_{max} - x_{min}$이다. 그림 6-19와 같이 R 값을 관리도에 찍으면서 공정의 산포가 변화하는지를 앞서 두 가지 규칙, 또는 WECO 규칙을 이용해서 탐지한다.

그림 6-19 / R(Range) 관리도

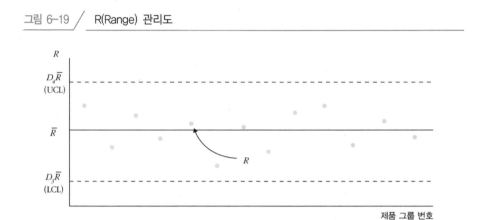

R 관리도를 구축하려면 역시 학습 데이터가 필요하다. 학습 데이터를 이용하여 R_1, R_2, ..., R_m가 정의되면

$$\overline{R} = \frac{R_1 + R_2 + ... + R_m}{m} \tag{6.9}$$

으로 정의하며 이 값이 R 관리도의 중심선이다. 그리고 UCL과 LCL은 다음과 같이 추정한다(그림 6-19 참조).

$$\text{UCL} \approx D_4\overline{R} \tag{6.10}$$
$$\text{LCL} \approx D_3\overline{R}$$

※ 상수 값 D_4, D_3(R 관리도의 계수치)는 "관리도 관리한계 계수표" 참조("품질경영", 강금식).

● R 관리도의 관리한계선 UCL과 LCL 설정

R 관리도의 한계선은 UCL $= \overline{R} + 3\sigma_R$ 그리고 LCL $= \overline{R} - 3\sigma_R$이며, σ_R의 추정치인 $\widehat{\sigma_R}$을 계산해야 한다. $\overline{X}$ 관리도의 한계선 계산 때와 마찬가지로 상대적 범위 $W = R/\sigma$ 를 이용한다. W의 표준편차 σ_W를 d_3라고 정의하며, W의 평균 d_2와 마찬가지로 d_3도 표본크기에 따라서 변하는 함수이다. $R = W\sigma$이므로 $\sigma_R = d_3\sigma$이고, $\hat{\sigma} = \overline{R}/d_2$이므로 $\widehat{\sigma_R} = d_3(\overline{R}/d_2)$이다. 따라서

$$\text{UCL} \approx \overline{R} + 3\widehat{\sigma_R} = \overline{R} + 3d_3(\overline{R}/d_2) = D_4\overline{R} \quad \text{여기서} \quad D_4 = 1 + 3\frac{d_3}{d_2} \qquad (6.11)$$

$$\text{LCL} \approx \overline{R} - 3\widehat{\sigma_R} = \overline{R} - 3d_3(\overline{R}/d_2) = D_3\overline{R} \quad \text{여기서} \quad D_3 = 1 - 3\frac{d_3}{d_2} \qquad (6.12)$$

$\overline{X}$ 관리도는 표본그룹간의 변동(Between-sample-group variability)을 모니터링하고, R 관리도는 표본그룹 내의 변동(Within-sample-group variability)을 모니터링 한다고 볼 수 있다. $\overline{X}$ 관리도와 R 관리도는 변수의 평균이나 분산의 변화를 탐지할 수는 있으나 변화가 어떤 요인으로부터 기인했는지 알 수 없다는 단점이 있다. 그리고 이 관리도들은 하나의 변수에만 적용가능한 단변량 관리도(univariate control chart)이다.

3.3 다변량 FDC(Multivariate FDC)

앞에서 살펴본 $\overline{X}$ 관리도와 R 관리도는 변수의 평균이나 분산의 변화를 탐지할 수는 있으나 변화가 어떤 요인으로부터 기인했는지 알 수 없고, 하나의 변수에만 적용 가능하다.

본절에서는 공정에서 수율이나 공정특성에 영향을 미치는 설비변수가 여러 개가 존재할 때 많이 사용되는 T^2 관리도에 대하여 살펴보기로 한다.

1) 단변량 FDC의 문제점

$\overline{X}$와 R 관리도는 단변량 FDC 모형이다. 즉 설비변수나 공정변수 한 개마다 $\overline{X}$와 R 관리도를 구축한다. 만일 여러 개의 변수가 존재한다면 개별 변수마다 단

변량 관리도를 구축하고, 독립적으로 관리도를 관찰해야 한다. 독립 관찰이란 다른 변수와 상관없이 변수마다 계측 값이 관리도의 3σ를 넘어가면 공정에 이상이 발생한다고 하는 것을 일컫는다.

그러나 독립 관찰은 가성경고(false alarm)가 자주 발생하는 문제점이 있다. 예를 들어 공정변수 X_1과 X_2의 $\overline{X}$ 관리도를 3σ 관리한계선을 이용해 구축했다고 가정하자. 3σ 관리한계선이므로 관리도마다 1종 오류는 $\alpha = 0.0027$이다. 따라서 독립 관찰을 실시하면 X_1 또는 X_2의 관리도 중 적어도 하나 이상에서 3σ 관리한계선을 넘어갈 확률은 $1 - (1 - 0.0027)^2 \approx 0.0053$이다.

수식적으로 정의해 보자. p개의 $\overline{X}$ 관리도를 독립적으로 운용한다면(즉 p 개의 변수가 존재) 적어도 한 관리도 이상에서 가성 경고가 발생할 확률은 $1 - (1 - \alpha)^p$가 된다. 다시 예를 들어 p=200이면 $1 - (1 - \alpha)^{200} \approx 0.42$이고, 이는 곧 두 번 중에 한번은 가서 경고라는 것이다. 따라서 변수 수가 많아지면 기하급수적으로 1종 오류 확률이 커진다. 그리고 1종 오류 확률이 커지면 공정관리에 매우 심각한 문제가 된다.

더 심각한 경우는 변수 사이에 교호 작용이 발생할 때이다. 예를 들어 웨이퍼를 가공하는 에칭(etching) 공정의 설비변수인 전류 X_1과 전압 X_2 사이에 양의 상관관계가 존재하여 이변량 정규분포(bivariate normal distribution)를 한다고 가정하자. 그림 6-20(a)은 X_1과 X_2의 상관계수가 0.7인 이변량 정규분포를 보여준다. 이 그림에서 보듯이 공정이 정상이면 두 설비변수 사이의 양의 상관관계로 인하여 타원형의 정상 영역이 나타난다.

그림 6-20(b)는 X_1과 X_2를 독립 관찰했을 때의 관리한계선과 이변량 정규분포의 정상 공정 영역을 함께 표시한 것이다. 이 그림을 보면 관리도를 독립 관찰했을 때 1종 오류와 2종 오류가 꽤 발생한다는 것을 알 수 있다. 즉 사각형 안에 설비변수 값이 존재하면 독립 관찰에서는 정상으로 판단하지만, 타원형 안에 있지 않으면 사실 공정에 이상이 발생한 것이다. 따라서 2종 오류가 발생한다. 반면에 사각형 밖에 설비변수 값이 존재하면 독립 관찰에서는 비정상으로 판단하지만, 타원형 안에 값이 존재하면 사실 공정에는 문제가 없는 것이다. 따라서 1종 오류가 발생할 것이다. 이러한 문제점은 설비변수간에 상관관계가 높게 나타나서 타원형의 정상 영역이 좁게 만들어지면 더욱 심각해진다.

그림 6-20 / (a) 설비변수 X_1과 X_2의 이변량 정규분포 (b) 타원형의 정상영역과 개별관리한계선

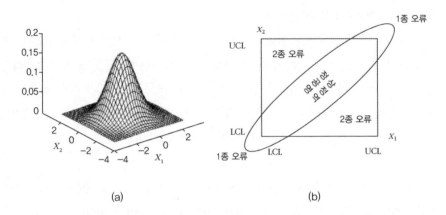

(a)   (b)

*자료: http://www.aiaccess.net/English/Glossaries/GlosMod/e-gn-binormal-distri.htm

결론적으로 변수들간의 상관관계가 높아서 교호작용이 발생하는 상황에서는 독립 관찰을 실시하면 1종 오류가 발생할 확률이 커지고, 이보다 더 큰 문제점은 높은 2종 오류 확률 때문에 불량품이 많이 나오게 된다. 따라서 변수들간의 상관 관계가 높으면 다른 종류의 관리도가 필요하며, 대표적인 관리도가 다변량 모형인 T^2 관리도이다.

● 단변량 정규분포 vs 다변량 정규분포

변수 X가 정규분포 $N(\mu, \sigma^2)$을 따를 때 확률밀도함수는 다음과 같다.

$$f(x) = \frac{1}{\sigma\sqrt{2\pi}} exp[\frac{-(x-\mu)^2}{2\sigma^2}] \tag{6.13}$$

그리고 변수 X_1부터 X_p이 독립이 아니고 변수 벡터 $X = (X_1, \cdots, X_p)^T$가 정 규분포를 따를 때 다변량 정규분포(multivariate normal distribution)라 부르며 $N_p(\mu, \Sigma)$로 표현한다. 여기서 $\mu = (\mu_1, \cdots, \mu_p)^T$이고 Σ는 공분산 행렬(covariance matrix)로써

$$\Sigma = \begin{bmatrix} Cov(X_1, X_1) \cdots Cov(X_1, X_p) \\ \vdots \quad \ddots \quad \vdots \\ Cov(X_p, X_1) \cdots Cov(X_p, X_p) \end{bmatrix} \text{ where } Cov(X_i, X_j) = E[(X_i - \mu_i)(X_j - \mu_j)]$$

이며 확률밀도함수는 다음과 같다.

$$f(X) = \frac{1}{(2\pi)^{p/2}|\Sigma|^{1/2}} exp[-\frac{1}{2}(X-\mu)^T \Sigma^{-1}(X-\mu)] \tag{6.14}$$

가 된다. 그림 6-20(a)는 p=2일 때의 확률밀도함수를 그린 예제이다.

2) T^2 관리도

T^2 관리도는 T^2 분포를 사용하여 공정이상을 탐지하는데, 이 분포는 Hoterlling이 1947년에 만들었기 때문에 Hotelling's T^2 분포라고도 한다. T^2 분포는 단변량 분포인 t 분포를 다변량으로 확장한 분포이다.

변수 X가 정규분포 $N(\mu, \sigma^2)$을 따르면 표본평균 $\overline{X}$는 정규분포 $N(\mu, \sigma^2/n)$을 따르며, 따라서 통계량 $\frac{\overline{X}-\mu}{\sigma/\sqrt{n}}$는 표본 정규분포 $N(0, 1)$를 따르게 된다.

여기서 만일 σ을 몰라서 표본 표준편차 $s = \hat{\sigma} = \sqrt{\frac{\sum_{i=1}^{n}(x_i - \overline{X})^2}{n-1}}$를 사용하면 $\frac{\overline{X}-\mu}{s/\sqrt{n}}$는 t 분포를 하게 된다. 즉 $t = \frac{\overline{X}-\mu}{s/\sqrt{n}}$이다. 그런데 표본의 크기 n 이 n>30 이상이 되면 t는 표본 정규분포로 근접하게 된다. 따라서 앞으로는 n≤30 이라고 가정한다.

만일 정상 공정일 때 변수의 평균이 μ_0라고 가정하면 $t = \frac{\overline{X}-\mu_0}{s/\sqrt{n}}$이 되며

$$t^2 = \frac{(\overline{X}-\mu_0)^2}{s^2/n} = n(\overline{X}-\mu_0)(s^2)^{-1}(\overline{X}-\mu_0) \tag{6.15}$$

가 된다. 이 식을 p개의 변수로 확장하여 표현하면 다음과 같다.

$$T^2 = n(\overline{X} - \mu_0)^T S^{-1} (\overline{X} - \mu_0) \tag{6.16}$$

$$where \quad \overline{X} = (\overline{X}_1, ..., \overline{X}_p)^T, \; \mu_0 = (\mu_1^0, ..., \mu_p^0)^T,$$

$$S = \begin{bmatrix} Sample\,Cov(X_1, X_1) & \cdots & Sample\,Cov(X_1, X_p) \\ \vdots & \ddots & \vdots \\ Sample\,Cov(X_p, X_1) & \cdots & Sample\,Cov(X_p, Xp) \end{bmatrix}$$

$$Sample\,Cov(X_i, X_j) = \frac{1}{n-1} \sum_{k=1}^{n} (X_{ik} - \overline{X}_1)(X_{jk} - \overline{X}_j)$$

만일 공정이 정상 상태에서 모든 변수의 평균이 μ_0라면, 통계량 T^2는 다음과 같이 F 분포를 따른다.

$$T^2 \sim \frac{p(n-1)}{n-p} F_{(p, n-p)} \tag{6.17}$$

이 식에서 n은 표본 크기, p는 변수 개수이다. F분포는 자유도(Degree of freedom)가 2개 필요하다. 따라서 $F_{(p, n-p)}$는 자유도 p와(n-p)를 갖는 F분포를 의미한다. 그림 6-21은 자유도에 따른 F분포의 모양을 보여준다. 결론적으로 T^2는 $F_{(p, n-p)}$분포를 따르는 확률변수에 상수 $\frac{p(n-1)}{n-p}$를 곱한 확률변수이다.

그림 6-21 / F 분포

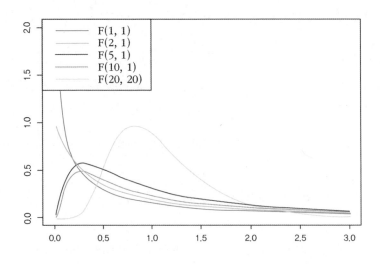

이제 통계량 T^2의 분포를 알았으니 관리한계선만 설정하면 공정의 평균이 μ_0에서 변동되었는지를 알 수 있다. 참고로 T^2는 관리하한선인 LCL이 존재하지 않는다. 만일 공정이 정상 상태여서 모든 변수의 평균이 μ_0라면 관리상한선 UCL 은 다음과 같다.

$$\text{UCL} = \frac{p(n-1)}{n-p} F_{\alpha;(p,n-p)} \tag{6.18}$$

이 식에서 α는 1종 오류이며 $F_{\alpha;(p,n-p)}$는 $F_{(p,n-p)}$ 분포에서 꼬리 부분(tail area)의 확률이 α인 확률변수 값이다. 흥미로운 사실은 UCL이 μ_0나 S에 영향을 받지 않고, 단지 표본 크기 n과 변수 개수 p에 따라서 결정된다는 것이다.

그림 6-22는 T^2 관리도를 사용하는 예를 보여준다. p개의 변수가 있을 때 T^2 관리도 사용법은 다음과 같다.

그림 6-22 / T^2 관리도 사용 예제

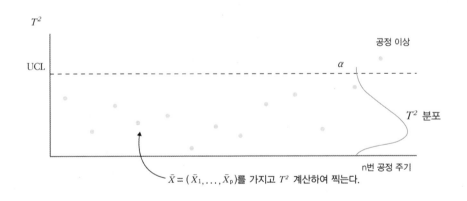

$\overline{X} = (\bar{X}_1, ..., \bar{X}_p)$를 가지고 T^2 계산하여 찍는다.

(1) 가정: 공정의 평균은 μ_0로 알고 있고 표본 공분산 행렬 S는 초기에 계산되어 있으며 변동이 없다. 1종 오류 α는 관리자가 설정한다(보통 $\alpha = 0.05$이다).

(2) 매회 n번의 공정이 완료되면 각 변수마다 표본 평균을 계산하여 $\overline{X} = (\overline{X}_1, ..., \overline{X}_p)^T$를 만든다.

(3) $T^2 = n(\overline{X} - \mu_0)^T S^{-1}(\overline{X} - \mu_0)$를 계산한다.

(4) $T^2 > \dfrac{p(n-1)}{n-p} F_{\alpha;(p,n-p)}$ 이면 공정의 평균이 μ_0에서 벗어난 것이고, 그렇지 않으면 정상 공정 상태에 있는 것이다.

공정의 평균인 μ_0를 모를 때는 추정을 해서 T^2를 계산해야 한다. 각 변수마다 표본 크기 n인 그룹이 m개 존재한다고 가정하자. 이 표본들은 학습 데이터이다. μ_0의 추정치 $\overline{\overline{X}}$는 다음과 같다.

$$\overline{\overline{X}} = (\overline{\overline{X}}_1, ..., \overline{\overline{X}}_p)^T,$$ 여기서 $\overline{\overline{X}}_i = (1/m) \sum_{k=1}^{m} \overline{X}_{ik}$ 이고, $\overline{X}_{ik}$는 i 번째 변수의 k 번째 그룹내의 표본 평균이다(i=1, ..., p, k=1, ..., m).

공분산 행렬 S는 각 표본 그룹 k 마다 계산한 공분산 행렬 S_k를 평균내서 구한다. 즉 $S = (1/m) \sum_{k=1}^{m} S_k$이다. 이 과정을 통해서 구한 T^2는 다음과 같은 F분포를 따른다.

$$T^2 = n(\overline{X} - \overline{\overline{X}}) S^{-1}(\overline{X} - \overline{\overline{X}}) \sim \frac{p(m-1)(n-1)}{mn-m-p+1} F_{(p, mn-m-p+1)} \quad (6.19)$$

그리고 관리상한선 UCL은 다음과 같다.

$$UCL = \frac{p(m-1)(n-1)}{mn-m-p+1} F_{\alpha;(p, mn-m-p+1)} \quad (6.20)$$

3) FDC 모형 활용 체계 및 기타 방법론

지금까지 언급한 FDC 방법론을 어떤 상황에서 사용해야 하는지를 체계적으로 요약하면 다음과 같다.

CASE 1: 공정의 이상을 탐지
    1) 단일 공정(설비)변수 모니터링(단변량 관리도)

- IF 변수를 표본별로 모니터링하면 개별 X-R 관리도 사용
- IF 변수를 표본그룹별로 모니터링하면 $\overline{X}$-R 관리도 사용
2) 복수 공정(설비)변수 모니터링(다변량 관리도)
① 표본별로 모니터링
- IF 교호작용이 없으면 개별 X-R 관리도를 동시에 관찰하여 이상 판단
- IF 교호작용이 있으면 개별 T^2 관리도 사용
② 표본그룹별로 모니터링
- IF 교호작용이 없으면 개별 $\overline{X}$-R 관리도를 동시에 관찰하여 이상 판단
- IF 교호작용이 있으면 표본평균 T^2 관리도 사용

CASE 2: 공정의 이상 탐지와 원인 규명

CASE 3: 범주형 설비변수와 공정변수

ID3 알고리즘을 이용한 Decision Tree 사용

CASE 4: 수치형 설비변수와 범주형 공정변수

C4.5, C5, CHAID 알고리즘을 이용한 Decision Tree 사용

CASE 5: 수치형 설비변수와 공정변수

CART 알고리즘을 이용한 Regression Tree 사용

CASE 1에서는 변수가 정규분포를 따르는지 검사하는 정규성 검정(Q-Q plot 방법, Shapiro-Wilk 검정)을 해야 하며, CASE 2에서는 설비변수가 많을 경우 핵심 설비변수를 찾는 과정인 특징 선택이 필요하다. 다변량 관리일 경우의 정규성 검정은, 다변량을 구성하는 개별 변수마다 Q-Q plot 방법이나, Shapiro-Wilk 검정을 이용하여 정규성을 검정한다. 만일 개별 변수 모두 검정을 통과하면 다변량 분포도 정규분포를 따른다고 할 수 있다. 하지만 어떤 변수가 정규성 검정을 통과하지 못했다고 다변량 분포가 정규분포를 안 한다는 뜻은 아니다.

설비변수는 하나의 제품을 가공하는 동안 여러 번 측정되어 가공이 끝나면 시계열 데이터를 갖는 경우가 있다. 이런 경우에 통계적 관리도를 사용하려면 대표 값이 필요한데, 주로 전체 시계열 데이터의 평균이나 시계열 데이터의 중요 구

간의 평균을 대표 값으로 사용한다.

CASE 2의 공정이상 상황 탐지와 원인 규명인 경우는 Discriminant analysis, Logistic regression(Logit) 등 통계학적 모형과 Decision tree, Artifical neural network, K-nearest neighbor, Support vector machines(SVM), Rough set theory 등 데이터마이닝 모형을 사용할 수 있다.

설비변수가 많으면 핵심 설비변수를 찾는 특징선택(feature selection)을 한다. 특징선택을 하는 방법은 본장에서 소개한 방법 이외에 주성분분석(PCA: Principal Component Analysis)과 부분최소자승법(PLS: Partial Least Square)이 있다. 두 방법 모두 직접적으로 핵심 설비변수를 찾는 것이 아니라 설비변수의 선형 조합을 새로운 변수로 설정하는 방법이다. 이와 같이 선형조합으로 구성된 변수를 잠재변수(latent variable)라고 부른다.

3.4 FDC 시스템 적용사례

다음은 실제 제조기업에서 FDC 시스템 구축 사례에 대하여 살펴보기로 한다. 이 제조 라인은 전자회로부품(PCB)을 생산하는 업체로 제품의 주요 특성들이 설비에서 작업을 통하여 결정된다. 따라서 설비의존도가 높고, 제품의 품질뿐만 아니라 고가 설비의 생산성을 극대화해야 하는 과제를 갖고 있다. 이러한 문제를 해결하기 위해서는 실시간 설비제어를 통하여 설비정보를 모니터링하고, 설비의 주요 인자에 대하여 이상을 감지하고 조치하는 시스템 구축이 필요하게 되었다. FDC 알고리즘을 적용하기 위해서 설비엔지니어링 시스템(EES) Platform을 사용하여, 그 위에 필요한 Application을 구축하였다.

1) FDC 알고리즘 적용단계

FDC 알고리즘 적용단계는 Data Collection, Data Analysis, Detection Model 작성, 대응단계로 나누어 진행한다(그림 6-23). 데이터 수집 및 분석 단계에서는 수집된 데이터 분석을 통하여 수많은 데이터 중에서 제품의 특성, 품질, 수율에 영향을 미치는 중요 파라메터를 선별하는 작업이 매우 중요하다.

기업이 가지고 있는 자원의 제약으로 수많은 데이터를 모두 관리한다는 것은 불가능한 일이다. 따라서 제품의 품질에 직접적으로 영향을 미치는 핵심인자를 찾는 작업이 선행되어야 한다. 이 작업은 많은 데이터를 수집하여 수율(특성), 공정인자, 설비인자와의 연관관계를 찾는 분석작업이 이루어져야 한다.

또한 이러한 방법으로 주요 인자가 선정되면, 다음 단계는 Parameter의 속성에 맞는 이상을 감지하는 모델을 설정해야 한다. 인자별로 시계열 데이터를 해석하고 분석하여 이상을 정확히 감지할 수 있는 모델을 설정한다.

그림 6-23 / FDC 알고리즘 적용 단계

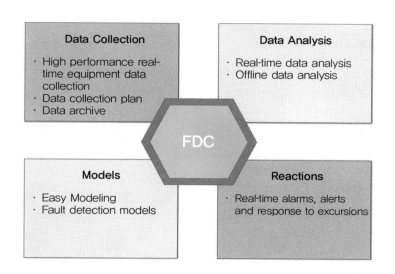

데이터 수집	• 공정 변수를 모니터링 하는 온라인 데이터의 지속적인 습득
데이터 선택	• 모든 데이터를 다 사용하면 공정관리 복잡도가 높아짐 • 공정결과에 영향을 주는 중요 파라메터만을 선택
이상 감지 모델 작성	• 시계열 형태의 공정변수 데이터를 해석하고 분석하여 이상을 감지할 수 있는 모델 작성
가이드라인 작성	• 작업자가 공정 이상 발견에 대한 대처를 쉽게 할 수 있는 가이드라인 작성 • 새로운 공정변수 및 설비에 적용하는 가이드라인 제공

2) FDC 시스템 구성도

FDC 시스템은 Data Collection, Fault Detection, Application, Legacy System Interface영역으로 나눌 수 있다(그림 6-24). 데이터 수집은 가장 중요한 첫 번째 단계로 수많은 인자 중에서 필요한 Parameter를 선별해내고, 수집주기, 수집방법, 저장방법 등을 정의한다.

Application 영역에서는 설비에서 올라오는 값들에 대한 이상 감지뿐만 아니라, Alarm정보, Interlock정보, 설비 성능지표 등을 분석하여 설비의 이상을 사전에 감지하고 가동률을 극대화하는 활동이 이루어진다. 엔지니어들이 필요한 정보들을 그에 적합한 레포트로 개발하여 업무에 활용함으로써 생산성을 극대화할 수 있다.

그림 6-24 / FDC 구성도

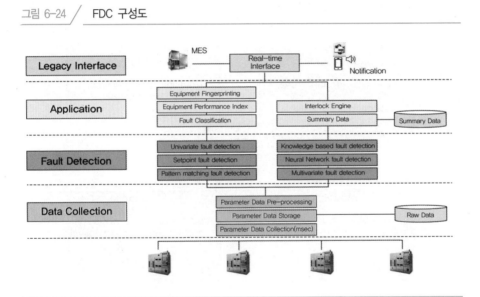

3) Fault Detection & Modeling

• Setpoint Interlock

Setpoint Interlock은 Recipe의 주어진 Step별로 기준이 되는 Lower Spec, Upper Spec Limit을 설정하여, 이 구간을 벗어나는 값들을 이상으로 감지하는 방법이다.

♦ Pattern Matching

　　Pattern matching은 정해진 spec 설정으로는 이상을 찾을 수 없고, Pattern의 모양으로 이상을 판단하는 방법이다. 각 parameter별로 이력 Data를 이용하여 Golden Pattern을 설정하고, Pattern Analysis를 통하여 이상을 감지한다.

♦ Univariate SPC

　　일반적으로 통계적 공정관리(SPC)에서 많이 사용하는 Western Electric Rule을 사용하여 이상을 감지하거나, 또는 생산하는 제품의 고유한 특성에 맞추어 사용자가 SPC Rule 설정하여 감지하는 방법이다.

♦ Multivariate SPC

　- 설비에서 발생하는 여러 Parameter Data를 조합하여 하나의 설비 Parameter Data를 생성하여 이상을 감지하는 방법이다. 가장 이상적인 Data를 추출하여 Model 생성 후 이후 실시간 발생하는 Data가 Model Data 대비 변동폭이 얼마나 발생하는지를 감지한다. 실시간 발생한 MSPC Data에 대하여 어떤 Parameter가 변동에 가장 영향을 주었는지 파악할 수 있다.

　- Hotelling T^2, PCA(Principal Component Analysis)

　　Hoterlling T^2는 Hoterlling이 만든 T^2 분포를 사용하여 공정이상을 탐지하는 방법으로, T^2 분포는 단변량 분포인 t 분포를 다변량으로 확장한 분포이다.

4) FDC 시스템 적용 전/후의 비교

　　제조현장에서의 FDC 시스템 적용 전/후의 변화된 모습을 살펴보면 다음과 같다(표 6-2).

　　가장 대표적으로 현장에 FDC 시스템 적용 전에는 설비에서 발생하는 수많은 설비 Paremeter에 대하여 어떤 Parameter가 중요한 인자인지 정확히 모르고, 단순히 설비를 담당하는 엔지니어가 경험적으로 알고 있는 수준으로 관리되었다. 그리고 수많은 인자 중에서 특정인자를 관리할 수 있는 방법도 수작업으로 선별하여 관리하는 수준이었다.

　　그러나 FDC시스템을 적용하려면 기본적으로 중요한 설비가 Interface되고,

실시간 Data Gathering 및 제어되는 환경이 갖추어져야 한다. 따라서 중요 설비에 대하여는 설비개조나 설비에서 제공되는 기능을 활용하여 설비를 Interface하고 제어할 수 있는 환경을 갖춘다. 그 다음으로 설비에서 올라오는 파라메터를 분석 하여 제품의 품질에 직접적으로 영향을 미치는 인자를 찾는 분석작업을 수행한다. 그리고 마지막으로 중요 인자에 대한 이상을 감지할 수 있는 모델링 작업이 이루 어진다.

표 6-2 / 적용 전/후 모습 비교

Item	적용 전	적용 후
Data 분석 & 감지 모델	- Parameter 별 실시간 대량 Data trend 관리 · x인자별로 실시간 Data trend 확인 · Spec대비 1point 이상 발생도 불량처리 · 설비별/조별 Data trend 확인 - 분석방법 · 단순관리도(x bar, spec) · x인자별로 모두 확인해야 하고, 변수 한 개만 보면 잘 안보일 수 있다 · 이상 검출이 정확히 안된다 (이상 검출 Logic 반영 안됨)	- 제품별/Panel별 관리 · 전 x인자를 다변량 분석하여 Panel별로 결과를 보여준다 · 값보다 Pattern 모양으로 이상 여부 판단 · 설비별/조별, 제품/Lot/Panel별로 볼 수 있다 - 분석방법 · 단변량분석(x인자의 시계열 Pattern/ Refernece pattern과 유사도를 단변량 품질관리로 표시) · 다변량 분석(hotelling T^2) · 선택된 Multi 변수를 한 개의 모델로 관리한다 · 변수간 교호작용을 반영하여 정확히 분석 가능 · 이상 검출 Logic 반영함 (Wavelet, Setpoint fault, Petternmatching, Neural network, Knowledge based)
Key Para & Spec 설정	- Key parameter 잘 모른다 · 알고 있는 경험으로 x인자 추출 · Parameter 수가 너무 많다 - 관리한계선 설정 없음 · Eng'r가 판단하여 Spec 설정한다.	- 자동으로 Key parameter를 찾아준다 · 시스템에서 x vs y 인자 분석하여 추출 · y인자는 모델생성시 사용(수작업 gathering 가능) · x인자간 상관분석을 통하여 최소화하여 관리 - 자동으로 관리한계선 설정하여 관리 · 시스템에서 $\overline{X} \pm 3\sigma$ 적용하여 설정
Output 모델	- Output Trendchart · Timebase(시계열)만 가능	- Output Trendchart · Timebase(시계열), Lot to Lot, Panel별 가능

4. 선진공정제어(APC)

4.1 APC 개요

반도체, FPD, 전자제품, 전기부품, 철강 등을 생산하는 제조회사의 제조 경쟁력은 양질의 제품을 싸고 빠르게 만드는 데에 있다. 고객의 요구가 다양해지고 제품이 고기능화, 초소형화 되면서 제조공정은 점점 미세화 되고 복잡해지고 있다.

다단계의 순차(serial) 혹은 병렬(parallel) 구성된 생산라인의 수많은 설비들은 각각의 공정 레시피(recipe)에 정의된 설비변수들에 의하여 운영된다. 하지만 설비가 계속적으로 가동되면 공정 내에 사용하는 다양한 화학 물질, 물리적 반응들로 인한 설비의 오염 및 마모에 의해 설비 성능은 조금씩 감소하게 된다. 이러한 상황은 제품의 품질을 저하시키고 이상을 발생시킬 확률을 높이게 된다. 즉, 공정 레시피에 따라 설비를 운영하더라도 제품의 두께, 선폭, 표면 특성, 물리 화학적 특성, 전기적 특성 등의 공정변수 목표치를 미달하는 것과 같은 제품의 규격에 도달하지 못하는 결과가 발생하게 된다.

이러한 이유 때문에 공정의 상태를 늘 최상으로 유지하는 것은 제조회사의 입장에서 매우 중요한 과제라 할 수 있고, 이는 곧 제품의 품질 및 수율과 직결되는 문제이다.

선진 공정 제어(APC: Advanced Process Control)는 단순한 개별 설비 차원을 넘어 제조 라인을 구성하는 전체 공정을 효율적이고 안정적으로 운영, 관리, 제어하는 기술을 의미한다.

1) 제조공정에서의 APC 필요성

반도체 제품생산의 핵심 단계인 FAB은 Fabrication(조립)의 약자로 반도체 제조공정 중 웨이퍼(wafer)를 가공하는 공정을 의미한다. 즉, 웨이퍼의 표면에 여러 종류의 막을 형성시키고, 형성된 막에 목표로 하는 회로 패턴을 만들어, 해당되지 않는 불필요한 부분들을 제거하면서 원하는 회로를 구성해나가는 과정이라 할 수 있다.

이러한 FAB 공정은 수백 개의 단위공정(unit process)으로 구성이 된다. 각 단계의 출력(output)은 다음 단계의 입력(input)이 되므로 수많은 단계들은 하나의 유기적인 관계를 가지게 된다. 만약 제품에 이상이 생길 경우 수많은 단계들 중 어디에서 이상 혐의가 발현되었는지를 찾는 것은 매우 힘든 일이다. 이러한 혐의는 특정 설비의 고장에 의해 발생할 수도 있고, 긴 시간 동안 진행되는 설비 마모에 의해 발생되기도 한다. 또한 전 단계에서부터 발생된 이상 상태가 그대로 전의된 경우일 수도 있다. 따라서 가장 좋은 공정관리는 이 유기적인 관계를 갖는 전체 라인이 항상 최상의 상태를 유지하게 만드는 것이다. APC는 각 공정단계마다 최적화된 품질관리를 통해 전 단계에 걸쳐 늘 양품의 재공(WIP: Work-In-Process)들이 흐르게 만들어, 결국 라인 전체의 품질 최적화를 가능하게 하는 행위를 전체적으로 일컫는 기술이다. 이런 큰 의미로 APC를 정의하면 FDC도 APC의 일부분으로 해석할 수 있다.

2) 제조공정에서의 드리프트 현상

일반적으로 미세 제조공정의 설비들은 장시간 사용하게 되면 부품이 마모되거나, 또는 화학 물질 부스러기나 찌꺼기(particle)로 인해 성능이 조금씩 감소하는 결과가 일어나게 된다. 그림 6-25에서 보듯이 런(run)이 진행함에 따라 특정(설비 또는 공정) 변수 값이 기준 값(target)에서 아주 조금씩 멀어지는 경향을 볼 수 있다. 이런 현상을 느린 드리프트(slow drift)라고 부른다. 그러나 이런 경우 느린 드리프트 현상이 보인다 하더라도 매우 오랜 시간 지속되지 않는 한 FDC 기법을 가지고 탐지하기가 현실적으로 어렵다. 따라서 이러한 드리프트 현상을 보완할 수 있는 관리방법이 필요하며, 이 역할을 APC의 Regulation 기능이 담당한다.

느린 드리프트에 상반되는 개념이 급격한 드리프트(sudden drift)이며, 이를 전문 용어로 시프트(shift)라고 한다. 설비의 시프트 현상은 공정이상을 뜻할 수도 있고, 설비의 유지보수 활동 후 발생하는 성능 개선을 의미하기도 한다. 어떤 경우든 시프트가 발생하면 FDC 모델을 이용해 감지할 수 있는데, 설비의 유지보수 후 감지하는 경우는 공정의 효율 측면에서 바람직하지 않다고 할 수 있다.

공정변수가 느린 드리프트 현상을 보이면 설비변수 값을 약간 수정하여 공정변수가 원하는 기준 값을 유지하도록 해야 한다. 그렇지 않으면 제품의 품질과 수율이 저하되는 현상이 발생할 것이다.

그러나 공정 상태인 설비변수가 느린 드리프트 현상이 보인다 하더라도 공정결과인 공정변수에 영향이 거의 없다면, 그 자체가 크게 문제가 되지는 않는 경우가 있다. 하지만 설비를 관리하는 설비변수 기준선은 유동적으로 바뀌지 않으므로

FDC 관점에서 정상 상태인 수많은 설비변수 값들을 비정상으로 인식하는 1종 오류가 증가할 수 있다. 만약 이를 방지하기 위해 관리한계선을 느슨하게 설정할 경우에는 FDC 결과 비정상 상태를 발견하지 못하는 2종 오류의 위험이 있다. 이를 해결하려면 드리프트에 맞춰서 설비변수의 관리한계선을 조금씩 수정해야 해 나가야 할 것이다.

그림 6-25 / 공정 드리프트 현상

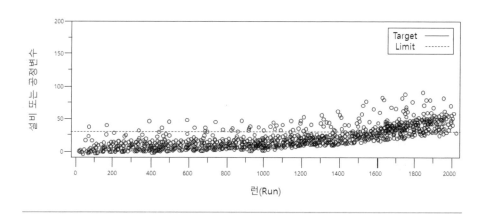

4.2 APC 주요 기능

그림 6-26은 APC의 주요 기능을 설명한다. 그림에서 공정 상태(레시피에 정의된 설비변수)는 설비의 내부에 부착된(in-situ) 다양한 센서들을 이용해서 온라인(online)으로 수집된다. 반면에 오프라인 계측기(off-line metrology)는 공정을 거친 결과물(공정변수)이 공정규격 안에 드는지를 측정하는 역할을 한다. 하지만 이러한 오프라인 계측과정은 시간과 비용이 많이 소요되기 때문에 보통의 경우 전수검사가 아닌 표본검사에 의한 계측이 이루어진다.

1) Monitoring(FDC)

온라인으로 관측되는 설비변수와 오프라인으로 계측되는 공정변수 데이터를 이용해서 설비의 이상으로 인한 공정변화 현상을 감지하는 기능이다. 이러한 핵심기능은 FDC 기술을 이용하여 구현할 수 있다.

2) Regulation

공정 드리프트(process drift) 현상과 같이 공정환경이 변할 시 관련된 공정 레시피 정보를 자동으로 변경하는 기술이다. 이 기술을 구현하기 위해서는 공정 레시피의 설비변수와 공정결과를 나타내는 공정변수 계측 값 간의 관계를 찾고 (system identification) 공정이 최상의 상태를 유지하도록 공정 레시피의 설비변수 값을 보정해주는 기술(run-to-run control)이 필요하다. 이 부분이 APC의 가장 핵심 기능이라 할 수 있다.

3) Logistics

Monitoring 및 Regulation 의 결과와 MES를 연결시켜 공정의 설비관리, 유지보수, 설비운영 일정계획들을 담당하는 기술을 총칭한다. 즉, 설비의 상태를 고려하면서 전체 라인 관리와 운영에 대한 틀을 잡는 역할을 한다. 가령, Monitoring과 Regulation에서 발생되는 정보를 기록 및 관리하거나 유지보수가 필요한 설비 대신 타설비에 작업(job)이 지나가도록 공정 라인을 운영한다.

그림 6-26 / 선진 공정제어(APC) 구성도

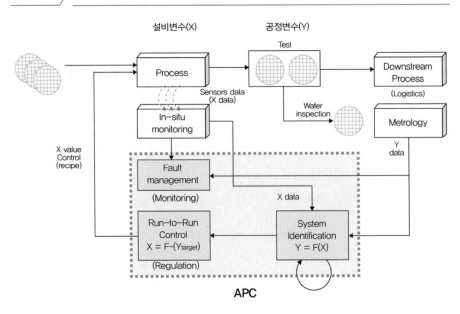

4.3 APC 제어 알고리즘

그림 6-27 / APC의 기대효과

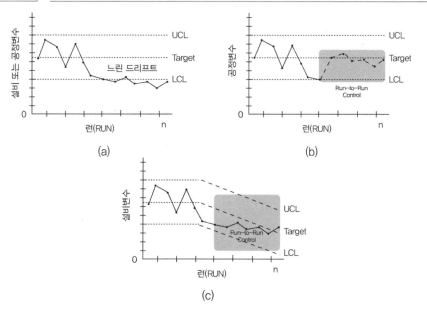

(a)

(b)

(c)

그림 6-27은 APC의 가시적인 효과를 나타낸 것이다. 그림 6-27(a)와 같이 런(run) 진행의 중간에 설비 또는 공정변수의 느린 드리프트 현상이 발생했다고 가정해보자. 이러한 문제점을 해결하고 공정의 변동성 및 변화에 강건한 공정관리를 하기 위한 방법론은 대표적으로 1) 공정 레시피를 보정하는 방법과 2) FDC를 수행하기 위한 관리도의 관리한계선을 보정하는 방법이 연구되고 있다. 두 방법 중 전자의 경우 사전 제어방식이라 할 수 있으며, 후자의 경우 사후 제어방식이라 할 수 있다.

먼저, 공정 레시피의 설비변수를 변경하는 방법은 그림 6-27(b)와 같다. Box 에 표시된 영역은 공정 레시피를 보정(APC적용)해서 공정 드리프트가 발생하지 않도록 만든 결과이다. 이러한 기술을 구현하는 방법은 여러 가지가 있지만 다음 단락에서 간단한 Run-to-Run Control 알고리즘에 대해서 소개한다. 이 방법은 공정 변수의 기준 값을 얻기 위해 공정 레시피가 가져야 할 설비변수 값을 추정하는 방법이다. 하지만 공정 레시피를 변경하기 위해서는 물리·화학적인 복잡한 작용들에 대한 신뢰성 확보가 중요하므로, 실제 현업에서는 매우 중요한 의사결정을 통해 이루어진다.

다음으로 관리한계선을 보정해주는 방법은 그림 6-27(c)와 같이 현 추세를 반영하여 설비변수의 기준 값과 센서로부터 수집되는 데이터의 산포(분산)를 결정해주는 방식이다. 그림 6-27(a)와 같이 드리프트를 고려하지 않은 관리한계선(LCL, UCL)이 설정되어 있으면, 많은 정상 가공된 런들이 비정상으로 인식된다. 따라서 관리한계선을 보정하는 것은 공정 드리프트 현상을 일반적인 상황으로 인식하고 이에 대한 간접적인 대응기술이라고 할 수 있다. 다음 단락에서 간단한 방식에 대한 내용을 더 다루도록 하겠다.

1) 공정 레시피 변경을 위한 Run-to-Run Control 알고리즘

공정 레시피(입력 값, 설비변수)와 계측 값(출력 값, 공정변수) 간의 관계식은 다음과 같은 선형방정식 기반의 공정 모델(process model)로 가정한다(그림 6-28 참조).

그림 6-28 / 드리프트가 없는 선형 공정 모델

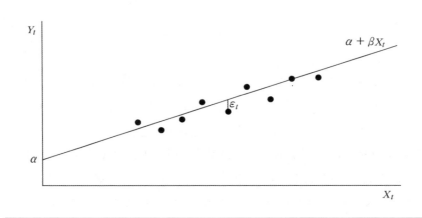

$$Y_t = \alpha + \beta X_t + \epsilon_t \tag{6.21}$$

여기서 Y_t : t번째 런에서 계측된 공정변수 값

α : 공정 모델의 절편(Intercept)

β : 공정 모델의 기울기(Slope)

X_t : t번째 런에서 설비변수 설정 값

ϵ_t : 자연 공정 변동 요인인 백색 잡음(White noise) $\sim N(0, \sigma^2)$

공정의 느린 드리프트를 공정 방해 요인(Process disturbance: δ_t)이라 정의할 경우, 이러한 드리프트로 인한 공정 모델은 다음과 같이 표현 가능하다(그림 6-29 참조). 이 식에서 기울기인 β는 드리프트에 영향을 안 받고, 느린 드리프트인 δ_t는 시간에 따라 미세하게 움직인다고 가정한다.

$$Y_t = \alpha + \beta X_t + \epsilon_t + \delta_t = (\alpha + \delta_t) + \beta X_t + \epsilon_t \tag{6.22}$$

그림 6-29 / 드리프트가 상향으로 발생하는 선형 공정 모델

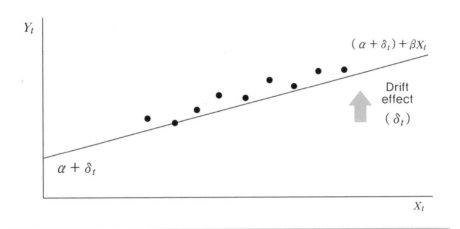

드리프트에 영향을 받는 공정변수 값 Y_t를 추정하기 위해서는 변동되는 절편$(\alpha + \delta_t)$를 지속적으로 갱신해 나가야 한다. Run-to-Run Control의 목적은 느린 드리프트로 인해 발생하는 공정 변동성을 공정 모델에 반영하는 역할을 한다.

2) EWMA(Exponentially Weighted Moving Average: 지수가중 이동평균)

EWMA는 Run-to-Run Control에 일반적으로 많이 사용되는 Control 알고리즘이다.

EWMA는 품질관리 분야에서 이상 요인을 조기에 예측하는데 유용한 방법이며, t 시점에서의 계측 값이 수집되었을 때 t+1 시점에서의 계측 값을 t 시점에서 추정하는 방법이다. EWMA는 다음 수식으로 표현 가능하다.

t시점에서의 추정 값=평활모수×t시점에서의 계측 값

+(1-평활모수)×t-1시점에서의 추정 값

$$EWMA_t = \lambda Y_t + (1-\lambda)EWMA_{t-1} \tag{6.23}$$

EWMA는 t 시점에서 예측한 t+1 시점의 추정 값을 의미하고, Y_t는 t 시점에서의 계측 값을 의미한다. λ는 Y_t(현 계측 값)의 영향력 정도를 결정하는 평활 모수(smoothing parameter)로써(0, 1) 사이의 값을 갖는데, 값이 작을수록 과거의 추정 값에 상대적으로 큰 가중치를 주게 된다. EWMA는 이전 추정 값과 현 계측 값의 가중 합산을 통해 현 계측 값에 다음 추정 값이 과최적화 되는 것을 방지한다.

EWMA 식을 과거로부터 축적된 계측 값 Y_t를 가지고 식을 재정리하면 다음과 같다.

$$\begin{aligned} EWMA_t &= \lambda Y_t + (1-\lambda)EWMA_{t-1} \\ &= \lambda Y_t + (1-\lambda)\{\lambda Y_{t-1} + (1-\lambda)EWMA_{t-2}\} \\ &= \lambda Y_t + \lambda(1-\lambda)Y_{t-1} + (1-\lambda)^2 EWMA_{t-2} \end{aligned}$$

....

$$EWMA_t = \sum_{i=0}^{\infty} \lambda(1-\lambda)^i Y_{t-i} \tag{6.24}$$

만일 계측이 i = 1, 2, ⋯, t까지 실행되었다면 EWMA 식은 다음과 같이 정리된다.

$$EWMA_t = \sum_{i=1}^{t} \lambda(1-\lambda)^{t-i} Y_i \tag{6.25}$$

EWMA Controller를 적용한 Run-to-Run Control 알고리즘은 다음과 같이 진행된다(그림 6-30 참조).

Step1. 공정 모델을 작성한다(Model identification).

$$\widehat{Y_t} = \widehat{a_t} + bX_{t+1} \tag{6.26}$$

여기서 $\widehat{Y}_t$: t+1 번째 런의 공정변수 추정 값

$\widehat{a_t}$: t+1 번째 런의 추정 절편($a \overset{뜻}{=} \alpha + \delta$)이며, 공정 방해 요인 (드리프트)의 영향을 받는다.

b : 기울기(모델을 통해 얻어진 고정 값이다 $= \beta$)

X_t: t+1 런에서의 설비변수 값

Step2. t 시점에서 Y_t를 계측한 후, 추정 절편 $\widehat{a_t}$를 EWMA 식을 이용하여 다음과 같이 갱신한다(Model learning).

$$\widehat{a_t} = \lambda(Y_t - bX_t) + (1 - \lambda)\widehat{a}_{t-1} \qquad (6.27)$$

참고로 초기 런에서부터(i = 1) 시작하여 실제 설비변수와 공정변수 계측 값 (X_i, Y_i) 쌍을 가지고 상수 값 $a_i = Y_i - bX_i$를 계산하고 축적된 상수 데이터 $(Y_1 - bX_1), (Y_2 - bX_2), \cdots, (Y_t - bX_t)$를 EWMA 공식으로 표현하면 다음과 같다.

$$\widehat{a_t} = \sum_{i=1}^{t} \lambda(1 - \lambda)^{t-1}(Y_i - bX_i)$$

$$= \lambda(Y_t - bX_t) + (1 - \lambda)\widehat{a}_{t-1} \qquad (6.28)$$

Step3. t+1 번째 런의 공정변수 추정 값 $\widehat{Y}_t$을 다음 식으로 추정하고(Model prediction),

$$\widehat{Y}_t = \widehat{a_t} + bX_{t+1}$$

$\widehat{Y}_t$가 기준 값(Target)에 도달하도록 설비변수 X_{t+1} 값을 산출한다 (Recipe generation).

$$X_{t+1} = \frac{Target - \widehat{a_t}}{b} = \frac{Target - \lambda(Y_t - bX_t) - (1 - \lambda)\widehat{a}_{t-1}}{b} \qquad (6.29)$$

Step4. t ← t+1로 대치하고 2단계로 이동하여 지속적인 Run-to-Run Control을 실행한다.

그림 6-30 / Run-to-Run Control 절차

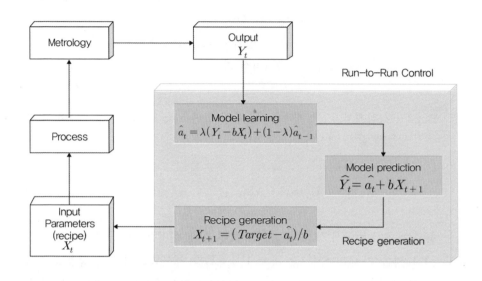

선형 공정 모델 vs. 비선형 공정 모델

지금까지는 공정변수와 설비변수간의 관계가 선형방정식을 따른다고 가정하고 Run-to-Run Controller를 설계하였다. 그러나 실제 공정에서는 이 두 변수가 비선형 관계식을 따르는 경우가 많으며, 공정마다 비선형 형태가 달라지기 때문에 미리 비선형 방정식을 가정하기가 힘들다. 따라서 설비변수와 공정변수의 데이터를 가지고 관계식을 자동적으로 구축하는 데이터마이닝 기법이 필요하다. 설비변수와 공정변수의 데이터가 수치형이기 때문에 Decision tree와 같은 분류 (classification) 데이터마이닝 기법은 사용할 수 없으며, 비선형 회귀식을 제공하는 데이터마이닝 기법이 필요하다. 대표적인 비선형 회귀식으로는 CART를 이용한 Regression tree, Artificial neural network, K-nearest neighbor, 부분최소자승법 (PLS: Partial Least Square) 등이 있다.

3) 관리한계선을 보정하는 방법

본 절에서는 설비변수의 단변량 관리한계선의 보정에 대해서 살펴보기로 한다. 단변량 관리한계선을 구성하는 요소에는 평균과 분산이 있으며, 새롭게 계측

값이 수집될 때마다 EWMA 식을 이용해서 평균과 분산을 추정하는 방법을 다룬다. 이렇게 새롭게 추정된 값들을 이용하여 느린 드리프트 상황에 맞도록 관리한계선을 보정할 수 있다. 참고로 T_2관리도와 같은 다변량 관리도의 관리한계선을 보정하려면 평균과 분산뿐만 아니라 변수들 간의 공분산 행렬을 드리프트 상황에 맞게 갱신해 나가야 한다.

● 평균값을 보정하는 방법

FDC에 사용하는 설비변수의 상태는 대부분 센서로부터 측정되며 센서의 k번째 값을 X_k, 그리고 첫 측정 값에서 k번째 측정 값까지의 추정 평균을 $\overline{X}_k$라고 하자. 그러면 k+1번째 측정 값 X_{k+1}까지의 추정 평균인 $\overline{X}_{k+1}$은

$$
\begin{aligned}
\overline{X}_{k+1} &= \frac{1}{k+1}\sum_{i=1}^{k+1} X_i = \frac{1}{k+1}\left(X_{k+1} + \sum_{i=1}^{k} X_i\right) \\
&= \frac{1}{k+1}\left(X_{k+1} + k\frac{1}{k}\sum_{i=1}^{k} X_i + \frac{1}{k}\sum_{i=1}^{k} X_i - \frac{1}{k}\sum_{i=1}^{k} X_i\right) \\
&= \frac{1}{k+1}\left\{X_{k+1} + (k+1)\overline{X}_k - \overline{X}_k\right\} \\
&= \overline{X}_k + \frac{1}{k+1}\left(X_{k+1} - \overline{X}_k\right)
\end{aligned}
\tag{6.30}
$$

따라서 $\overline{X}_{k+1}$은 모든 측정 값 $\{X_1, X_2 \cdots X_{k+1}\}$을 이용하여 평균을 내지 않고도 $\overline{X}_k$와의 관계식을 이용하여 가장 최근에 측정한 X_{k+1}만 있으면 계산이 간편하게 이루어질 수 있다. 이 관계식을 살펴보면 다음과 같은 일반화할 수 있다.

New Estimate ← Old Estimate + Correction Factor[Current Data − Old Estimate]

이 식을 지수 가중식(exponential weight formula)이라고 하며 풀어 쓰면 익숙한 EWMA 식이 된다. 따라서 보정 계수(correction factor)는 EWMA 식의 평활 모수와 같은 의미가 된다. 지수 가중식에 의한 평균 값의 추정은 다음 수식과 같다.

$$
\overline{X}_{k+1} = \overline{X}_k + \lambda_{k+1}(X_{k+1} - \overline{X}_k)
\tag{6.31}
$$

이 식에서 λ_{k+1}는(0, 1) 사이의 값을 갖는 보정 계수로써 평균 추정에 오류인 $X_{k+1} - \overline{X}_k$를 얼마나 많이 반영할 것인지를 결정한다. 따라서 설비변수가 안정적이라면 $\lambda_{k+1} = \dfrac{1}{k+1}$이 된다. 하지만 느린 드리프트가 발생하면 $\lambda_{k+1} > \dfrac{1}{k+1}$인 값을 할당해야 설비변수의 변화를 반영할 수 있다.

* 분산 값을 보정하는 방법

k번째 분산 값과 k-1번째 분산 추정 값 간의 관계식은 다음과 같이 정리할 수 있다.

$$
\begin{aligned}
\widehat{\sigma_k^2} &= \frac{1}{k-1}\left\| \begin{array}{c} X_{k-1}^0 \\ X_k \end{array} - 1_k\overline{X}_k \right\|^2 = \frac{1}{k-1}\left\| \begin{array}{c} X_{k-1}^0 - 1_{k-1}\overline{X}_{k-1} + 1_{k-1}\overline{X}_{k-1} - 1_{k-1}\overline{X}_{k-1} \\ X_k - \overline{X}_k \end{array} \right\|^2 \\
&= \frac{1}{k-1}\left\| \begin{array}{c} X_{k-1}^0 - 1_{k-1}\overline{X}_{k-1} - 1_{k-1}\triangle\overline{X}_k \\ X_k - \overline{X}_k \end{array} \right\|^2 \\
&= \frac{1}{k-1}\left\{ \sum_{i=1}^{k-1}(X_i - \overline{X}_{k-1})^2 + (k-1)\triangle\overline{X}_k^2 - 2\triangle\overline{X}_k\sum_{i=1}^{k-1}(X_i - \overline{X}_{k-1}) + (X_k - \overline{X}_k)^2 \right\}
\end{aligned}
$$
$$(6.32)$$

위의 첫 번째 수식에서 $\|V\|$는 벡터 V의 Norm을 의미하고, 1_k는 $[1, \cdots, 1]^T \in R^k$ 즉, k개의 1로 구성된 열 벡터(column vector)이다. 마찬가지로 X_{k-1}^0는 첫 측정값에서 k-1번째까지의 센서 측정 값을 원소로 갖는 열 벡터를 의미한다. $\triangle\overline{X}_k$는 $\overline{X}_K - \overline{X}_{k-1}$을 의미한다. 그 다음 세 번째 수식에서 $\triangle\overline{X}_k\sum_{i=1}^{k-1}(X_i - \overline{X}_{k-1}) = \triangle\overline{X}_k\{(k-1)\overline{X}_{k-1} - (k-1)\overline{X}_{k-1}\} = 0$ 이기 때문에

$$
\begin{aligned}
\widehat{\sigma_k^2} &= \frac{1}{k-1}\sum_{i=1}^{k-1}(X_i - \overline{X}_{k-1})^2 + \triangle\overline{X}_k^2 + \frac{(X_k - \overline{X}_k)^2}{k-1} \\
&= \widehat{\sigma^2}_{k-1} + \triangle\overline{X}_k^2 + \frac{(X_k - \overline{X}_k)^2}{k-1}
\end{aligned}
$$
$$(6.33)$$

이렇게 도출된 관계식을 바로 이용하여 분산을 재귀적으로 추정할 수도 있으

나, 평균의 EWMA 추정식과 같이 과거의 데이터를 지수적으로 감소하여 반영하는 EWMA 식을 사용할 수도 있다. 이를 적용하면 다음과 같은 분산 값의 EWMA 추정식이 만들어 진다.

$$\widehat{\sigma^2_k} = (1 - \lambda_k)\left\{\widehat{\sigma^2}_{k-1} + \Delta\,\overline{X_k^2}\right\} + \lambda_k\left\{\frac{(X_k - \overline{X_k})^2}{k-1}\right\} \tag{6.34}$$

사례연구

다음과 같이 실제 데이터가 주어져 있다. run이 5 이상일 때 관리한계선을 보정하시오.

Run	1	2	3	4	5	6	7	8	9	10
Data	100.17	104.70	101.34	97.97	96.29	94.69	88.10	84.89	76.58	70.07

① $\overline{X}_4 = 101.045$, $\widehat{\sigma^2_4} = 7.8881$, $\lambda_{k+1} = \dfrac{1}{k+1}$

② 5번째 관리한계선,

$$\overline{X}_5 = \overline{X}_4 + \lambda_{4+1}(X_5 - \overline{X}_4) = 101.045 + \frac{1}{5}(96.29 - 101.045)$$
$$= 100.094$$
$$\widehat{\sigma^2_5} = (1 - \lambda_5)\left\{\widehat{\sigma^2_4} + \Delta\,\overline{X_5^2}\right\} + \lambda_5\left\{\frac{(X_5 - \overline{X}_5)^2}{5-1}\right\}$$
$$= (1 - \frac{1}{5})\{7.8881 + (-0.951)^2\} + \frac{1}{5}\left\{\frac{(-3.804)^2}{5-1}\right\} = 7.7575$$

$$\therefore \text{UCL}_5 = \overline{X}_5 + 3\widehat{\sigma_5} = 100.094 + 3 \times 2.7852 = 108.3686$$
$$\text{LCL}_5 = \overline{X}_5 - 3\widehat{\sigma_5} = 100.094 - 3 \times 2.7852 = 91.7384$$

③ 6번째 관리한계선, 7번째 관리한계선, 8번째 관리한계선, 9번째 관리한계선, 10번째 관리한계선도 같은 방식으로 계산할 수 있다(그림 6-31).

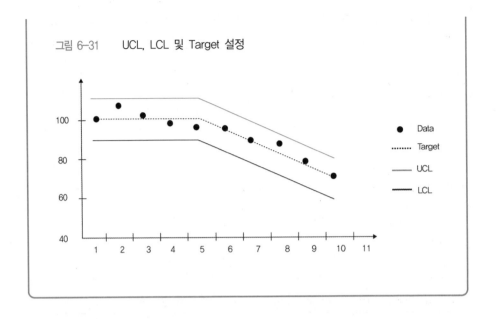

그림 6-31   UCL, LCL 및 Target 설정

지금까지 APC의 필요성과 개념, 그리고 핵심 알고리즘에 대해서 살펴보았다.

우리나라도 점차 제조업 분야의 선진국이 됨에 따라 반도체, FPD, PCB 공정과 같은 미세공정(나노 공정급)의 제조가 확산되고 있으며, 이런 환경에서 고품질의 정교한 제품을 생산하기 위해서는 APC의 중요성이 점점 증가하고 있다.

특히 2장에서 살펴본 스마트팩토리, 스마트제조를 구현하기 위해서는 필수적인 기능이라고 할 수 있다. 수많은 공정의 미세한 변화를 자동으로 감지하여 작업조건을 시스템에서 자동으로 보정해줌으로써, 균일 품질의 제품을 생산할 수 있다.

하지만 이와 같은 APC시스템이 현장에 적용되기 위해서는 생산설비에 대한 I/F 및 실시간 제어환경이 구축되어 있어야 하는데, 이는 현실적으로 비용문제가 수반됨으로 많은 제약이 따르는게 사실이다. 따라서 선택과 집중을 통하여 핵심공정, 핵심설비에 우선적으로 실시간 제어환경을 구축하고, 생산하는 제품과 공정, 설비에 적합한 APC 알고리즘을 구현해 나가는 것이 바람직하다고 할 수 있다.

수율관리

1. 수율관리의 개요

제조기업의 궁극적인 경쟁력은 품질이 좋은 양질의 제품을 얼마나 싸고 빠르게 만드느냐에 달려있다고 할 수 있다. 아무리 성능이 좋은 최고의 제품이라고 해도 양산성이 없다면 경쟁력이 있다고 할 수 없다. 이는 아무리 좋은 제품을 기획하고 개발한다고 하여도, 이 제품을 만들어내는 공장에서 품질과 원가 경쟁력을 확보하지 못한다면 시장에서 소비자들에게 외면 받는다는 것을 의미한다. 이때 품질이 좋은 제품을 싸게 만든다는 것은 이 제품을 생산하는 공장의 품질과 생산성이 높다는 것을 의미하는 것이고, 여기서 제품의 품질과 생산성이 높다는 것은 제품의 수율이 높다는 의미이다. 따라서 기업 입장에서 수율관리(yield management system)의 중요성은 점점 증가하고 있다.

반도체, Display, PCB 등을 생산하는 제조공정은 수십 개에서 수백 개의 단위공정으로 구성된다(그림 7-1).

특히 갈수록 제품의 기능이 고도화되고 공정이 미세화되면서, 미세 제조 공정에서의 수율은 제품의 원가와 품질을 결정하는 중요한 관리 요인이 되고 있다. 이처럼 복잡해진 제품 구조와 공정은 제품 생산 비용을 증가 시킬 뿐만 아니라, 제품의 수율을 감소시켜 기업의 제조경쟁력 확보에 어려움을 준다. 높은 수율을 달성하기 위하여 제조 공정에서는 오래전부터 제품의 가공이 끝난 후 각 공정별로 주요 공정인자에 대한 검사, 계측을 통하여 불량 여부를 확인하는 통계적 공정관리 기법을 도입하여 품질관리를 수행해 왔다. 그러나 생산 Lot에 대한 계측은 비용과 시간을 필요로 하므로 모든 공정마다 시행할 수 없고, 공정 라인의 중요 공정 또는 마지막 단계에서 이루어지고 있는 것이 현실이다.

그림 7-1 / Process flow chart(PCB 공정 예)

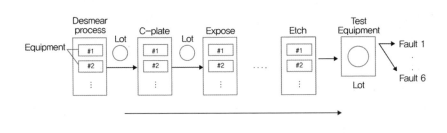

그러나 주요 공정에서 샘플링 검사를 통하여 검사를 진행한다고 하여도, 미세 제조공정은 일반적으로 많은 단계의 공정을 거쳐서 제품이 생산되기 때문에, 어느 공정, 설비에서 불량이 발생했는지 찾기가 어렵고, 따라서 높은 수율을 보장하기가 현실적으로 어렵다.

여기서 수율이란 생산과정을 통해서 제조된 제품들 중 "양품"의 비율을 뜻하며 "양품"이란 쉽게 설명하자면 "합격품" 즉 불량이 아닌 제품을 뜻한다. 어떤 기질에서 실제로 생산된 생산물의 양을 그 기질로부터 이론상 기대할 수 있는 최대 생산량으로 나눈 값을 통상 백분율로 나타내는 경우가 많다. 다양한 성능지표 중 투입 수에 대한 적합품 비율을 의미하는 수율은 생산성, 수익성, 업체의 성과 측면에서 쉽게 표현이 가능한 척도이다. 특히, 수율은 기업 경쟁력의 근간이라 할 수 있으며, 반도체, Display, PCB 등 전자산업, 자동차산업, 부품산업 등에서 중요한 척도로 사용되고 있다. 여러 공정을 거쳐서 제품을 생산한다고 할 때는, 첫 공정에 투입된 총 수량분의 마지막 공정을 거쳐서 완성된 제품의 양품률을 의미한다.

$$수율(yield) = Output(양품수)/투입수량(input) \times 100(\%) \tag{7.1}$$

반도체 공정인 경우는 수백 개의 단위공정을 거쳐서 제품이 만들어지므로, 각 개별 공정의 단위수율(unit yield)과 공정이 모두 완료 된 후의 전체 수율(cum yield)로 나누어 관리한다.

개별 제품별 수율은 제품의 설계사양 및 공정의 난이도와 공정 및 설비변수에 따라 결정된다.

$$단위수율(unit\ yield) = 공정Output\ /공정Input \times 100(\%) \qquad (7.2)$$

$$누적수율(cum\ yield) = Yield\ 1 \times Yield\ 2 \times Yield\ n(\%) \qquad (7.3)$$

제품생산의 핵심 단계인 FAB 공정을 포함하여 반도체 제조공정은 수십 개에서 많게는 수백 개의 단위 공정으로 구성이 된다. 각 단위공정의 출력(output)은 다음 공정의 입력이 되므로 수많은 공정들은 하나의 유기적인 관계를 가지게 된다. 만약 제품에 이상이 생길 경우 수많은 공정을 거치면서 어디에서 이상이 발생되었는지 찾는 것은 매우 힘든 일이고 중요한 과제라고 할 수 있다. 이러한 혐의요인은 특정 설비의 고장에 의해 발생할 수도 있고, 설비의 마모에 의하여 특정 parameter의 값이 정상에서 벗어나서 발생되기도 한다. 또한 전 공정에서 발생한 이상 상태가 그대로 전이된 경우일 수도 있다. 따라서 가장 좋은 공정관리는 이와 같이 유기적인 관계를 갖는 전체 라인이 항상 최상의 상태를 유지하게 만드는 것이며, 이와 같이 최상의 상태가 유지될 때 제품의 품질 및 수율을 극대화 할 수 있다.

오늘날 수율은 제조 라인(제품)의 생산성 및 수익성, 즉 원가 경쟁력을 나타내는 지표로 매우 중요한 척도로 관리되고 있다. 아무리 고부가가치의 기능과 품질이 우수한 제품이라고 해도 생산에서 수율이 나오지 않는다면, 생산성이 떨어지고 양산성이 취약하다고 할 수 있다.

앞의 6장에서 각 공정의 설비 parameter 값의 변화를 감지하는 FDC, 그리고 각 공정을 최적의 상태로 유지하기 위하여 최적의 작업조건을 설정해주는 APC에 대하여 설명하였다.

본장에서는 공정의 공정능력 관리, 그리고 수율에 영향을 미치는 핵심 설비변수의 발견, 그리고 데이터마이닝 기법에 대하여 살펴보기로 한다.

| 2. | 공정능력지수 |

PCB 공정에서의 수율은 제품의 품질과 원가에 영향을 미치는 중요한 인자로 제조경쟁력을 평가하는 수단으로 사용되고 있다. 또한 한 개의 라인에서 여러 종류의 제품을 생산해야 하고, 수백 개의 단위공정 설비를 거치면서 수많은 변수에 따라 영향을 받게 된다. 따라서 각 공정을 최적의 상태로 관리하는 것이 중요하며, 항상 균일한 특성을 갖는 제품을 만드는 것이 중요하다. 즉 제품의 규격범위 대비 분포의 범위를 공정능력지수라고 할 때, 공정능력지수에 따라서 변동폭이 커지고 수율에 큰 영향을 미친다고 할 수 있다. 따라서 해당 라인의 관리상태 즉 공정능력지수에 따라 균일한 중심 값을 갖는 제품을 생산할 수 있고, 제품의 불량률을 줄이고 수율을 극대화 할 수 있다.

본절에서는 공정능력지수의 개념과 관리방안에 대하여 살펴보기로 한다.

2.1 공정능력지수 개념

6장에서 살펴본 $\overline{X}$와 R 관리도는 공정의 평균이나 산포의 변화를 탐지하는 데 사용되고 있다. 그러면 공정의 변화가 없으면 수율이 좋을까? 설비가 노후화되거나 부속품의 마모가 서서히 진행되면 정상 상태라도 공정결과의 평균이나 자연 산포(natural variance)가 커진다. 그리고 이때 구축된 $\overline{X}$와 R 관리도의 관리한계선의 폭은 넓어질 것이고, 공정결과의 평균이나 자연 산포가 커지면 균일한 제품을 생산할 수 없을 것이다. 따라서 $\overline{X}$와 R 관리도를 가지고 공정의 변화가 없다고 판단하더라도 현재 공정의 능력이 좋은지를 판단해 볼 필요가 있다. 공정능력은 ① 설비의 상태, ② 작업자의 숙련도, ③ 원자재, ④ 공정방법, ⑤ 환경에 따라서 달라진다.

공정능력지수(process capability index)는 설비가 정상 상태에 있을 때 공정의 결과가 얼마만큼 균일한 산포를 나타내는지를 계량화한 척도이다. 그림 7-2처럼 공정능력지수는 공정변수마다 측정할 수도 있고(a), 전체 공정이 끝난 후 제품의 속성을 검사하여 측정할 수도 있다(b).

그림 7-2 / 공정능력지수 측정

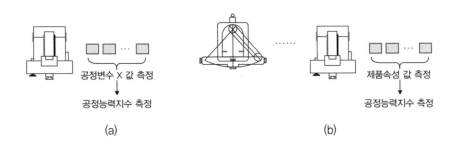

공정변수 X 값 측정

공정능력지수 측정

(a)

제품속성 값 측정

공정능력지수 측정

(b)

공정이 정상 상태에 있으면 공정결과의 자연 산포는 6σ로 보는데, σ는 공정 변수나 제품속성의 표준편차를 의미한다. 공정능력지수는 공정 규격의 폭과 자연 산포의 비율을 의미하며, 다음과 같이 세 가지 종류로 구분한다.

1) Cp

공정결과 분포의 중심 값(모평균)의 위치에 상관없이, 자연 산포와 규격의 폭 과의 상관관계를 표시한다.

$$Cp = \frac{USL - LSL}{6\hat{\sigma}} \tag{7.4}$$

그림 7-3에서 알 수 있듯이 첫 번째 경우는 Cp>1인 경우로 거의 불량이 발 생하지 않는다. 반대로 두 번째는 Cp<1인 경우로 불량이 종종 발생할 것이다. 따 라서 Cp는 값이 클수록 공정이 균일한 결과를 가져온다는 의미이고, Cp=1은 이 론상 불량이 0.27%를 의미한다. 그러나 설비의 노후화, 마모 등의 이유로 안정적 인 품질을 확보하기 어려우므로 Cp=1.33 이상이 바람직하다고 알려져 있다(불량 률 0.0063%). 그림 7-3의 세 번째 경우를 살펴보자. 이 경우에도 첫 번째와 마찬가 지로 Cp>1이지만 결코 바람직한 공정이 아니라는 것을 알 수 있다. 그럼 무엇이 문제일까?

그림 7-3 / 규격대비 Cp 분포

공정결과 분포

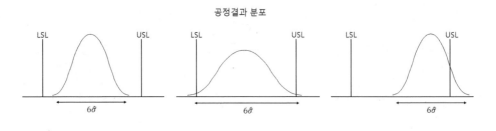

2) Cpk

Cp의 단점을 보완한 지수로 공정결과의 분포가 규격의 중심$(T=(USL+LSL)/2)$ 으로부터 벗어난 경우를 고려하여 공정능력을 계산한다(그림 7-4 참조).

$$Cpk=minimum\{Cpu,\ Cpl\}\ \ 여기서\ \ Cpu=\frac{USL-\hat{\mu}}{3\hat{\sigma}},\ \ Cpl=\frac{\hat{\mu}-LSL}{3\hat{\sigma}} \qquad (7.5)$$

그림 7-4 / 치우침을 고려한 Cpk

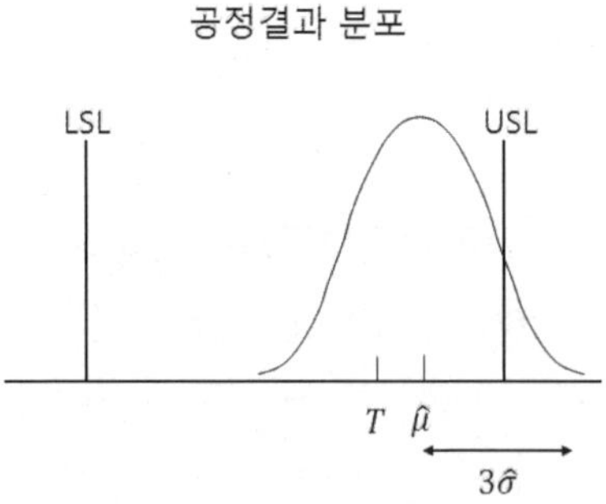

공정결과 분포

Cpk는 다음과 같이 재정리할 수 있다.

$$Cpk=(1-k)Cp \qquad 여기서\quad k=\frac{\left|\dfrac{LSL+USL}{2}-\hat{\mu}\right|}{\dfrac{USL-LSL}{2}} \qquad (7.6)$$

이 식에서 k는 공정평균 $\hat{\mu}$가 규격중심 T에서 벗어난 정도를 의미한다. 이 밖의 공정능력지수로는 목표치에 공정능력이 얼마나 근접했는지를 평가하는 Cpm을 사용한다. Cpk는 공정의 산포와 규격한계에 대해 평균이 치우친 정도를 나타낸다. 그러나 이 값은 목표치가 규격한계 내에 있지 않다면 문제가 된다. 이를 고려한 공정능력지수인 Cpm은 공정의 규격한계와 규격중심이 주어진 경우, 공정평균($\hat{\mu}$)이 규격중심에서 얼마나 벗어나 있는지를 보여주는 지수이다.

표 7-1 / 공정능력지수와 불량품 수의 관계(공정평균과 목표치가 일치하는 경우)

Cp	Sigma 수준	판정	불량률(ppm)
0.33	1	매우 불안정	317,300
0.67	2	불안정	45,500
1.00	3	관리요망	2,700
1.33	4	관리상태	63
1.67	5	안정	0.57
2.00	6	매우 안정	0.002

공정능력지수별 불량률을 살펴보면 공정평균과 목표치가 일치할 때 6시그마는 불량률이 0.002ppm, 즉 99.9999998%의 제품이 규격 내에 들어오는 양품을 의미한다(표 7-1).

하지만 실제적으로 원자재, 작업자, 작업방법, 작업환경, 측정상태 등 여러 가지 요인으로 인하여 공정평균이 목표치로부터 $\pm 1.5\sigma$까지 벗어나는 경우가 일반적인데, 이때의 6σ는 불량률이 3.4ppm으로 증가함을 의미한다(백만 개 중의 3.4개 불량으로, Motorola의 6σ 관리 개념).

2.2 공정능력의 관리방안

생산공정관리의 핵심 목표 중 하나는 공정능력지수를 높이는 것이다. 즉 공정능력지수를 높여서 불량률을 낮추고 균일한 품질을 갖는 제품을 생산하는 것이다. 그림 7-5는 라인의 공정능력을 향상하기 위한 각 부문별 유기적인 활동을 나타낸 그림이다.

그림 7-5 / 공정능력 향상 체계 구축

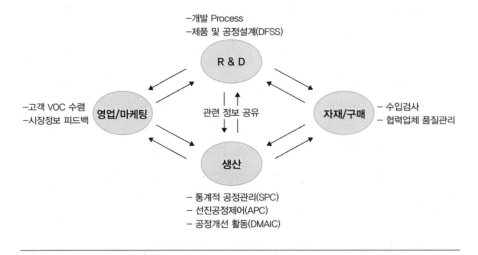

제품을 생산하는 라인의 공정능력을 올리기 위해서는 어느 한 부문만 노력해서되는 것이 아니라, 각 부문별로 유기적인 연관관계를 통하여 가능하다(그림 7-5).

1) 개발부문(R&D)

R&D는 제품의 품질을 처음부터 올바로 설계하기 위하여 개발프로세스인 DR을 운영하고, 산포를 통한 예측생산을 위하여 DFSS(Design for Six Sigma)를 추진해야 한다. 즉 제품설계 단계에서 제품을 생산할 공정의 공정능력지수를 반영하여설계 마진을 충분히 확보하고 공정규격을 설정해야 한다. 대부분의 경우는 제품설계시 제조라인의 공정능력을 무시하고, 이상적인 규격으로 제품을 설계하고 관리스펙을 설정하여 생산단계에서 수정하는 사례가 빈번히 발생한다.

2) 생산부문

생산에서는 설계한 사양대로 작업을 진행하고 공정관리를 통하여 산포를 줄이는 공정개선 활동(설비의 상태, 작업자의 숙련도, 원자재, 공정방법, 환경의 개선)을 지속적으로 해야 한다. 특히 통계적 공정관리(SPC)나 선진 공정제어(APC) 시스템을적용하여 설비와 공정에서 발생하는 변화를 감지하여 관리하고, 작업조건을 보정하여 작업함으로써 제품이 균일한 특성을 갖도록 만드는 것이다.

3) 영업 & 마케팅

영업·마케팅은 R&D에서 올바른 설계를 할 수 있도록 고객의 VOC를 정확히 전달해주어야 한다. 또한 고객에게 제품이나 서비스가 전달된 후에도 시장품질, 만족도, 고객 Claim 처리 등의 정보를 관련 부서와 공유해야 한다.

4) 자재/구매

원부자재의 품질은 완성품의 수율 및 품질에 직접적으로 영향을 미친다. 따라서 자재/구매 부서의 경우에도 설계한대로 구매하고, 수입검사 체계를 만들어 원부자재의 품질을 관리해야 한다. 또한 주요 협력업체에 대하여는 정기적인 Audit 또는 품질 모니터링 활동을 강화하고, 업체의 품질 수준을 올리는 활동이 지속적으로 이루어져야 한다.

3. 핵심 설비변수의 발견

6장에서는 공정결과(공정변수 또는 제품의 속성 값)를 통계적으로 관리하고 불량을 줄이는 방법에 대하여 살펴보았다. 본절에서는 공정결과에 영향을 직접적으로 미치는 설비변수를 찾고, 앞장에서 언급한 FDC 기법을 이용하여 관리함으로써 수율을 향상시키는 방법에 대하여 알아보고자 한다. 설비에서 제품공정이 진행되면 부착된 센서로부터 설비변수 데이터가 수집된다. 그리고 설비에서 가공이 끝나면 계측기를 이용해서 제품의 공정결과인 공정변수를 검사하여 데이터를 수집한다. 따라서 설비에서 공정이 완료될 때마다. 설비변수 데이터, 공정변수 데이터가 수집된다. 만일 공정변수 값이 평균에서 많이 벗어났을 때, 어떤 설비변수가 영향을 주었는지가 중요한 관심사이다. 즉 이제부터는 비정상적인 공정변수 값의 원인이 되는 핵심 설비변수를 발견하는 문제를 살펴보기로 한다.

핵심 설비변수를 발견해야 하는 이유는 다음과 같은 세 가지가 있다.

1) 관리상의 이유

반도체 제조와 같은 정교한 미세 공정에는 하나의 설비에도 많은 수의 설비변수를 필요로 한다. 예를 들어 에칭(etching) 장비인 경우에 보통 20~30개의 변수가 존재한다. 그리고 반도체 공장에는 이런 미세 공정 장비가 수백 개 이상 존재한다. 따라서 모든 수많은 설비변수가 정상적으로 작동되는지를 모니터링하기는 매우 어렵다. 이런 경우에는 공정변수 값의 변화에 가장 영향을 미치는 핵심 설비변수를 추출하여 이들을 모니터링 하고 집중적으로 관리해야 한다.

2) 설비변수 미세관리

설비변수 X와 공정변수 Y는 Y=f(x)라는 함수 관계에 있다. 설비변수의 미세관리를 위하여 사용하는 FDC 모델은 이런 함수 f의 형태를 찾는 것이다. 그런데 설비변수의 수가 너무 많으면 Y와의 관계를 맺는 함수 f의 형태가 복잡하게 되어 설명력이 떨어지게 된다. 따라서 Y와의 관계를 충분히 설명하는 소수의 설비변수를 찾아 이들과 Y와의 함수식을 만드는 것이 중요하다. 데이터마이닝 분야에서는 이런 과정을 특징선택(feature selection)이라고 한다.

3) 수율 및 품질향상

최종적으로 제품의 수율을 올리기 위해서는, 제품의 수율(특성)에 직접적으로 영향을 미치는 공정(인자) 및 설비(변수)을 찾아서 관리해야 한다. 즉 수십 개 또는 수백 개의 단위공정 중에서 혐의공정을 찾고, 또 단위공정별 수십대의 설비 중에서 수율에 영향을 미치는 공정 및 설비를 찾는 활동이 선행되어 이루어져야 한다.

설비변수 X와 공정변수 Y가 연속형 값을 갖는다면, 두 변수간의 상관관계를 찾아보는 것이 당연할 것이다. 이때 사용하는 것이 상관계수(coefficient of correlation)이다. 두 변수 X와 Y의 데이터가 n개 있을 때 상관계수를 정의하면 다음과 같다.

$$\text{Corr}(X, \ Y) \ = \ \sqrt{\frac{\sum_{i=1}^{n}(x_i - \overline{X})(y_i - \overline{Y})}{n-1}} \tag{7.7}$$

그렇다면 위와 같은 상관계수는 어떻게 정의된 것일까? 일차 선형회귀식 (linear regression)을 이용해서 유도해 볼 수 있다.

상관계수를 이용한 핵심 설비변수 발견은 매우 간단하다. m개의 설비변수 X_1, X_2, $\cdots$, X_m이 있을 때 X_i와 공정변수 Y와의 상관계수(i = 1, 2, $\cdots$, m)를 구한다. 그리고 상관계수를 기준으로 내림차순으로 설비변수를 정렬하면, 상단에 위치한 설비변수가 공정변수에 영향을 크게 미치므로 핵심 설비변수라고 볼 수 있다. 여기서 몇 개의 설비변수를 핵심 인자로 설정하는지는 현장에서 관리할 수 있는 여건을 고려하여 설비를 관리하는 엔지니어의 판단에 따른다.

설비변수를 관리하는 차원에서는 이런 기본 절차를 사용하면 된다. 그러나 공정변수와 설비변수간의 FDC 모델을 구축하려면, 좀 더 정교한 방법이 요구된다. 그것은 일반적으로 설비변수들간에는 교호작용 효과가 존재하기 때문이다. 예를 들어 반도체 웨이퍼를 가공하는 진공장비(vacuum chamber)에는 설비변수 압력과 헬륨가스가 주입되는데, 압력이 너무 높게 들어가면 헬륨가스는 레시피에 명시된 양보다 적게 주입되며, 이 설비변수들간에는 높은 음(-)의 상관관계가 존재한다. 따라서 이 두 개의 설비변수 중에서 한 개만 FDC 모델의 입력인자로 사용하면 충분하다. 입력 요소로 선택 안 된 다른 하나는 중복인자(redundant factor)일 뿐이다.

공정변수와 설비변수간의 FDC 모델을 구축하려면 "공정변수에 영향을 많이 주고, 설비변수간에는 상관성이 적은 설비변수를 선택"하는 것이 타당하다. 이런 원칙에 입각하여 핵심 설비변수를 추출하는 알고리즘은 다음과 같다.

① m개의 설비변수 X_1, X_2, ..., X_m이 존재할 때 핵심 설비변수 후보 집합을 F로, 핵심 설비변수로 선택된 집합을 S로 놓자. 그러면 초기에는 F= {X_i : i=1, ..., m}이고, S=∅로 설정한다. 그리고 핵심 설비변수의 개수 k를 사용자가 지정한다.

② 설비변수 별로 공정변수 Y와의 상관계수 C(X_i ; Y)를 계산한다.

③ 첫 번째 핵심 설비변수를 다음 식을 이용해 찾는다.

$$X_{first}^* = \arg \max_{i=1,\dots,m} \{|C(X_i; Y)|\} \tag{7.8}$$

$F \leftarrow F\text{-}\{X_{first}^*\}$ 그리고 $S \leftarrow \{X_{first}^*\}$로 설정한다.

④ Greedy selection: 다음 과정을 | S | =k가 될 때까지 반복한다.

   A. 집합 F와 S에 속한 모든 설비변수들간의 상관계수 $\{C(X_i; X_j)$ | $i \in$ F, $j \in$ S$\}$를 계산한다.
   B. F에 속한 변수 중에서 다음 핵심 설비변수는 아래 식을 이용하여 구한다.

$$X_{next}^* = \max_{i \in F} \left\{ |C(X_i; Y)| - \frac{1}{|S|} \sum_{j \in S} |C(X_i; X_j)| \right\} \tag{7.9}$$

$F \leftarrow F\text{-}\{X_{next}^*\}$ 그리고 $S \leftarrow S+\{X_{next}^*\}$로 설정한다.

위와 같은 과정을 거치면 설비변수간의 중복성은 최소화하면서 공정변수와의 관계는 최대화된 핵심 설비변수 집합을 발견할 수 있다.

핵심 설비변수가 발견되었다면, 이 변수들을 가지고 다변량 FDC 모형(T^2 관리도, decision tree 모형)을 구축한다. 이렇게 구축된 다변량 FDC 모형들은 훨씬 적은 수의 설비변수들을 가지고 만들어졌기 때문에, 모형의 복잡성이 줄어들어 검증 단계에서도 정확성이 높아질 가능성이 크다.

　　설비변수 X_1, X_2, X_3, X_4, X_5 간의 상관계수와, 각 설비변수와 공정변수 Y의 상관계수를 보고 Greedy Selection을 이용하여 중요 설비변수 3개를 선택하시오.

상관계수	X_1	X_2	X_3	X_4	X_5
X_1	–	0.38	0.10	0.6	0.9
X_2	–	–	0.89	0.96	0.01
X_3	–	–	–	0.41	0.86
X_4	–	–	–	–	0.14
X_5	–	–	–	–	–

상관계수	Y
X_1	0.73
X_2	0.07
X_3	0.78
X_4	0.80
X_5	0.87

Step1. 가장 상관성이 높은 변수를 선택한다(X_5).

Step2. 이미 선택된 변수와 상관성을 고려해 중요 변수를 선택한다.

$$X_{next}^* = \arg\max_{i \in F} \left\{ |C(X_i ; Y)| - \frac{1}{|S|} \sum_{j \in S} |C(X_i ; X_j)| \right\}$$

$X_1 : C(X_1; Y) - C(X_1; X_5) = 0.73 - 0.9 = -0.17$

$X_2 : C(X_2; Y) - C(X_2; X_5) = 0.07 - 0.01 = 0.06$

$X_3 : C(X_3; Y) - C(X_3; X_5) = 0.78 - 0.86 = -0.08$

$X_4 : C(X_4; Y) - C(X_4; X_5) = 0.80 - 0.14 = 0.66$

X_4를 다음 변수로 선택

Step3. 현재 X_4, X_5가 선택됨.

$$X_1 : C(X_1 : Y) - \frac{C(X_1; X_4) + C(X_1; X_5)}{2} = 0.73 - \frac{0.6 + 0.9}{2} = -0.02$$

$$X_2 : C(X_2 : Y) - \frac{C(X_2; X_4) + C(X_2; X_5)}{2} = 0.07 - \frac{0.96 + 0.01}{2}$$
$$= -0.415$$

$$X_3 : C(X_3 : Y) - \frac{C(X_3; X_4) + C(X_3; X_5)}{2} = 0.78 - \frac{0.41 + 0.86}{2}$$
$$= -0.145$$

X_3를 다음 변수로 선택

∴　X_3, X_4, X_5가 선택됨.

4. 데이터마이닝

데이터마이닝(data mining)이란 용어는 1995년부터 사용되기 시작한 것으로 알려지고 있다. 이 용어는 광산에서 광물을 캐내는 것에 비유한 것으로, 금광석에 극히 미량으로 포함된 금을 여러 단계를 걸쳐 추출하듯이 수많은 데이터로부터 유용한 정보를 찾아내는 것을 의미한다.

최근 수십 년간 여러 기관에서(정부, 기업, 금융기관, 병원 등) 정보시스템에 대한 투자 및 활용성 증대, 컴퓨터의 발전 및 보급, 데이터베이스 기술의 발전 등으로 다양한 분야에서 다양한 형태의 데이터들이 기하급수적으로 증가하고 있다. 그러나 이러한 데이터의 급격한 증가는 우리가 원하는 정보를 찾아내는 일을 보다 어렵게 만들고 있는 것이 현실이다.

데이터마이닝은 이러한 정보들 속에서 원하는 정보를 찾아내는 과정으로, 기관 및 학자별로 다양한 정의를 하고 있다.

1) 데이터마이닝(data mining)을 한마디로 정의하자면 "대량의 데이터집합으로부터 유용한 정보를 추출하는 것"(Han et al, 2001)
2) "데이터마이닝이란 의미있는 패턴과 규칙을 발견하기 위해서 자동화되거나 반자동화된 도구를 이용하여 대량의 데이터를 탐색하고 분석하는 과정 (Berry and Linoff, 2000)"
3) "데이터마이닝은 통계 및 수학적 기술뿐만 아니라 패턴인식 기술들을 이용하여 데이터 저장소에 저장된 대용량의 데이터를 조사함으로써 의미있는 새로운 상관관계, 패턴, 추세 등을 발견하는 과정"(Gartner Group, 2004)
4) 데이터마이닝은 David(1998) 등이 언급한 바와 같이 유용한 정보추출의 목적달성을 위하여 통계학, 데이터베이스 기술(database technology), 패턴인식(pattern recognition), 기계학습(machine learning) 등 매우 다양한 학문을 활용하고 있다.

이와 같이 데이터마이닝을 한마디로 정의하기는 어렵지만 "대용량의 데이터로부터 이들 데이터 내에 존재하는 관계, 패턴, 규칙 등을 탐색하여 모형화함으로써 유용한 지식을 추출하는 일련의 과정들"이라 정의할 수 있다. 또한 통계적인 관점에서 간략하게 표현한다면 "대용량 데이터에 대한 탐색적 데이터 분석 (exploratory data analysis)"이라고 할 수도 있을 것이다. 데이터마이닝이 기존의 통계적 기법과 구별되는 큰 차이라면, 주어진 가설의 검정에 그치는 것이 아니고, 데이터로부터 유용한 새로운 가설 또는 규칙 등을 이끌어내는 데 있다고 하겠다.

4.1 데이터마이닝의 주요 기능

데이터마이닝은 다양한 목적으로 사용될 수 있다. 그러나 기본적인 목적에 따라 분류할 때, 예측(prediction), 분류(classification), 군집화(clustering), 연관규칙 (association rule) 등으로 구분할 수 있다.

본 장에서는 데이터마이닝의 대표적인 분류 모형 중 하나인 의사결정나무 (decision tree) 및 연관분석(association analysis)에 대하여 중점적으로 다루고자 한다.

1) 예측(Prediction)

예측이란 과거의 데이터를 바탕으로 특정변수의 미래 값을 평가하는 것이라 하겠다. 예를 들어, 제품의 품질특성치 예측, 장래의 시장 점유율 예측 등이 그것이다. 다음에 언급할 분류 또는 예측에 속한다고 할 수 있으나, 분류는 범주형 변수에 대한 범주 예측을 말하며 통상적인 예측이란 주로 연속형 변수에 대한 것이다.

예측을 위해서는 회귀분석이 가장 널리 사용되며, 이외에도 시계열분석(time-series analysis), 신경망(neural networks) 등이 종종 활용되고 있다. 변수의 차원이 높은 복잡한 데이터에 대해서는 주성분분석(principal component analysis)을 활용한 PLS(Partial Least Squares), 웨어블릿 변환(wavelet transform) 등으로 특징(feature)을 추출하고, 이를 기반으로 예측모형을 구성하는 고도의 기법들이 이용되고 있다.

2) 분류(Classification)

분류는 새로운 데이터가 있을 때, 이것이 기존의 어떤 유형의 집합에 속하게 될 것인지를 예측해 내는 기술을 의미한다. 예를 들어 기존에 갖고 있는 암환자 종양의 크기, 모양, 각종 검사의 결과 등을 바탕으로 새로운 환자의 악성/양성 여부를 판단하는 것을 말한다. 이를 위해서는 악성/양성 여부가 판별된 과거 암환자의 데이터(종양크기, 모양, 각종 검사결과 등)를 분석하여 분류규칙을 수립한 후, 새로운 환자에 대한 데이터를 입력하여 악성 또는 양성으로 분류하게 된다. 위의 예에서와 같이 분류규칙을 유도하기 위한 과거 데이터를 학습표본(learning or training sample)이라 한다. 기계학습 이론에서는 학습표본을 이용하는 경우를 지도학습(supervised learning), 그렇지 않은 경우를 비지도학습 또는 자율학습(unsupervised learning)이라 한다. 따라서 분류는 지도학습에 속하며 다음에 언급할 군집은 자율학습에 속한다.

분류를 위한 기법은 무수히 많이 개발되어 있는데, 주로 사용되는 것으로 로지스틱 회귀분석(logistic regression), 판별분석(discriminant analysis), 의사결정나무(decision tree), 서포터 벡터 머신(support vector machine), 신경망 등이 있다.

3) 군집화(Clustering)

하나의 객체(object)가 여러 속성(attribute)을 갖는다고 하고 이러한 객체가 다수 있다고 할 때, 군집분석이란 유사한 속성들을 갖는 객체들을 묶어 전체의 객체들을 몇 개의 그룹 또는 군집(cluster)으로 나누는 것을 말한다. 예를 들어, 회사에서 관리하는 고객들에 대하여 구매형태를 반영하는 속성들에 대한 데이터가 수집된다고 할 때, 유사한 구매형태를 보이는 고객들을 서로 그룹핑하는 것을 군집분석이라 할 수 있다.

분류와 다른 점은 각 집합에 해당되는 특징 등과 같은 정보가 제공되지 않는다는 점이다. 즉, 군집분석은 학습표본이 없는 자율학습에 속한다. 따라서 군집화의 결과가 얼마나 타당한가를 평가함은 매우 어려운 일이며 결과해석을 위해서는 해당 분야의 전문가의 견해가 종종 필요한 분석이다.

군집화를 위한 알고리즘 역시 다양한 편인데, 크게 계층적 방법(hierarchical method)과 비계층적 방법(non-hierarchical or partitioning method)으로 구분된다. 계층적 방법에는 다시 집괴법(agglomerative or amalgamation method)과 분리법(divisive method)으로 나뉘는데, 연결법(linkage method), 워드방법(ward's method) 등의 집괴법이 널리 사용된다. 비계층적 방법으론 K-means, K-methods 등이 보편적으로 사용되고 있다.

4) 연관규칙(Association rule)

연관규칙이란 데이터에 숨어 있는 항목 간의 관계를 탐색하는 것으로, 데이터의 항목들 간의 조건-결과식으로 표현되는 유용한 패턴을 말한다. 주로 'A가 일어나면 B가 일어난다'는 식의 비교적 간단한 규칙을 추출하는 경우가 대부분이다. 예를 들어, 철물점에서 '못을 사면 망치도 산다'는 식이다. 특별히 시간의 흐름과 연관된 관계를 시퀀스 규칙(sequence rule)이라고도 한다. 이를 위해 대표적으로 사용되는 기법이 시장바구니분석(market basket analysis)이다. 이는 슈퍼마켓에서 계산하는 손님의 쇼핑카트의 물품들을 분석함으로써 구매형태를 파악하는 데서 비롯된 것이다.

넓게 보면 마케팅에서 많이 활용되는 추천시스템(recommender system) 역시 연관규칙과 관련성이 높다. 추천시스템이란 고객의 과거 구매 데이터를 분석하여 특정 고객에 대하여 구매 가능성이 높은 새로운 제품들을 추천하는 것이다. 협업 필터링(collaborative filtering)이 대표적인데, 이는 사용자와 유사한 특성을 갖는 다른 사용자들의 구매 패턴을 고려하는 방식이다.

그림 7-6 / Overview of the steps constructing the KDD process [Fayyad, 1996]

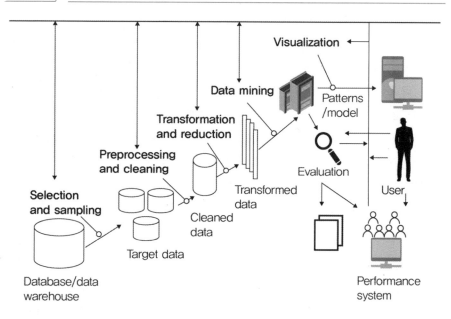

그림 7-6은 Fayyad가 제시한 KDD(Knowledge Discovery and Data Mmining) Process, 즉 지식발굴 과정을 나타낸 그림이다. 수많은 데이터가 저장된 데이터웨어하우스로부터 필요한 데이터를 추출하여 Target data를 생성하고, 다시 cleaning 과정을 거쳐서 쓸 수 있는 데이터를 추출한다. 그리고 데이터 변환 및 마이닝 기법을 사용하여 유용한 패턴을 찾아내고, 모델링하는 과정을 나타내준다. 이렇게 찾아낸 유용한 정보들은 다양한 방법으로 시각화하여 보여주고, 성과시스템으로 연동하여 기업의 이익극대화에 기여할 수 있다.

4.2 데이터마이닝 활용 분야

데이터마이닝의 활용 분야는 기업의 의사결정 문제, 고객관리, 마케팅, 제조 데이터 분석, 품질향상, 빅데이터 분석, 인터넷에서 문서 또는 정보검색을 위한 웹마이닝(web mining) 등 다양하며, 주요 활용 분야를 나열하면 다음과 같다.

1) 기업 마케팅

기업 마케팅은 데이터마이닝이 가장 성공적으로 적용되고 있는 분야 중의 하나이며, 고객 세분화(segmentation), 목표 마케팅(target marketing), 고객성향 분석(churn analysis), 교차 판매(cross selling) 등에 주로 이용된다. 고객 세분화 및 목표 마케팅은 성향이 유사한 고객군을 도출하여 특화된 마케팅 전략수립을 위해 필요하다. 고객성향 분석은 이탈 고객의 사전 방지를 위하여 이탈 확률이 높은 고객을 찾고자 함이며, 교차판매는 은행 등에서 자신의 고객 정보를 분석하여 타 금융기관에서 개발한 상품을 함께 판매 촉진시키기 위하여 활용된다. 기업 마케팅은 소매, 통신판매, 금융서비스, 건강, 보험, 통신, 운송사업 등 다양한 분야에서 활용되고 있다.

2) 품질 및 수율개선

품질 및 수율개선은 생산제품의 불량원인을 찾고, 그 원인을 밝혀서 궁극적으로 이를 예방하는 것이다. 주로 제조현장에서 불량품을 유발시키는 공정 및 설비를 찾고, 저수율의 원인이 되는 불량에 직접적으로 영향을 미치는 공정변수와 설비변수를 분석하는데 많이 사용된다. 이와 같은 혐의인자의 발견과 개선활동을 통하여 궁극적으로 제품의 원가를 줄이고, 이익을 극대화를 실현할 수 있다. 이를 위해 기존에 많은 통계분석 방법이 적용되고 있으나, 공정에서 발생하는 방대한 양의 데이터 처리를 위하여 최근에는 인공지능(AI), 빅데이터분석 방법론이 점차 확산되고 있다.

3) 금융 데이터마이닝

데이터마이닝은 금융권에 쓰이면서 금융 데이터마이닝(financial data mining)이라는 분야로 발전하여 주가 예측, 위험관리, portfolio 분석, 파산위험 예측 등 다양한 분야에 이용되고 있다. 금융 분야에는 일 단위에서 초 단위까지의 시계열 데이터가 유용한 경우가 많으므로 방대한 양의 데이터 처리가 이루어지고 있다. 최근에는 뉴스와 같은 텍스트 정보와 수치 데이터 정보를 결합한 마이닝 기법도 활용되고 있다.

4) 신용평가

신용평가(credit scoring)는 금융기관에서 고객의 우량/불량 여부를 판별하거나 고객의 신용등급 관리를 위해 중요시하는 분야이다. 이는 불량채권 발생률을 미연에 방지하고 고객에 따라 차별화된 금융상품 및 혜택을 제공함으로써 원활한 고객 관계관리(customer relationship management)를 실현하여 궁극적으로 기업의 수익을 증대시키는 것이 목적이다. 신용평가를 위해 고객이 제시하는 인구통계학적 자료를 바탕으로 재정적인 위험을 판단할 수 있고, 이외에 고객의 거래내역 데이터를 추가로 분석하여 신용상태를 평가할 수 있겠다.

5) 부정행위의 적발

부정행위 적발(fraud detection)의 목적은 신용거래 등에서 고도의 사기행위를 발견할 수 있는 패턴을 알아내는 것이다. 은행에서는 발견된 패턴을 이용하여 신용카드 거래 사기 및 불량수표를 적발할 수 있고, 통신회사에서는 전화카드 거래 사기를 방지하며, 보험회사에서는 불필요한 장기입원, 의료비의 허위 및 과다 청구를 예방할 수 있다. 주로 분류분석이 사용되는데, 학습 데이터에 부정거래의 건수는 상대적으로 적으므로 특별한 샘플링 기법의 추가가 필요한 경우가 많다.

6) 이미지 분석

이미지 분석(image processing)은 디지털화된 사진으로부터 패턴을 추출하는 기법이며, 천문학, 문자 인식, 의료진단, 방위산업 등 다양한 분야에서 활용되고 있다. 특히 의료진단 분야는 이미징 기술이 발전함에 따라 암의 여부를 판별하거나 수술 부위를 판정하는 데 데이터마이닝 기법을 활용한 이미지 분석의 필요성이 증대되고 있다.

7) 웹 마이닝

웹 마이닝은 웹 자원으로부터 의미있는 패턴, 추세 등을 발견하기 위하여 데이터마이닝 기술을 응용하는 것이다. 고객의 웹에서의 이동경로(브라우징) 탐색, 이용자의 웹 액세스 로그 분석, 문서 분류 등 다양하게 사용된다.

4.3 의사결정나무(Decision tree)

1) 정의 및 구성요소

데이터마이닝은 수많은 데이터를 가지고 데이터들간의 규칙적인 패턴을 찾아내는 것을 목적으로 하며, 통계학과 인공지능학이 융합된 새로운 연구 분야이다.

Decision tree(의사결정나무)는 데이터마이닝의 대표적인 분류(classification) 모형 중 하나이다. 의사결정나무는 의사결정규칙(decision rule)을 나무구조로 도표화하여 관심대상이 되는 집단을 몇 개의 소집단으로 분류(classification)하거나, 예측(prediction)을 수행하는 분석방법이다.

분류 모형은 기본적으로 데이터 하나가(속성 1, ..., 속성 n, 클래스)로 구성되어 있으며, 이런 구조를 가진 많은 데이터를 입력으로 받아서 어떤 속성으로 데이터를 분류해야만 클래스를 정확히 예측할 수 있는지를 다룬다. 예를 들어 속성을 설비변수로 놓고 클래스를 제품의 정상/비정상 또는 공정변수의 정상/비정상으로 설정하면, 분류 모형은 어떤 설비변수를 기준으로 분류하면 제품/공정변수의 결과

(정상 또는 비정상)를 정확히 예측할 수 있는지를 알려준다.

　　Decision tree에서 기본적으로 속성과 클래스는 범주(category) 값을 가져야 한다. 따라서 분석대상에 따라 속성이 설비변수이면 비록 수치형 데이터이지만 범주형으로 변화해 주어야 한다. 예를 들어 설비변수의 도메인을 세 영역으로 구분하여 {높음, 적절, 낮음}으로 구분한다. 그리고 클래스가 제품이나 공정변수의 경우 예를 들어 측정치가 관리한계선인 3-sigma(또는 규격한계선)를 넘으면 "비정상"으로 판단하고, 3-sigma를 넘지 않으면 "정상"으로 판단하여 {정상, 비정상}의 범주형 데이터로 만든다. 그리고 설비변수나 공정변수(제품)의 범주는 상황에 따라서 다르게 구분할 수 있다.

　　그러나 Decision tree를 구성하는 알고리즘마다 속성과 클래스가 가질 수 있는 데이터 형은 다르다. 속성도 수치형 데이터를 사용할 수 있으며 이런 경우 알고리즘 내에서 자동적으로 여러 개의 범주형 값으로 변환해 준다. 예를 들어 속성의 값이 [0, 100]의 수치형 데이터라면 [0, 50], [51, 100]과 같이 구간을 구분하여 범주형으로 만든다. 클래스가 수치형 데이터일 경우 생성된 Decision tree를 Regression tree라고 한다.
　　목표변수와 예측변수의 형태에 따른 알고리즘을 나누어보면 표 7-2와 같이 나누어 볼 수 있다. 본장에서는 속성과 클래스가 범주형일 경우 Decision tree를 생성하는 ID3 알고리즘을 소개한다. 이밖의 Decision tree 알고리즘으로는 CHAID, CART, QUEST, C4.5, C5 등이 있다.

표 7-2 　/　 목표변수와 예측변수에 따른 알고리즘 분류

구분	ID3	CHAID	CART	QUEST
목표변수	명목형, 순서형	명목형, 순서형, 연속성	명목형, 순서형, 연속성	명목형
예측변수	명목형, 순서형	명목형, 순서형, 연속형 (단, 사전그룹화 필요)	명목형, 순서형, 연속성	명목형, 순서형, 연속형
분리기준 (평가기준)	Entropy	Chi-squared 검정, F-검정	Gini Index, Variance reduction	Chi-squared 검정, F-검정
분리형태	다지분리	다지분리	다지분리	이지분리

표 7-2의 분류형태 중 다지분리(multiway split)는 부모마디에서 자식마디들이 생성될 때 세 개 이상의 분리가 일어나는 것을 의미하고, 이지분리(binary split)는 두 가지로만 분리되는 것을 의미한다.

2) ID3 알고리즘

$\overline{X}$관리도나 T^2관리도는 공정의 변화가 발생하면 어떤 설비변수 때문에 이런 현상이 발생했는지를 알지 못한다. 그러나 Decision tree는 원인-결과 관계를 명확히 알 수 있다는 장점이 있다. 즉 Decision tree는 제품이나 공정변수가 관리한 계선을 넘어가면(비정상), 어떤 설비변수들이 잘못되어 그런 결과가 나왔는지를 설명해줄 수 있는 능력을 가지고 있다. 단점으로는 앞서 클래스는 범주 값(예: 정상 또는 비정상; 높음, 적절, 또는 낮음)만 가져야 된다는 점과 Decision tree에는 모형 생성시에 1종 오류와 2종 오류라는 개념이 없다는 점이다.

그림 7-7은 컴퓨터 CPU에 부착하는 PCB(Printed Circuit Board)를 만드는데 필요한 압력, 전압, 전류라는 설비변수와, 공정변수 PCB 선폭(line width)이 있을 때 생성된 Decision tree의 예이다. 이 Decision tree에서 세 가지 설비변수는 [높음, 적절, 낮음]이라는 카테고리 값을 갖고, 공정변수 PCB 선폭은 {정상, 비정상}의 카테고리 값을 갖는다고 가정한다.

그림 7-7 / Decision tree 예제

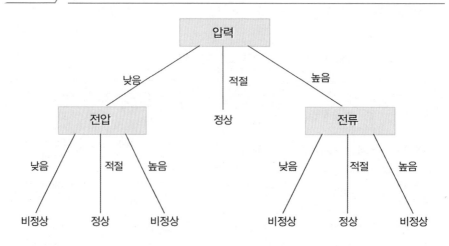

이 그림에서 중간 노드(node)인 사각형은 속성, 마지막 노드는 클래스, 그리고 연결선(Link)은 속성값을 의미한다. 생성된 Decision tree를 해석하면 7개의 규칙으로 표현된다.

Rule 1: IF(압력=낮음 ∩ 전압=낮음) THEN PCB 선폭=비정상

Rule 2: IF(압력=낮음 ∩ 전압=적절) THEN PCB 선폭=정상

Rule 3: IF(압력=낮음 ∩ 전압=높음) THEN PCB 선폭=비정상

Rule 4: IF(압력=적절) THEN PCB 선폭=정상

......

Rule 7: IF(압력=높음 ∩ 전류=높음) THEN PCB 선폭=비정상

이와 같이 Decision tree는 규칙으로 변환이 가능하기 때문에, 사용자의 이해도가 높아서 실무에 적용하기 용이하다는 장점이 있다.

Decision tree는 어떻게 생성되는 걸까? 알고리즘을 구체적으로 알아보기 전에 그림을 이용하여 직관적으로 설명해 보자. Decision tree는 맨 위의 루트 노드(root node)부터 시작해서 아래 노드로 내려가면서 속성공간(attribute space)을 재귀적으로(recursive) 수직 또는 수평으로 분할해 나간다. 분할 기준은 분할된 영역의 클래스 동질성을 최대화하는 것이다. 예를 들어 앞선 PCB 예제에서 데이터가 [압력, 전압, PCB 선폭]으로 구성되어 있고, 다음과 같이 Decision tree를 만들기 위한 Training data set이 주어졌다고 가정하자.

Training data set = { <적절, 적절, 정상>, <높음, 적절, 정상>, <낮음, 적절, 비정상>, <적절, 높음, 비정상>, <높음, 높음, 비정상>, <낮음, 높음, 비정상>, <적절, 낮음, 비정상>, <높음, 낮음, 비정상> }

이 데이터를 속성공간 상에서 클래스 동질성을 최대로 하면서 분할해 보면 그림 7-8(a)와 같다. 이 그림에서는 검은 점은 PCB 선폭이 정상인 것을 표시하고, 하얀 점은 비정상을 표시한다. 분할된 영역을 Decision tree로 표현해 보면 그림 7-8(b)와 같다.

그림 7-8 / (a) 속성공간 분할 (b) 생성된 Decision tree

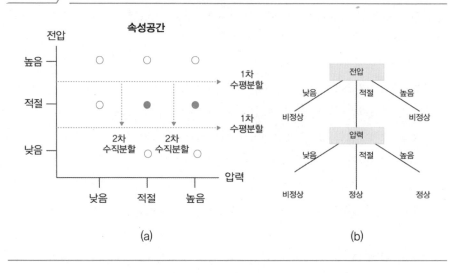

(a)   (b)

그림 7-8(b)에서 생성된 Decision tree의 클래스 동질성은 100%이다. 즉 다섯 개의 분할된 영역에서 클래스 값은 모두 동일하다. 따라서 분류 정확도도 100%라고 할 수 있다. 하지만 실제 문제에서 분할된 영역의 클래스 동질성이 100%되는 경우는 드물다. 따라서 분할된 영역의 클래스 동질성을 표현하는 수학식이 필요하며, 이를 기준으로 클래스 동질성을 최대화하는 분할 영역으로 찾아내야 한다. 분할 영역을 찾아내는 것은 어떤 속성을 기준으로 수직 또는 수평으로 분할해야 하는 것을 의미한다.

Decision tree를 생성하는 알고리즘은 여러 개가 있는데 이 중에서 ID3 알고리즘을 소개한다. ID3 알고리즘에서 클래스 동질성을 표현하는 공식은 Entropy를 이용한다. Entropy는 불확실성을 표현하는 수식이다. 분할된 영역 내에 존재하는 데이터 집합을 S라고 하고, 이 중에서 "정상" 데이터 비율을 p_+, "비정상" 비율을 p_-라고 하자. 이 기호를 이용해서 Entropy를 정의하면 다음과 같다.

$$\text{Entropy(S)} \;=\; -p_+ \log_2 p_+ - p_- \log_2 p_- \tag{7.10}$$

그림 7-9는 Entropy 함수의 형태를 보여준다($0 \leq \text{Entropy(S)} \leq 1$). 이 그림에서

알 수 있듯이 "정상" 데이터 비율인 p_+가 높아지면, Entropy는 0으로 접근한다(참고로 $0\log_2 0 = 0$). 마찬가지로 "비정상" 비율인 p_-가 높아지면 Entropy는 감소한다. Entropy가 최대되는 곳은 $p_+ = p_- = 0.5$가 되는 곳이며, 이는 곧 데이터 집합 S 내에 정상과 비정상 데이터가 동수로 섞여 있어 가장 혼란스럽다는 얘기다.

그림 7-9 / Entropy 함수

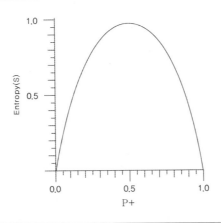

클래스의 카테고리 개수를 c 라고 할 때, c ≥ 2 이상일 경우의 Entropy는 다음과 같이 표현된다.

$$\text{Entropy(S)} = \sum_{i=1}^{c} - p_i \log_2 p_i \tag{7.11}$$

이제 어떤 속성을 기준으로 속성 영역을 분할해야 하는지에 대해서 살펴보기로 하자. 초기에는 분할된 영역이 존재하지 않으므로, 속성공간 내의 존재하는 모든 데이터 집합을 S라고 하자. 그리고 속성 A를 기준으로 S를 분할해보자. 속성 A를 기준으로 분할하면 그림 7-10과 같이 속성의 카테고리 수만큼 영역이 분할된다. 따라서 속성 A가 Values(A) 내의 값을 갖는다면(예: 압력의 경우 Values(압력)] = {낮음, 적절, 높음}), 분할 후에는 그림 7-10과 같이 전체 데이터 집합(속성공간) S가 세 개의 부분집합(영역) $S_{낮음}, S_{적절}, S_{높음}$으로 분할되고, 각 영역의 Entropy인 Entropy($S_{낮음}$), Entropy($S_{적절}$), Entropy($S_{높음}$)이 계산된다. 그러므로 분할 전의 Entropy(S)와 분할 후의 영역 Entropy의 평균값이 차이가 크면 속성 A는 매우 좋은 분할 기준이 된다고 할 수 있다. 이 차이를 ID3 알고리즘에서는 Information gain이라 부르면 다음과 같이 정의된다.

$$\text{Information gain(S, A)} = \text{Entropy(S)} - \sum_{v \in Values(A)} \frac{|S_v|}{|S|} \text{Entropy}(S_v) \quad (7.12)$$

그림 7-10 / 속성 A를 기준으로 속성공간을 분할한 예제

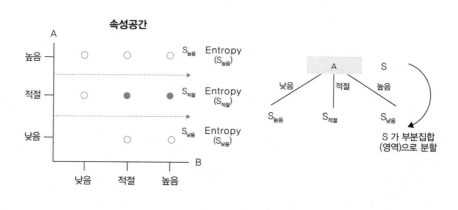

이제 ID3 알고리즘을 설명해보자. ID3 알고리즘은 속성들 중에서 가장 Information gain이 큰 속성을 선택하여 속성공간을 분할한다. 그 다음에 그림 7-10과 같이 각 분할된 데이터 부분집합(영역)마다 다시 Information gain이 가장 큰 속성을 선택하여 다시 분할을 진행한다. 이런 절차를 분류 정확도가 최대화될 때까지 재귀적으로 반복한다.

사실 속성공간을 수평 또는 수직으로 분할하는 방법은 매우 많다. 이는 곧 어떤 속성을 기준으로 분할하느냐에 따라서 영역이 달라지므로 분할 기준이 되는 속성들의 순서를 결정하는 것과 동일하다. 이는 최적화 문제이며 목적 함수는 분류정확도(각 영역을 클래스 동질성의 평균)를 최대화하는 것이다. ID3 알고리즘은 속성 순서를 Information gain으로 결정하는 방법이며, Decision tree를 루트 노드로부터 아래로 생성하기 때문에 Top, Down 방법이고 Tree를 생성하는 동안 Backtracking을 하지 않으므로 Greedy 알고리즘의 일종이다.

그림 7-11 / ID3 알고리즘 예시

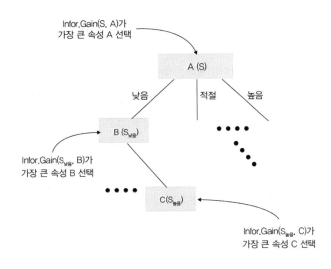

3) 의사결정나무 분석의 장단점

의사결정나무 분석은 패키지화된 좋은 분류 및 예측도구이다. 이 방법은 나무의 상위 분리 수준에서 일반적으로 나타나는 가장 중요한 입력변수들을 사용하는 등의 입력변수를 선정하는데에도 매우 유용하다.

또한 변수변환을 할 필요가 없고, 변수군의 선택은 분할의 일부이므로 자동으로 수행된다. 하지만 분할이 입력변수들간의 조합보다 단일 입력변수들을 바탕으로 행해지기 때문에, 이 기법은 선형 또는 로지스틱 회귀 모형에서 특정 선형 구조하에서 입력변수들간의 관계를 반영하지 못하는 경우가 종종 있다.

의사결정나무는 비선형이고 비모수방법이기 때문에 입력변수와 목표변수 사이의 다양한 유형의 관계가 가능하다.

모형의 강건성 측면에서도 결측치를 대체하거나 결측값을 가진 관찰치를 삭제하지 않아도 결측 데이터를 처리할 수 있다.

표 7-3 / 분석의 장단점

장점	설명	효과
해석의 용이성	• 모형의 이해가 쉬움 • 새로운 자료의 모형에 적합 • 어떤 입력변수가 목표변수를 설명하기에 좋은지 쉽게 파악	• 분석결과에 대한 가시적 근거 제시 가능 • 다양한 실무 분야에 대중적 활용 가능
교호효과의 해석	• 두 개 이상의 변수가 결합하여 목표변수에 어떻게 영향을 주는지 쉽게 알 수 있음	• 변수상호작용 탐지
비모수적 모형 (비선형)	• 선형성, 정규성, 등분산성 등의 가정이 필요 없음	• 데이터 선정 용이 • 입력변수와 목표변수간 다양한 유형
강건성	• 연속형, 이산형 데이터 값 모두 사용 가능 • 특이값들의 영향을 덜 받음 • 결측치도 하나의 노드로 처리 가능 • 속성수가 많은 경우 자동으로 제외시킴	• 데이터 전처리 및 데이터의 변환 단계에서 소요되는 기간과 노력을 단축
경제성	• 모형 구축 소요 시간이 짧음	• 정보활용의 기민성 제공

4.4 연관분석

1) 개요

연관규칙(association rule)이란 데이터마이닝의 대표적인 기술로, 데이터에 숨어 있는 항목 간의 관계를 탐색하는 것을 말한다. 간단히 말하면 데이터의 항목들 간의 조건-결과 식으로 표현되는 유용한 패턴을 의미한다. 연관규칙의 탐사는 기업의 활동, 특히 마케팅에서 가장 널리 사용되고 있다. 예를 들면, 미국의 슈퍼마켓에서 목요일 기저귀를 사는 고객은 맥주도 동시에 구매한다는 연관성을 알아냈다고 한다. 이때, 조건은 '목요일, 기저귀'이며 결과는 '맥주'라 할 수 있다. 이와 같은 연관규칙의 탐사가 가능하게 된 것은 컴퓨터기술의 발전을 들 수 있다. 한 고객이 슈퍼마켓의 계산대에서 계산할 때 쇼핑카트에 담긴 물품들이 바코드를 통하여 컴퓨터에 데이터베이스 형태로 입력되고, 이로부터 고객들의 구매행태를 분석할 수 있게 되었다.

위에서 언급한 데이터의 형태는 바스켓(basket) 데이터라 하고, 이때 한 고객, 즉 한 바스켓의 정보를 하나의 트랜잭션(transaction)이라 한다. 바스켓 형태의 데이터에서는 주로 트랜잭션 내의 연관성을 살펴보고자 하는 것으로, 수많은 트랜잭션을 분석하여 빈번히 나타나는 규칙을 찾아내는 것이다. 이렇게 찾아낸 규칙은 마케팅에 활용된다. 예를 들어, 매장에서 위의 기저귀-맥주의 규칙을 활용하여 기저귀와 맥주를 가까운 곳에 진열함으로써 매출 신장을 기할 수 있다. 이와 같이 바스켓 데이터로부터 연관규칙을 탐사하는 것을 시장바구니분석(market basket analysis)이라 한다.

연관규칙의 탐사는 한 고객의 시간에 따른 구매정보를 활용하여 이루어지기도 한다. 예를 들면, 가전제품 대리점에서 고객별 시간별 구매제품의 데이터를 활용하여 '제품 A를 사는 고객은 추후에 제품 B도 구매한다'는 연관규칙을 이끌어낼 수 있을 것이다. 이와 같은 패턴을 얻어 제품 A를 구매하였으나 제품 B를 구매하지 않은 고객에게 판매활동을 할 수 있다. 이런 시간에 따른 고객데이터를 시퀀스(sequence) 데이터라 한다.

당연한 사실이지만 탐사에서 도출된 연관규칙은 분명하고 유용한 것이어야 한다. 유용하다(useful)는 것은 새롭고도 실행가능하며 설명할 수 있는 것을 말한다. 이에 비해 사소한(trivial) 규칙이란 이미 잘 알려진 사실을 말한다. 예를 들면, '페인트를 사면 페인트 붓을 산다'는 규칙 같은 것이다. 또한, 설명할 수 없는 규칙은 데이터의 오류일 가능성도 있으며 마케팅에 활용할 수 없기 때문에 역시 유용하다고 볼 수 없다.

2) 연관규칙의 성능척도

데이터베이스가 총 n개의 트랜잭션 데이터로 구성되며, 전체 m개의 항목으로 구성된다고 하고 이를 I라 하자. 연관규칙 R은 조건부와 결과부로 구성되며, 항목집합인 X와 Y에 대하여 'X가 일어나면 Y도 일어난다'는 의미로 다음과 같이 표현할 수 있다.

$$R : X \Rightarrow Y \qquad (7.13)$$

여기서 X, Y $\subseteq$ I 이고, X $\cap$ Y = $\varnothing$ 이어야 한다. 따라서 연관규칙을 탐사함은 적절한 항목집합 X와 Y를 선택하는 문제로 볼 수 있으며, 이를 위해 몇 가지 척도를 고려하고 있다. 우선, 항목집합 X 및 규칙 R에 대한 지지도(support)는 각각 다음과 같이 정의된다.

(1) Support(지지도)

supp(X) = 집합 X의 항목을 동시에 포함하는 트랜잭션 수의 전체 수(n)에 대한 비율을 의미한다.

$$\text{supp}(R) = \text{supp}(X \cup Y) \tag{7.14}$$

즉, 규칙 R에 대한 지지도는 집합 X 또는 집합 Y에 있는 항목을 동시에 포함하는 트랜잭션수의 비율을 나타낸다.

(2) Confidence(신뢰도)

연관규칙 R의 가치를 평가할 때 통상 다음과 같이 정의되는 신뢰도(confidence)를 사용한다.

$$\text{conf}(R) = \text{supp}(X \cup Y)/\text{supp}(X) \tag{7.15}$$

이 신뢰도는 조건부 확률의 개념으로 집합 X(조건)가 발생한다고 할 때, 집합 Y(결과)도 동시에 발생할 확률을 의미한다. 즉, 트랜잭션에 X의 항목들을 포함하는 경우 Y의 항목들도 동시에 포함할 확률을 나타내며, 신뢰도가 큰 규칙일수록 의미가 크다고 할 수 있다.

(3) Lift(개선도)

신뢰도 이외에 연관규칙의 개선도(lift or improvement)를 함께 사용하는데, 이는 결과가 단독으로 발생할 빈도에 대한 조건과 연계하여 결과가 발생할 가능성의 빈도 비율로 정의된다.

$$\text{lift}(R) = \frac{\text{conf}(R)}{\text{supp}(Y)} = \frac{\text{supp}(X \cup Y)}{\text{supp}(X)\text{supp}(Y)} \tag{7.16}$$

개선도가 1이 됨은 supp(X∪Y)=supp(X)supp(Y)가 성립하므로 항목 집합 X
와 Y의 발생이 독립임을 의미한다고 하겠다. 그리고 개선도가 1 전후의 값에 따라
다음과 같은 해석을 할 수 있다.

- lift(R) > 1인 경우, X와 Y의 발생이 양의 상관관계
- lift(R) < 1인 경우, X와 Y의 발생이 음의 상관관계

Lift(R)=1 : A, B의 발생이 상관관계가 없음(독립적).

따라서 개선도가 1보다 큰 규칙이야말로 우연한(랜덤한) 관계가 아닌 필연적
관계를 나타낸다고 할 수 있다.

*연관규칙의 성능(output)은 1) Lift, Support, Confidence 지수 위주로 선정하되
2) 관심 있는 item 위주로 선정한다.

3) 연관규칙의 탐사

연관규칙의 탐사는 결국 신뢰도 또는 개선도가 높은 규칙 R을 트랜잭션 데이터
로부터 도출하는 과정이다. 따라서 규칙이 R : X ⇒ Y의 형태일 때 적절한 항목집합
X와 Y를 찾는 것이라 할 수 있다. 그러나 모든 항목의 조합을 고려하여 성능이 좋은
규칙을 찾는 일은 쉬운 것이 아니므로 이를 위한 효율적인 알고리즘이 요구된다.

연관규칙의 탐사를 위한 알고리즘으로 기본적이며 가장 널리 사용되는 것은
1994년에 Agrawal 및 Srikant가 발표한 Apriori 알고리즘으로 다음의 두 단계로
구성된다.

Step1. 미리 결정된 최소지지도 S_{min} 이상의 지지도를 갖는 모든 빈발 항목
집합들(large itemsets)을 찾는다.
Step2. 빈발 항목집합 L에 대한 부분집합 A를 고려한다. 미리 결정된 최소신
뢰도 C_{min}에 대하여 supp(L)/supp(A) ≥ C_{min} 이면, R: A ⇒(L-A)
형태의 규칙을 출력한다. 즉, 이 규칙의 지지도는 supp(R)=supp(L)
이며, 신뢰도는 conf(R)=supp(L)/supp(A) 가 된다.

(1) 빈발 항목집합 생성

빈발 항목집합을 도출하기 위하여 우선 하나의 항목으로 이루어지는 후보집합군(C1)을 형성하고, 최소지지도 이상을 갖는 집합군(L1)을 생성한다. 그 다음 L1으로부터 두 개의 항목으로 이루어지는 후보집합군(C2)를 만들고 최소지지도 이상을 갖는 집합군(L2)을 생성한다. 다시 L2로부터 세 항목으로 이루어지는 후보집합군(C3)과 빈발 항목집합군 L3를 만드는 등 이러한 과정을 더 이상 새로운 집합이 생성되지 않을 때까지 반복한다.

L_k로부터 C_{k+1}를 생성할 때 접합(join) 연산자(*)를 사용한다. L1으로부터 C2를 만드는 경우에는 L1의 한 항목에 대한 모든 조합이 2-항목 집합인 C2가 될 것이다. 그러나 L2에서 두 집합의 조합은 최대 4개의 항목을 포함할 수 있으므로 C3를 형성할 때 L2의 집합 중 하나의 항목이 동일한 것들만 대상으로 하여야 한다. 마찬가지로 L3로부터 C4를 형성할 때는 L3의 집합 중 두 개의 항목이 동일할 때 가능하게 된다. 예로써, L2=[{a, b}, {a, c}, {b, d}]라 할 때, {a, b, c}와 {a, b, d}가 3-항목 집합의 후보가 될 것이다. 그러나, C3를 구성할 때 {a, b, c}는 제외된다. 왜냐하면, {a, b, c}의 지지도는 {b, c}의 지지도 이하인데 {b, c}가 L2에 포함되지 않았다는 것은 이의 지지도가 최소지지도 미만이라는 것을 나타내기 때문이다. 이러한 과정은 Apriori 알고리즘 중 'apriori-gen' 함수에 의하여 수행된다.

Apriori 알고리즘을 단계별로 정리하면 다음과 같다.

● Apriori 알고리즘

   Step1. 최소지지도 S_{min}을 정한다.

   k=1

   $C_1 = [\{i_1\}, \{i_2\}, ..., \{i_m\}]$

   $L_1 = \{c \in C_1 | \ supp(c) \geq S_{min}\}$ (7.17)

   Step2. k=k+1

   L_{k-1}로부터 k항목 빈발집합 후보 C_k 형성(apriori-gen 함수)

   단계 2-1. (join) L_{k-1}의 집합들을 접합하여 k- 항목 집합군을 형성한다.

   $C = L_{k-1} \times L_{k-1}$ (7.18)

   단계 2-2. (prune) C의 (k-1)- 항목 부분집합이 L_{k-1}에 속하지 않을 때,

이를 모두 제거한 후 C_k를 형성한다. $C_k = \Phi$이면 Stop.

Step3. C_k의 집합 중 지지도가 최소지지도 이상인 것을 모아 L_k를 생성한다.

$$L_k = \{c \in C_k \mid supp(c) \geq S_{min}\} \tag{7.19}$$

(2) 규칙의 탐사

앞에서 언급한 바와 같이 규칙의 탐사를 위하여 우선 도출된 빈발항목집합 L 각각에 대한 부분집합 A를 고려한다. 여기서 L은 위의 L2, L3 등을 포함한다. 그리고, 미리 결정된 최소신뢰도 C_{min}에 대하여 $supp(L)/supp(A) \geq C_{min}$ 이면, R: A $\Rightarrow$ (L-A) 형태의 규칙을 출력한다. 즉, 이 규칙의 신뢰도 $conf(R) = supp(L)/supp(A)$가 C_{min} 이상 되도록 하는 것이다.

결과부에 하나의 항목만을 포함시키는 규칙을 도출하는 것이 현실적 적용성 때문에 널리 사용되나, Agrawal & Srikant(1994)의 알고리즘에는 모든 가능한 규칙을 보다 효율적으로 탐사하는 방법이 소개되고 있다.

4) 순차적 패턴의 탐사

(1) 시퀀스

순차적 패턴이란 고객들의 시간에 따른 구매 형태를 말하며, 이의 탐사를 위해서는 고객별, 시간별 트랜잭션 데이터가 필요하다. 예를 들어, 많은 고객들이 가전제품 대리점에서 '선풍기를 구입한 후 에어콘을 구매한다'는 식이다.

항목집합이 순서적으로 나열된 리스트를 시퀀스(sequence)라 하는데, 통상 시간적 순서가 사용되고 있다. $A_j (j = 1, 2, ..., n)$를 j 번째의 항목집합이라 할 때, 시퀀스는 다음과 같이 표기한다.

$$S = <A_1, \ A_2, \ ..., \ A_n> \tag{7.20}$$

● 시퀀스 길이(Sequence length)

시퀀스에 포함된 항목집합의 수를 시퀀스의 길이라 하며, 길이가 k인 시퀀스를 k-시퀀스라 한다. 따라서 각 항목집합은 1-시퀀스라 할 수 있다.

● 부분 시퀀스(Subsequence)

두 시퀀스 $s_1 = <A_1, A_2, ..., A_n>$과 $s_2 = <B_1, B_2, ..., B_m>$에 대하여

$$A_1 \subseteq B_{i_1}, A_2 \subseteq B_{i_2}, ..., A_n \subseteq B_{i_n} \qquad (7.21)$$

이 성립하는 $i_1 < i_2 < ... < i_n$이 존재할 때, s_1은 s_2에 포함된다고 한다. 이때 s_1을 s_2의 부분시퀀스라 한다.

● 최대 시퀀스(Maximal sequence)

시퀀스 s가 어떤 다른 시퀀스에 포함되지 않을 경우 최대 시퀀스라 한다.

위에서 언급한 바와 같이 순차적 패턴 탐사를 위해서는 트랜잭션에 대한 고객이 확인되어야 하며, 트랜잭션 데이터가 고객별로 발생 시간순으로 정리되어야 한다. 이때 고객별로 하나의 시퀀스가 형성되는데, 이를 고객 시퀀스(customer sequence)라 한다.

● 시퀀스 지지도

시퀀스 s에 대한 지지도를 다음과 같이 정의한다.

$$supp(s) = 시퀀스 \ s를 \ 포함하는 \ 고객의 \ 비율$$

그리고 정해진 최소 지지도 이상을 갖는 시퀀스를 빈발 시퀀스(large sequence)라 한다. 따라서 순차적 패턴 탐사문제는 빈발 시퀀스 중 최대 시퀀스(maximal sequence)들을 찾는 것이라 할 수 있다.

(2) 순차적 패턴 탐사 알고리즘

순차적 패턴 탐사는 Agrawal and Srikant(1995)가 제안한 알고리즘으로, 이 알고리즘은 다음의 단계들로 구성된다.

① 정렬 단계: 트랜잭션 데이터베이스를 고객 시퀀스 데이터로 전환한다.
② 빈발항목집합 단계: 고객 시퀀스의 항목집합 또는 이의 부분집합 중 최소 지지도(고객비율 사용) 이상인 것들을 빈발항목집합으로 도출한다. 편의상

각 빈발항목집합에 일련번호를 부여한다.

③ 변환 단계: 고객 시퀀스를 빈발항목집합을 사용한 시퀀스로 변환한다.

④ 시퀀스 단계: 빈발 시퀀스를 도출한다.

⑤ 최대화 단계: 빈발 시퀀스로부터 최대 시퀀스를 탐색한다.

위 단계에 대한 자세한 설명 및 알고리즘은 Agrawal and Srikant(1995)가 제안한 알고리즘을 참조하기 바란다.

5) 항목의 선정

분석할 트랜잭션 데이터에 어떤 항목들을 포함시킬 것인가는 분석에 앞서 결정하여야 할 중요한 문제 중 하나라고 할 수 있다. 통상 슈퍼마켓 등에서 취급하는 제품수는 수만 가지가 넘기 때문에 이러한 제품 하나하나를 모두 항목으로 선정하기에는 여러 어려움이 있다. 따라서 제품을 계층적으로 분류하여 적절한 계층에 속하는 것들을 항목으로 선정하는 방안을 사용한다. 물론 제품을 분류하는 방식에도 여러 가지가 있을 수 있다. 예를 들어 어떤 슈퍼마켓에서 음료류를 그림 7-12와 같이 분류한다. 여기서 보듯이 제품 분류에서 상위수준으로 갈수록 보다 포괄적인 항목(generalized item)이 사용된다.

그림 7-12 / 음료류의 분류 예

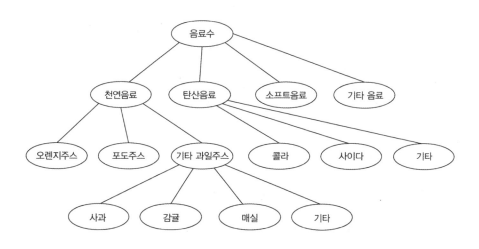

항목이 너무 세분화되어 많은 경우 공통 항목의 트랜잭션 수가 적어 유용한 규칙을 도출하기 어려울 수 있으며, 반대로 항목이 너무 작은 경우에는 도출된 규칙이 쓸모없을 수 있기 때문에 항목의 선정이 중요하다. 또한, 항목이 증가함에 따라 규칙 탐사에 소요되는 계산 시간이 급속도로 증가하기 때문에 원하는 계산 복잡도에 알맞은 항목수를 결정할 필요가 있다. 항목을 선정하는 데 있어 하나의 가이드라인은 트랜잭션 데이터에 드물게 나타나는 것은 제품의 계층적 분류에서 보다 상위 수준의 항목을 사용하고, 자주 나타나는 경우에는 보다 하위 수준의 항목을 사용하여 결과적으로 트랜잭션 데이터에 빈도수가 비슷하게 되도록 한다.

제조공정에서도 연관분석이 많이 활용되고 있는데, 반도체나 PCB 제품인 경우 적게는 수십 개에서 많게는 수백 개의 단위 공정들을 거쳐서 제품이 만들어진다. 공정별로 다수(n개)의 설비가 있을 때, 제품이 복수의 설비중에서 random한 설비에서 작업이 이루어지고, 최종 검사 공정에서의 판정이 범주형 값(양품, 불량, 불량 type)을 가질 때, 혐의공정이나 설비를 찾는 목적으로 많이 사용된다.

즉 제품의 수율에 영향을 미치는 원인을 제공하는 공정이나 설비를 찾아서 집중적인 개선활동을 실행함으로써 수율을 올리는 활동을 할 수 있다.

반도체나 LCD, PCB 제품인 경우 적게는 수십 개에서 많게는 수백 개의 단위 공정들을 거쳐서 제품이 만들어진다. 제품이 고부가가치화 되고 집적도가 높아지면서, 공정은 점점 미세화 되고 그에 따라 높은 품질과 수율을 확보하는 것이 기업의 중요한 문제로 부각되고 있다.

공정에 다수의 설비가 존재하고 제품이 Random한 설비에서 작업이 이루어지고, 최종 검사 공정에서의 판정이 범주형 값(양품, 불량) 또는 수치형 값(전기적 특성치)을 가질 때, 혐의공정, 혐의설비, 공정변수, 설비변수를 찾기 위해서는 생산하는 제품과 공정의 특성에 맞는 가장 적합한 데이터마이닝 기법(빅데이터 포함)을 선택하여 사용하는 것이 가장 중요하다고 할 수 있다.

3부

설비제어 및 물류자동화

설비자동화

1. 설비온라인

본절에서는 자동화시스템의 개략적인 개요 및 이를 실행하기 위한 설비온라인(제어시스템)에 대하여 살펴보기로 한다.

1.1 자동화시스템

1) 자동화란

'자동화'라는 용어는 1948년 미국의 포드 자동차에서 엔진 가공의 자동화 연구 부문을 오토메이션부라고 한 것이 처음으로, 오토매틱(automatic)과 오퍼레이션(operation)의 합성어이다. 기계 자체에서 대부분의 작업 공정이 자동으로 처리되는 자동생산 방식을 말하며, 종래 사람이 실시해온 작업을 기계로 바꿔놓은 것을 의미한다.

자동화의 장점은 다음과 같은 항목을 들 수 있다.
- 공장의 생산 속도가 증가함으로써 생산성을 향상시키는 효과가 있다
- 제품품질의 균일화와 개선을 통하여 불량품이 감소한다
- 생산설비의 수명이 길어지고 노동조건을 향상시킬 수 있다

기계장치(mechanism)가 구성되어 목적에 적합한 일을 조작자 없이 사람이 원

하는 상태로 제어하는 자동제어의 뒷받침이 반드시 필요하며, 성력화(省力化), 무인화(無人化)란 측면에서 자동화의 필요성은 점점 확대되고 있다.

2) 자동화시스템 구성 요소

첫 번째 구성 요소는 부품 제조공정이나 제품 조립공정에서 각 공정에 작업지시를 내리는 명령 프로그램이다. 예를 들어서 도금 공정에서 전압이나 전류를 일정하게 유지하여 원하는 두께를 만드는 공정을 들 수 있다.

두 번째 구성 요소는 동력을 들 수 있다. 대표적으로 전기가 가장 많이 쓰이는데, 제조공정 자체를 가동하거나 공정으로부터 데이터를 수집하거나 정보를 처리하기 위한 제어기에도 동력이 필요하다.

세 번째 구성 요소는 제어시스템이다. 명령 프로그램을 수행하여 그 공정에 정의된 기능을 달성하게 한다.

3) 제어시스템 구성 요소

- 기계장치(mechanism): 자동화와 공정제어를 실현하기 위해서는 데이터를 수집하고 공정을 작동시키기 위해 필요한 신호를 내보내는 메커니즘을 구성해야 한다. 공정변수를 측정하기 위한 센서나 공정 파라미터를 가동하기 위한 스위치나 모터같은 전기장치(액추에이터)가 사용된다. 측정하고자 하는 제어대상체의 공정 변수로는 파워, 전압, 전류, 온도, 습도, 압력, 유령 등이 있다.
- 제어기(controller): 제어대상인 기계장치를 제어하는데 사용되는 마이크로프로세서이다. 제어기, 지시경보계, 기록계 등이 복합적으로 사용된다. 1차적으로 이상적인 공정제어를 목표로 제어기가 제어 기능을 수행하고, 이외의 기기들은 공정제어가 제대로 수행되고 있는지를 감시하고 기록하며 데이터를 저장한다.
- 인터페이스: 기계장치(mechanism)와 제어기(controller)를 연결해주는 과정으로, 전체적인 기계장치 구성 후에 제어기인 전기전자장치와 연결하여 제어가 될 수 있도록 해준다. 예전에는 주로 시리 얼통신(RS-232C, RS422, RS485)이 많이 사용되었으나, 제약된 로컬지역에서만 활용이 가능하고 원거리 원격에서의 모니터링의 문제점 등으로 점차 이더넷 기반의 프로토콜이 많이

사용되고 있다.

- 제어기술: 자동화시스템을 사용자가 원하는 응답을 얻을 수 있도록 해주는 제어 알고리즘을 말하며, 크게 시퀀스제어와 피드백제어로 구분할 수 있다. 시퀀스제어는 미리 정해진 순서에 따라 동작시키는 것을 의미하고, 피드백제어는 제어량의 값을 목표치에 일치시키는 것을 의미한다.

그림 8-1 / 제어시스템 구성

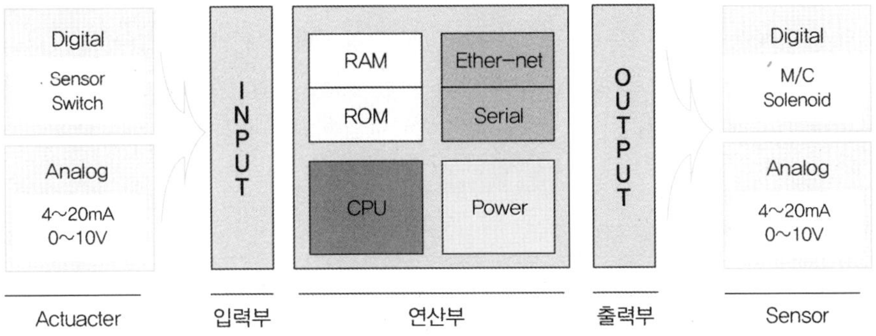

| Actuacter | 입력부 | 연산부 | 출력부 | Sensor |

1.2 설비온라인(On-line)

현장에서 설비 온라인의 필요성에 대해서 살펴보면, 공장의 생산장비, 물류장비 등이 대형화, 자동화될수록 MES에 있어서 설비 온라인의 중요성이 높아지고 있다. 설비 온라인이 가장 필요한 이유는 우선 공정제어를 위해서이다.

첫째, 제품 품질 사고를 예방하고 공정 물류의 오류를 예방할 목적으로, 설비 가동을 중지시키거나 재개시키는 등의 공정물류 제어가 필요하다.

둘째, 설비 제어 값을 정확하게 설비에 입력하는 설비 파라미터 제어가 필요하다.

또한 다음과 같이 정보수집 자동화를 위해서 설비 온라인이 필요하다.

- 실시간 데이터 처리(현장에서 발생하는 데이터를 실시간으로 처리)
- 데이터의 정합성 확보(사람에 의한 데이터 입력의 부정확, 오류, 입력 누락 방지)

- 데이터 입력 공수 절감(현장 작업자의 데이터 입력 부담에 따른 생산성 감소를 줄이기 위함)을 통한 생산성 향상
- 제조현장을 투명하게 관리하기 위하여 상세하고 정확한 집계 및 분석의 요구 증가(자재/반제품/제품의 이동 정보, 재공 정보, 품질 정보, 공정상태 정보, 설비상태 정보 등)

설비 온라인화를 위해서는 시스템과 설비의 인터페이스 방안이 필요하며, 설비 인터페이스를 위해서 컨트롤러, PLC, PC 제어방식 등을 이용한다. 그리고 이를 위해서 OPC통신, SECS통신 등 표준화된 전용 통신방식이 제정되었다.

본장에서는 설비 온라인과 관련하여 PLC, DCS, HMI, 공정파라미터 관리에 대해서 살펴보기로 한다.

그림 8-2 / 인터페이스 사례

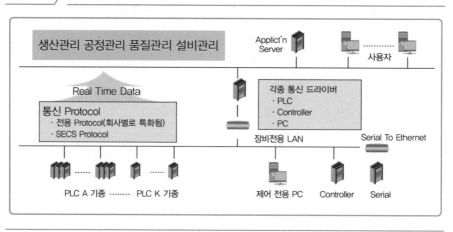

2. PLC(Programmable Logic Controller)

2.1 PLC 개요

PLC는 1968년 미국 GM(General Motors)에서 요구한 기능들을 구현하기 위한 콘트롤러로 처음 만들어졌다. 이후 PLC 기능은 많은 발전을 이루어 오늘날에는 단

순한 프로세스 컨트롤부터 Manufacturing System Control & Monitoring, High-Speed Digital Processing, High-Speed Digital Communication, High-Level Computer Support 등에 광범위하게 사용되고 있다.

PLC(Programmable Logic Controller)란 종래에 사용하던 제어판 내의 릴레이 타이머, 카운터 등의 기능을 IC(직접회로) 등의 반도체 소자로 대체시켜, 기본적인 시퀀스 제어 기능에 수치연산 기능을 추가하여 프로그램 제어가 가능하도록 한 제어 장치이다. 미국 전기공업회 규격(NEMA: National Electrical Manufacturing Assocation)에서는 "디지털 또는 아날로그 입출력 모듈을 통한 로직, 시퀀싱, 타이밍, 카운팅, 연산과 같은 특수한 기능을 수행하기 위해 프로그램 가능한 메모리를 사용하고, 여러 종류의 기계나 프로세서를 제어하는 디지털 동작의 전자장치"로 정의하고 있다.

1) 컨트롤러(Controller)의 종류

Manufacturing System에서 사용되는 컨트롤러의 기능은 다음과 같이 구분할 수 있다.

- 온-오프 컨트롤: 가장 단순한 형태의 제어, 센서의 상태(state)에 따라 기기를 온/오프 시킨다.
- 시퀀셜 컨트롤(sequential control): 정해진 순서의 이벤트들을 제어하는 것을 말한다. 많은 Manufacturing Operation들은 정해진 순서의 이벤트들이 수행되며, 각 이벤트는 작업을 끝내기 위한 정해진 타임 피리어드(time period)가 세팅되거나, 또는 센서 트리거(sensor trigger)에 의해 종료되기도 한다.
- 피드백 컨트롤(feedback control): 좀 더 정확한 제어가 필요한 경우에는 피드백 디바이스가 요구된다. 예컨대 용광로의 온도를 매우 안정된 온도로 유지하기 위해서는 온도 센서(temperature transducer)의 피드백을 기반으로, 버너에 투입되는 연료의 양을 결정해야 한다. 이러한 컨트롤은 지속적으로 이루어져야 하며, 그렇지 않으면 용광로의 온도는 시간에 따라 변화할 수밖에 없을 것이다. 버너(burner)의 특성 또한 컨트롤러에 의해 고려되어야 한다.
- 모션 컨트롤(motion control): 팩토리 프로세스(factory process)에서 종종 설비의 스피드를 정확한 RPM으로 유지해야 한다. 로봇 컨트롤이나 NC 설비의 스피드 조절 등이 이에 해당된다. 이런 경우 모션 컨트롤러가 설비를 원하

는 포지션으로 빠르게 움직이게 하거나 스피드를 일정하게 유지하기 위해서 사용된다.

2) 릴레이 디바이스 구성 요소

PLC는 릴레이 디바이스를 대체하기 위해 만들어진 것이므로, 릴레이 디바이스에 사용되는 컴포넌트들을 살펴보는 것이 PLC 이해에 도움이 될 것이다. 릴레이 디바이스는 프런트 디스플레이 패널(front display panel), 스위치, 릴레이, 타이머와 카운터들로 구성되어 있다.

(1) 스위치

스위치는 기본적으로 회로를 여닫는 동작을 하는 릴레이 디바이스이다.
스위치의 종류는 다음과 같이 동작별로 구분할 수 있다.

- Locking and Non-Locking
- Normally Open and Normally Closed
- Single Throw and Multiple Throw
- Single Pole and Multiple Pole

그리고 구동방법에 따라 다음과 같이 구분한다.

- Basic Switch, Operated by a Mechanical Lever
- Push-Button Switch
- Slide Switch
- Thumb Wheel Switch
- Limit Switch

(2) 릴레이

전자석에 의해 작동하는 스위치를 릴레이라고 한다. 전자석에 전류가 흐르면 Throw가 닫히면서 스위치가 켜지게 된다.

(3) 카운터와 타이머

카운터는 어떤 행위나 동작의 수행 횟수를 세는 역할을 한다. 입력되는 정보를 등록하고, 이를 누적한 뒤 출력하는 기능을 수행한다. 타이머는 시간을 설정하여 동작을 수행하거나 제한하는 역할을 한다. 타이머에서 입력정보는 시간이며, 설정된 시간에 특정한 작업을 수행하도록 결과물을 출력한다.

예제 1

- 제조공정에서 가공품(part)이 리밋 스위치(limit switch)를 터치하면 5초 후 가공을 시작하고, 가공품은 두 번째 리밋 스위치를 터치하면 공정이 끝나는 프로세스를 생각해보자.
  또한 비상 스위치(emergency switch)가 있어 언제든지 누르면 공정이 멈추게 해야 한다. 앞에서 설명한 릴레이 스위치들로 간단하게 회로를 설계해보자.

그림 8-3 / 예제 회로도

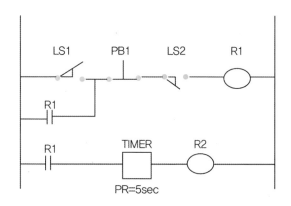

회로도는 그림 8-3과 같이 래더 다이어그램으로 표현할 수 있다. 그림에서는 LS1은 첫 번째 리밋 스위치를 나타내며, Normally Open Type의 스위치이다. PB1은 푸쉬 버튼 스위치(normally closed), LS2는 두 번째 리밋 스위치, R1은 릴레이(double pole contact), R2는 모터에 연결되어 있는 릴레이를 나타낸다.

2.2 PLC 구조

PLC는 마이크로프로세서 및 메모리를 중심으로, 외부 기기와의 신호를 연결시켜주는 입·출력부, 각 부에 전원을 공급하는 전원부, PLC 내의 메모리에 프로그램을 기록하는 주변 장치로 구성되어 있다.

그림 8-4 / PLC 전체 구성도

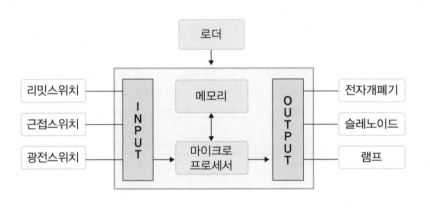

마이크로 프로세서(CPU)는 입출력 모듈로부터 입력을 받아들이고, 입력에 들어있는 데이터를 조작하여 출력을 만들고 그 결과를 내보내는 기능을 가지고 있다. 메모리는 PLC 자체의 동작을 제어하기 위한 실행 프로그램과 필요한 데이터를 저장하기 위한 시스템 메모리, 사용자 프로그램과 데이터를 저장하기 위한 사용자 메모리로 구성된다.

입출력 장치는 입력기기에서 취급하는 다양한 입력신호(스위치 온/오프, 아날로그 신호 등)를 프로세서가 처리할 수 있는 신호로 변환하여 전송하는 것이다. 출력장치는 사용자 프로그램의 지시에 의하여 제어 대상물(개폐기, 모터, 솔레노이드 등)을 동작시킨다. 현장에서의 신호가 PLC 내부의 신호로 바로 사용될 수 없으므로 입출력 장치는 신호변환 회로, 잡음제거 회로, 현장 신호와 PLC 내부 신호 절연회로 등을 포함하고 있다.

2.3 PLC 프로그래밍 언어

PLC는 사용자의 프로그램에 의해 본체에 연결된 외부 입·출력기기를 제어한다. 요즘 사용되고 있는 PLC는 각 제작사마다 H/W는 유사하지만, 프로그램 명령어가 조금씩 다르기 때문에 서로 다른 기종간 호환성이 없다. 따라서 PLC 제어는 프로그램의 내용에 의해 좌우되기 때문에 사용자의 프로그램 작성 능력이 요구된다. 프로그램을 메모리에 넣어 일의 순서를 결정하는데, 이는 마치 배선작업과 같다고 할 수 있다. 따라서 정확한 동작을 위해서는 입출력기기의 올바른 배선과 프로그램 및 PLC 제어 특성에 대해 이해해야 한다.

현재 사용되는 PLC용 언어는 다음과 같이 두 개의 도형식 언어와, 두 개의 문자식 언어, 그리고 SFC로 이루어져 있다.

① 도형식(Graphic) 언어
- LD(Ladder Diagram, 래더도 방식): 릴레이 로직 표현 방식의 언어
- FBD(Function Block Diagram): 블록화한 기능을 서로 연결하여 프로그램을 표현
② 문자식(Text) 언어
- IL(Instruction List, 명령어 방식) : 어셈블리어 형태의 언어
- ST(Structured Text): 파스칼 형식의 고수준 언어
③ SFC(Sequential Function Chart)

1) 래더 다이어그램(Ladder Diagram)

래더(ladder)는 사다리 형태로 전원을 생략하여 로직을 표현하는 릴레이 로직과 유사한 도형 기반 언어로 현재 가장 많이 사용되고 있다. 래더 다이어그램은 릴레이 로직 시스템에서 필요한 로직을 표현하는 수단으로, PLC가 개발되기 이전부터 사용되어 왔다.

그림 8-5에 보인 것처럼 래더 다이어그램은 두 개의 푸쉬버튼 스위치와 릴레이 그리고 모터로 구성되어 있으며, 푸쉬버튼 스위치 1을 누르면 릴레이 R1에 전원이 공급되어 모터 A를 가동시키는 간단한 형태의 래더 다이어그램을 보여주고 있다.

그림 8-5 / Ladder Diagram

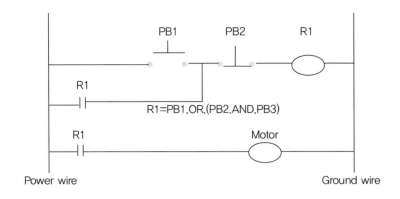

각각의 가로대는 왼쪽 레일에서 시작하여 오른쪽 레일에서 끝나며, 왼쪽 레일은 전력선(power wire), 오른쪽 레일은 접지(ground wire)로 보면 된다. 즉, 전류(power)는 왼쪽 레일에서 오른쪽 레일로 흐르며, 각 가로대는 단락(short)을 방지하기 위해서 반드시 output이 있어야 한다. Output은 모터, 전구(lights), 솔레노이드(solenoid) 등의 디바이스와 연결되며, 이들 디바이스를 컨트롤하기 위한 스위치들이 가로대 위에 놓이게 되는데, 통상 AND 또는 OR 로직(logic) 등이 결합되어 사용된다.

사례연구

- PLC 프로그램 예제: Robotic Material-Handling Control System

  그림 8-6은 로봇 팔을 이용해서 물건을 옮기는 Robotic Material Handling Control System이다. 로봇이 컨베이어에서 가공 파트(part)를 로딩/언로딩하는 작업을 수행하고 있다. 가공 파트가 컨베이어를 따라 이동되다가 마이크로 스위치를 터치하면, 바코드 리더가 작동되어 파트를 스캔한다. 스캔된 파트가 가공이 필요한 자재인 경우 스톱퍼(stopper)가 컨베이어를 멈추고, 로봇이 파트를 집어 올려 설비에 로딩한다. 설비가 다른 파트를 가공중이면 로봇은 가공이 끝날 때까지 기다린다.

그림 8-6 / Robotic Material-Handling Control System

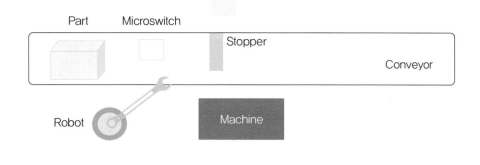

이 시스템의 구성 요소(control components)는 표 8-1과 같이 정의할 수 있다.

표 8-1 / Control Components

ID	Description	Explanation
MS1	Micro switch	Part arrives
R1	Output to bar-code reader	Scan the part
C1	Input to bar-code reader	Right part
R2	Output robot	Loading cycle
R3	Output robot	Unloading cycle
C2	Input from robot	Robot busy
R4	Output stopper	Stopper up
C3	Input from machine	Machine busy
C4	Input from machine	Task complete

이에 대한 래더 다이어그램을 그려보면 그림 8-7과 같다.

그림 8-7 / Ladder Diagram

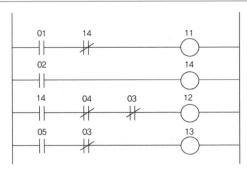

첫 번째 가로대는 자재가 도착하면 바코드 리더기로 바코드를 읽는 것을 의미한다.

두 번째 가로대는 적절한 자재라면 스톱퍼를 동작시키는 것을 의미한다.

세 번째 가로대는 스톱퍼가 올라가 있고 설비와 로봇이 동작중이 아니면, 자재를 설비에 탑재하는 것을 의미한다.

네 번째 가로대는 작업이 종료되고 로봇이 동작중이 아니면, 자재를 설비에서 분리시키는 것을 의미한다.

위의 래더 다이어그램에 대한 PLC 배선도는 그림 8-8과 같이 작성할 수 있다.

그림 8-8 / 배선도

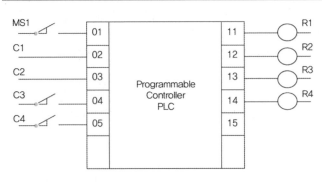

PLC의 프로그래밍 방법과 기능은 PLC 벤더에 따라 조금씩 차이가 나지만, 그 기본은 모두 유사하다. PLC는 비교적 저렴한 가격에 다양한 기능을 구현할 수 있는 컨트롤 디바이스이며, PLC로 개별의 프로세스를 제어할 수도 있고, 또는 통합된 프로세스의 한 부분으로서의 역할을 수행할 수도 있다. PLC의 장점은 쉬운 프로그래밍 인터페이스를 갖췄다는 점과 안정성이 높다는 점이다.

컴퓨터 기술의 발전에 따라 PLC는 단순한 공정제어부터 제조시스템 제어 및 모니터링 등에 광범위하게 사용되고 있으며, 설비의 자동화와 고능률화의 요구에 따라 PLC의 적용범위는 확대되고 있다. 특히 공장자동화에 따른 PLC의 적용범위는 소규모 기계에서 대규모 시스템 설비에 이르기까지 다양하게 확대되고 있다.

3. DCS(Distributed Control System)

1960년대부터 컴퓨터를 이용한 프로세스 제어 분야가 도입되면서 초기에 DDC(Direct Digital Control: 집중제어방식)가 등장하여 1970년대 중반까지 프로세스 제어에 사용되었다. DDC시스템이란 한 대의 컴퓨터에 프로세스 데이터의 입력, 출력 플랜트의 감시, 조작, 제어 등을 모두 집중화해서 관리하는 시스템이다. 하지만 한 대의 컴퓨터가 전 분야의 프로세스를 담당하면서 컴퓨터 자체에 이상이 생기면, 공정 전체가 제어 불능 상태가 되어 신뢰성이 떨어진다는 단점이 있었다. 1975년에 탄생한 DCS는 DDC의 단점을 보완하기 위하여 하나의 중앙처리 장치를 여러 개의 작은 중앙처리 장치로 나누어 기능별로 분리하고, 작은 용량의 중앙처리 장치를 갖는 각각의 컴퓨터를 통신 네트워크로 연결시켜 전체 시스템을 구성하도록 되어 있다.

즉 공정제어에 적용되는 시스템을 각 플랜트에 알맞은 서브시스템으로 분리하고 각 소단위 시스템에서는 각각의 주어진 역할을 수행하며, 상호 간에 통신이 가능하도록 한 것으로 소형 DDC시스템 여러 개를 유기적으로 연결하여 전체시스템을 구성한 것이라고 할 수 있다.

DCS의 특징은 프로세스 제어기능을 여러 대의 컴퓨터에 분산시켜서 신뢰성을 향상시키고 이상 발생시 그 파급 효과를 최소화시키며, 프로세스 정보처리 및 운전조작 그리고 분산 설치된 컨트롤러들의 관리기능 등은 중앙의 주컴퓨터(DOC: Distributed Operate Console)에 집중시켜 자료처리 및 운영을 원활하게 한다. 즉, DCS는 기능과 분산과 정보의 집중이라는 두 가지 특징 사이에서 균형을 유지하면서 발전하였다.

- 분산제어 시스템의 특징
  - Process제어 전용 시스템으로 안정적이며 신뢰성을 보증할 수 있다.
  - 편리한 플랜트 운전을 위하여 각종 표준 화면이 존재한다.
  - 표준화된 하드웨어 및 모듈화된 소프트웨어로 쉽게 시스템 구성이 가능하다.
  - 복잡한 아날로그 제어 위주의 플랜트 제어에 적합하다.
  - 전문지식이 없는 운전자라도 기초 교육만으로 시스템의 유지보수를 할 수 있고, 간단한 프로그램 수정이 가능하다.

- DCS의 주요 기능
  - 전 공정의 Man-Machine 인터페이스 기능 : 생산 설비와 사람 간의 연계 기능
  - 각종 데이터의 출력 기능
  - 단순한 배열 기능 및 아날로그 데이터의 피드백 기능
  - 네트워크 및 시스템의 이중화 기능

- DCS의 구성 요소
  - 시스템 인터페이스(system interface)
  - 프로세스 인터페이스(process interface)
  - 오퍼레이터 인터페이스(operator interface)

그림 8-9 / DCS 구성 요소

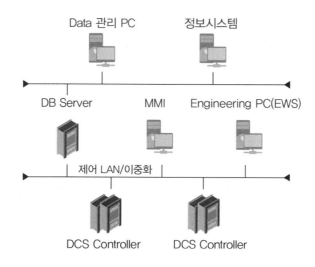

시스템 인터페이스는 CPU와 데이터 하이웨이(data highway)로 구성된다. CPU는 제어대상인 플랜트의 프로세스 상황에 따라 다르나 32Bit를 사용하고, 제어대상은 실시간적으로 변화하므로 실시간 처리가 요구된다. 데이터 하이웨이는 광케이블이나 동축 케이블로 통신선로를 연결한 LAN의 일종이며 전송거리는 보통 수 km이다. 분산제어시스템의 유일한 집중화 부분으로서 정보교환을 고속으로 하고 응답성도 좋아야 한다. 프로세스 인터페이스는 제어 대상과 직결해서 제어정보의 처리를 행하기 위한 컴퓨터 입출력을 말하며, 아날로그 입력 및 출력, 디지털 입력 및 출력 등이 있다. 24시간 연속 운전되는 공장시스템에 사용되어 기계설비의 제어나 감시를 행하기 때문에 신뢰성이 좋고 확장성이 좋아야 한다. 오퍼레이터 인터페이스는 운영자가 필요에 따라서 대상을 제어하거나, 공정 상태를 감시하기 위해 준비된 조작 스위치 및 상태 표시 장치를 총칭하여 말한다. 최근에는 MMI(Man Machine Interface)기능을 강화하여 운영자의 부담을 경감시키고, 고도의 상황 판단 능력을 가지는 방향으로 발전되었다.

■ DCS 발전과정

- DDC: Direct Digital Control(집중제어 방식)
  - 1960~1970년대 중반
  - 한 대의 컴퓨터가 플랜트 전체를 감시, 조작, 제어
  - 중앙집중형 관리
- DCS: Distributed Control System(분산제어 시스템)
  - 1975~ 현재
  - 하나의 중앙처리 장치를 여러 개의 작은 중앙처리 장치로 나누어 기능별로 분리하고, 이를 네트워크로 연결시켜 전체의 시스템을 구성
  - 분산형 관리
- PLC/DCS 통합시스템
  - 2008~ 현재
  - 소규모 시스템의 시퀀스 제어를 수행하는 PLC 기능과, 대용량 연속 공정의 효율적 제어에 적합한 DCS를 통합한 시스템

■ DCS의 발전전망

DCS의 기본 설계개념과 뛰어난 현장 응용력은 여러 종류의 공정제어 현장에 설치운영되어 그 뛰어남이 입증되고 있다.

산업현장의 센서 측정 및 모터 제어뿐만 아니라 공정제어 및 관리, 분석까지 통합할 수 있고 기존 시스템에 설치된 다른 시스템과의 연계도 쉽게 할 수 있다.

PC의 고성능 프로세서와 소프트웨어의 쉬운 접근이라는 장점과 PLC의 견고함과 신뢰성이라는 장점을 통합한 것이다. 최근의 컴퓨터 상호간 통신기술인 LAN과 함께 마이크로프로세서 등 컴퓨터 관련 기술의 눈부신 발전으로 더욱 성능이 우수한 DCS의 개발 및 응용범위가 확대되고 있다. 향후 DCS의 발전상은 시스템의 통합화와 표준화에 있다고 보이며, 프로세스 제어기능뿐만 아니라 플랜트나 사업 부분의 전략적으로 다른 정보처리를 통합하는 시스템으로 나아가 지능화된 생산시스템을 구축하는 데 중요한 역할을 할 것으로 기대된다.

4. HMI

HMI(Human Machine Interface) or MMI(Man Machine Interface)는 공정/설비로부터 수집된 데이터를 그래픽 화면을 통해서 실시간으로 보여줌으로써 공정/설비의 운전 상황과 이상 상태를 작업자가 용이하게 파악하고 운영할 수 있도록 지원하는 기능을 갖는다. 연속산업(화학장치, 제철), 전력, 환경, 수처리 등에 쓰이며, 공정 내의 단독 설비의 모니터링이나 제어에도 활용된다. 공장자동화라고 하면 우선 로봇을 연상하게 되는데, 로봇만으로는 완전한 공장자동화를 이룰 수 없다. 공장자동화를 완성하기 위해서는 로봇, 컨베이어, 자동창고 및 그 외 수많은 기계들을 움직일 수 있는 제어시스템과 이 시스템들을 통합하는 네트워크 및 소프트웨어가 반드시 필요하다. 제어시스템들 중 가장 대표적인 것으로 PLC, DCS 등을 손꼽을 수 있으며 이들 시스템의 연결을 위하여 여러 가지의 네트워크 기기들이 개발되어 있다. 또한 이러한 네트워크를 통하여 수집되는 공장 내의 수많은 정보들은 HMI라는 소프트웨어에 의하여 관리되고 표시된다.

즉 HMI는 공정/설비로부터 수집된 데이터를 그래픽 화면을 통해 실시간으로 보여줌으로써, 공정/설비의 운전 상황과 이상상태를 작업자가 용이하게 파악하여 운영할 수 있도록 지원하는 시스템이다. HMI 기기는 80년대에 등장해서 오늘날까지, PC기술과 네트워크 기술, 다양한 주변 요소 기술의 진보에 따라 그 성능과 기능이 발전되어 왔다.

적용 분야도 간단한 단위기계의 조작 단말기에서부터, LCD, 반도체 등 전자부품 제조의 운전설정 및 조작반 등의 복잡한 용도로 확장되어 왔다. 현재는 화학, 제철 등의 연속산업, 전력, 환경, 수처리 등에 주로 쓰이고 있으며, 공정 내의 단독 설비 모니터링이나 제어에도 활용되고 있다. 이러한 HMI 기기의 진보를 뒷받침해 주는 기술은 하드웨어 측면에서는 마이크로프로세서, 디스플레이 디바이스, 시리얼/이더넷 통신 및 필드버스(field bus) 인터페이스가 포함된다.

소프트웨어 측면에서는 MS-DOS, Window를 기반으로 하는 어플리케이션 소프트웨어 개발 환경이 HMI 기기 자체 성능과 응용분야를 확대시키는 데 중요한 역할을 하게 되었다. 네트워크화의 경향은 생산현장 정보수집을 가능하게 하여, 상위 시스템으로부터 현장 제어기기의 설비설정 정보의 다운로드와 생산지시 데이터를 현장 작업자에게 통지하는 POP 단말로서의 기능과 설비기계의 조작 및 정보처리 기능도 가질 수 있게 되었다.

이에 따라 HMI는 생산시스템의 관리와 현장 제어기기의 접속에 관여하여, 부하를 증가시키지 않고 생산현장의 정보를 넣어두는 버퍼 기능과 백업 기능을 충실히 수행하면서, 현장정보 인터페이스 기능을 추가하여 생산현장의 정보화에 크게 공헌하게 되었다.

4.1 HMI의 주요 기능

HMI의 주요 기능은 공정/설비의 모니터링이다. 모니터링의 목적에는 성과 측정과 개선 대책이 포함된다. 단순히 현장 상황을 모니터링하여 지표화하는데 그치지 않고, 개선활동과 연결시켜 생산효율을 높이기 때문이다. 모니터링은 다음과 같은 시스템 또는 하드웨어가 규정된 기능을 정상적으로 수행하고 있는지의 여부를 판단하고, 이상을 조기에 발견하여 조치하는 것을 목적으로 한다.

1) 설비의 가동상황 모니터링

공장 내의 생산설비와 직접 연결되어 있는 Area Controller에 의해서, 각 층별, Area, Bay별 생산설비의 가동상황과 작업스케줄에 대한 실적 등을 실시간으로 모니터링한다. 설비에서 올라오는 정보에 대하여 사전에 정의된 분류기준에 따라 설비의 상태 정보를 분석하여, 그에 맞는 필요한 조치를 취할 수 있다.

2) 컴퓨터 기기의 모니터링

컴퓨터 기기의 모니터링은 컴퓨터 본체, 입출력장치 등에 대하여 실시한다. 현장의 모든 설비는 설비를 가동하기 위한 제어기, 입출력장치, 모니터 등을 갖추고 있다.

컴퓨터의 신뢰성은 일반적으로 높은 편이나 시스템 다운에 대한 영향이 매우 크기 때문에 작동 결과를 히스토리로 저장했다가 컴퓨터가 오작동, 고장에 의한 데이터의 파손이 일어나지 않는가를 상시 체크한다.

3) 통신 네트워크 모니터링

데이터 전송에서의 전송품질을 모니터링하여 얼마나 정확히 수신되고 있는가를 파악한다. 이와 같은 모니터링 기능을 통하여 공정 내의 정보를 생생하게 작업자 혹은 상위시스템(MES)에게 전달할 수 있다.

4.2 HMI 기술 동향

최근 인터넷의 발전과 함께 이더넷이 급속히 보급되면서 이더넷 기반 접속을 활용하는 방법이 주류를 이루고 있다. 이 방법은 매우 저렴하게 일반 PC에 접속할 수 있게 하면서도, 많은 데이터 전송이 가능하기 때문에 사실상의 표준으로 자리잡고 있다. 이더넷을 통해 디바이스에 연결하기 위해서는 인터넷 연결을 위한 IP 어드레스 및 몇 가지 요소만 지정하면 가능하게 된다. 이처럼 이더넷은 인터넷에 간단히 연결할 수 있게 하여 자동화 장비에 수많은 어플리케이션의 기능을 제공하게 하였으며, 별도의 접속장비들이 개발되고 있다. 이미 많은 업계의 리더들이 이러한 흐름을 일찍 파악하고 다양한 장비들을 시장에 선보이고 있다.

이더넷 인터페이스를 통해 상위 PC에서 생산현장의 정보 수집을 비교적 간단하게 구현 가능하게 하고, 정보수집뿐만 아니라 HMI 자체의 프로그래밍 유지와 보수가 편하게 되었다. 또한 사무관리에서 웹, 이메일 등의 서비스를 적용할 수 있게 되었다. 이더넷 이외에 USB, CF 카드를 지원하는 추세이다. HMI는 지금까지 생산현장에서 장비의 현황을 감의 HMI 기기를 통합 관리할 수 있도록 솔루션을 제공하고 있다. 사무실에 있는 컴퓨터를 통해 이더넷에 연결된 현장 HMI 기기의 모니터링뿐만 아니라 제어가 가능한 제품을 선보이고 있다. 또한 각각의 HMI가 개별적으로 관리하던 백업 데이터, 알람 데이터 및 기기 간 데이터의 이동도 가능하도록 지원하고 있다.

웹 서버를 통해 컴퓨터에 특별한 프로그램 설치 없이 웹 브라우저를 통한 감시제어 및 데이터 관리도 가능하게 되었다. OPC접속, 데이터베이스 접속을 통한 상위 PC와 간편하게 접속하여 상위 정보를 수집하거나 현장에 생산 지시를 내려보낼 수 있다. 빠르게 변화하는 산업환경에 있어서 이더넷을 활용한 솔루션이야말로 신속한 산업활동을 하기 위한 필수적인 시스템이라고 할 수 있다.

최근 HMI 기기는 다언어 표시, 멀티미디어 지원 등의 컨텐츠를 이용한 웹 기반 기술, 경량화와 고기능화를 실현시켜주는 전자 부품의 채용, 저비용으로 다양한 사양을 실현시켜주는 생산기술의 발전으로 새로운 시장 요구에 적극 대응하고 있다. 앞으로 HMI 기기는 광역 생산현장에 산재한 HMI 어플리케이션을 통합하는 역할이 요구되고 있다. 개발환경이 다양한 플랫폼 상에서 이용되어, 생산현장에서 멀리 떨어진 제어기기의 운전조건과 관련된 별도의 제어기기의 운전조건을 보면서 변경하는 기능이 필요하게 된다. 인터페이스 등의 고속 네트워크 접속에 대해서도 PLC 이외의 각종 현장 컨트롤러(온도 조절기, 위치결정 컨트롤러, 인버터 등)와의 다양한 접속 프로토콜에 충실하고, 각종 필드 버스에 대응하면서 상위 시스템에는 OPC를 시작으로 상위 네트워크 프로토콜의 직접적인 대응도 기대된다.

■ HMI 도입 효과
- 각종 정보의 실시간 취득 및 제공으로 관리효율 향상
- 현장설비의 실시간 모니터링 및 빠른 조치로 생산성 향상
- 원자재 오사용 및 이상에 대한 경보(warning) 제공으로 품질 향상
- 설비를 제어하는 HMI와 MES 시스템간 I/F 및 통합으로 작업 I/F를 간소화
- 각종 품질, 실적 정보를 설비로부터 직접 취득함으로써 정보의 정확도 향상
- 각종 실적/제어/이력 데이터를 상위 시스템에 보고함으로써 로트 추적 용이
- 현장과 떨어져있는 원격의 사무실 또는 어떠한 장소에서도 설비 모니터링 가능
- 설비 자동 세팅을 통한 품질 균일화 및 생산성 향상

5. 공정 파라미터

5.1 파라미터의 개요

설비나 공정제어는 공정 파라미터 제어를 통해서 이루어진다. 공정 파라미터에는 프로세스 밸류(Process ValueL: PV), 셋 밸류(Set Value: SV) 또는 셋 포인트(Set Point: SP), 그리고 컨트롤 밸류(Control Value: CV)로 나눌 수 있다. 프로세스 밸류는

공정의 현상을 모니터링하기 위한 공정 파라미터이고, SV 또는 SP는 공정에서 목적하는 바를 이루기 위한 제어의 목적 값이다. 그리고 CV는 PV가 SV를 유지하기 위해서 설비나 공정에 가해지는 제어 값이다. 설비나 공정의 제어에는 컨트롤러에 각각의 제어계에 해당하는 현장의 태그(tag)들이 있고, 태그들은 목적에 따라 PV와 SV를 구성하게 된다.

1) 공정 파라미터의 선정

MES와 설비, 공정제어 시스템은 그 기능적 영역이 다르다. 따라서 공정 파라미터의 선정에 있어서는 그 목적에 따라서 제어설비의 관점과, MES의 관점에 따라 다르게 적용해야 한다. 특히 MES 관점에 있어서는 관리의 수준을 어느 정도로 할 것인가를 먼저 결정해야 한다. 기본적으로 프로세스 모니터링을 하기 위해서는 필요한 설비나 공정의 PV를 선정하고 관리해야 한다. 또한 SV의 변경에 대한 관리를 하기 위해서는, SV도 관리방법을 정해서 선정하고 관리해야 한다. PV는 공정계와 CV에 의해서 공정의 현상을 나타내기 때문에, PV와 CV의 연관성을 이용한 다양한 응용이 필요한 경우에도 CV도 선정하고 관리해야 한다.

2) 공정 파라미터 조사

공정 파라미터의 선정을 통해서 선정된 파라미터 리스트를 중심으로 해당되는 파라미터가 PLC에서 관리되고 있는지 PLC의 I/O List, Calculation Value List에서 조사한다.

① 관리되고 있는 PLC의 I/O List, Calculation Value List를 통해서 공정에서 필요로 하는 파라미터를 선정하고,

② PLC의 I/O List, Calculation Value List를 이용할 수 없을 경우, PLC의 I/O Addredd Map과 PLC 프로그램 분석을 통해 리스트를 만들고, 그 리스트를 이용해서 공정에서 필요로 하는 파라미터를 선정하다.

그림 8-10 / 공정 파라미터

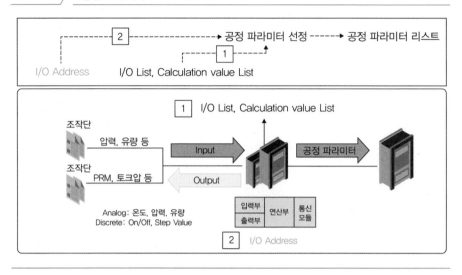

5.2 공정 파라미터의 관리 및 활용

1) 공정 파라미터 데이터의 수집

공정 파라미터 데이터의 유형을 살펴보면, 공정설비는 이산(discrete)형 공정설비와 연속형(continuos) 공정설비로 구분된다. 기계조립을 포함한 일반적인 제조설비는 이산공정의 특성을 갖고 있고, 반도체/화학장치의 경우는 연속 공정의 특성을 갖는다. 이산공정 설비의 데이터는 설비에서 재료를 가공하는 단위에 따른 주기성을 갖는 사이클적 특성을 갖는 반면에, 연속공정 설비의 데이터는 대체적으로 연속적인 시계열적 특성을 갖는다(그림 8-11). 이들 특성에 따라서 데이터의 수집방법, 수집형태, 관리방법 등을 달리하는 것이 바람직하다.

그림 8-11 / 공정설비 데이터 그래프

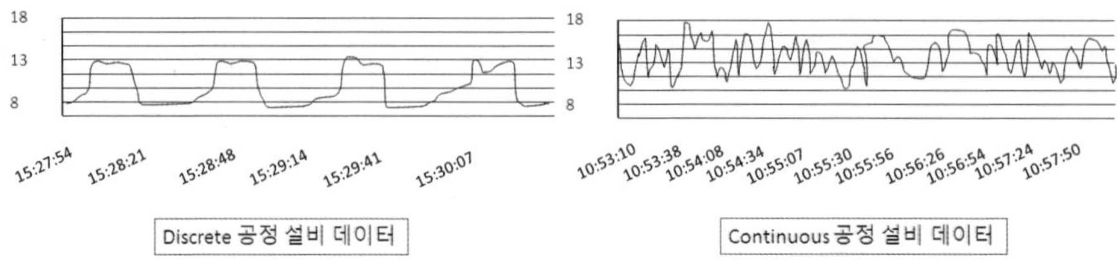

18		18	
13		13	
8		8	

15:27:54　15:28:21　15:28:48　15:29:14　15:29:41　15:30:07　　10:53:10　10:53:38　10:54:08　10:54:34　10:55:07　10:55:30　10:55:56　10:56:26　10:56:54　10:57:24　10:57:50

Discrete 공정 설비 데이터　　　　Continuous 공정 설비 데이터

2) 공정 파라미터 관리

설비에서 발생하는 공정 파라미터 데이터는 다양한 종류와 유형을 갖고 있다. 실시간에 대량으로 발생하는 이들 데이터들은 그 목적과 기능에 따라 여러 가지 형태로 관리된다.

MES 개발 초기 단계는 MES의 Wip Tracking 기능에 포함하여 간단한 조회 및 레포팅 기능을 개발하여 사용하였으나, 점점 제품이 미세화되고 그 기능이 고도화되면서 미세관리가 필요하게 되었다. 또한 현장의 수율(품질) 및 원가, Lead Time 등 경쟁력을 한단계 올리기 위한 필요성이 대두되면서 Wip Tracking과는 별도의 모듈의 특화된 모듈로 개발되었다. 대표적으로 설비엔지니어링 시스템 (EES), 수율관리 시스템(YMS), 품질관리 시스템(QMS), 제조실적분석(제조 Workplace) 시스템 등이 있다.

따라서 각 시스템의 용도 및 제공하는 기능에 따라서 사용하는 데이터 종류 및 형태, 대상 파라미터 수, 수집 주기, 보관 주기, 관리방안 등을 결정하는 것이 바람직하다.

3) 공정 파라미터 활용

공정 파라미터 데이터의 활용은 MES 솔루션이 제공하는 GUI(Graphic User Interface) 또는 SPC 시스템을 이용해서 모니터링 한다. 수집된 시계열 데이터를 솔루션이 제공하는 그래프를 통해서 이력데이터를 조회분석(trend history)하고, 툴에서 제공하는 평균(average), 최소값(minimum), 최대값(maximum), 표준편차(standard deviation), 범위(range) 등을 분석하거나, 다양한 관리도를 사용하여 데이터를 분석한다. 이때 이상에 대한 조치 및 대응 절차는 업무표준을 만들고, 정확히 지키는 활동이 중요하다.

설비 파라미터인 경우 수치형 값의 이상을 감지하려면 데이터의 수집주기를 짧게 할수록 변별력이 높아진다. 그러나 수집주기에 따라 발생하는 데이터의 양이 기하 급수적으로 증가함으로, 운영비용을 고려하여 분석기법에 따라 적합한 데이터 수집주기를 선택해야 한다.

그림 8-12 / 공정 파라미터 데이터 그래프

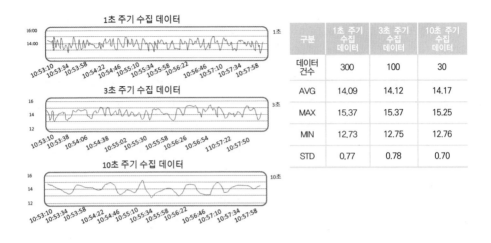

구분	1초 주기 수집 데이터	3초 주기 수집 데이터	10초 주기 수집 데이터
데이터 건수	300	100	30
AVG	14.09	14.12	14.17
MAX	15.37	15.37	15.25
MIN	12.73	12.75	12.76
STD	0.77	0.78	0.70

　　제조현장에서 가장 많이 사용되는 SPC/RT-SPC(Real Time Spc)는 제품별/Lot별로 주요 공정의 중요인자(process parameter)에 대하여 Western Electric Rule 및 다양한 SPC 기법을 관리도에 적용하여 공정관리를 하고 있다.

　　공정이상탐지(fault detection & classification)는 주요 설비의 핵심인자(equipment parameter)를 실시간으로 모니터링하고, 관리한계선 설정 또는 올라오는 데이터의 패턴을 분석하여 이상을 감지하고 조치하는 목적으로 활용된다.

　　또한 최근에는 현장에서 올라오는 데이터의 양이 다양해지고 방대해지면서 제품의 수율분석 및 불량분석, 품질, 원가절감 등 다양한 목적을 달성하기 위하여 제조 빅 데이터/AI, Data Lake 분석 등으로 점점 고도화되고 있다.

　　SPC/RT-SPC는 Western Electric Rule을 통한 통계적 공정관리(statistical process control)에 활용되고, FDC(Fault Detection & Classification)는 설비 파라미터의 실시간 모니터링을 통해 이상을 감지하고 조치하는 목적으로 활용된다. 또한 수율분석 및 최적의 의사결정을 위하여 제조 빅 데이터, Data Lake 등으로 발전하고 있다.

그림 8-13 / 공정 파라미터 데이터의 활용

공정 모니터링	- 공정에서 발생하는 품질이상 데이터, 설비 알람 데이터 등을 모니터링하여 필요한 조치를 취함
Trend History 분석	- 제품/Lot 생산현황, 진행이력, 불량현황, 불량에 대한 추적 등 모니터링 및 분석 활동
통계분석	- 수율(Yield), 공정 파라미터, 설비 파라미터를 기초통계 및 고급통계 분석을 이용하여 인자간의 연관성을 분석함
SPC/RT-SPC	- 제품별/Lot별 공정 파라미터를 Western Electric Rule 및 다양한 Statistical Process Control 기법으로 관리함
FDC	- 실시간 설비 파라미터를 모니터링하여 이상을 감지함 - 관리한계선 설정 또는 패턴 등 다양한 방법으로 이상감지

Chap 09

공정설비제어(EC)

1. EC 개요

1.1 설비제어의 역할 및 필요성

설비제어는 생산현장에서 EC(Equipment Controller), MC(Machine Controller), BC(Block Controller), TC(Tool Controller) 등으로 불리며, 생산현장 자동화의 필수 시스템으로써 MES의 지시에 의해 작업을 수행한다. 현장에서 작업자에 의해서 모든 작업이 이루어지는 것이 아니라 생산설비, 계측설비, 물류설비 등이 네트워크를 통해 호스트에 연결되고, 원격제어(remote control)에 의해 각종 작업이 자동화되어 진행된다.

특히, 반도체/FPD 업종에서는 디자인 룰의 미세화에 따른 공정 수 증가, 고부가가치 기능 적용에 의한 새로운 공정 추가에 따라, 제품이 완성될 때까지 수백 개의 공정을 거치고 각 공정별로 수십대의 설비에서 작업이 진행된다. 이러한 공정수의 증대, 설비수가 급속도로 증가함에 따라 사람이 현장을 관리하는 것은 불가능하게 되고, 공장자동화의 필요성이 점점 증대되고 있다.

또한 1부에서 언급한 스마트팩토리의 3대 구성 요소는 센서(IoT), 자동화, 빅데이터(big data)이다. 그 중에서도 가장 기본적으로 갖춰져야 하는 것이 설비자동화 및 설비제어라고 할 수 있다.

스마트제조를 위해서는 사람에 의한 판단과 제조방식에서 탈피하여 시스템에 의한 판단과 제조하는 방식으로 변화해야 하고, 이를 위해서는 Manual(수작업)-

Semi Automation(반자동시스템)-Full Automation(무인자동화)는 필수적 과정이라고 할 수 있다. 이러한 제조공정의 무인화를 위한 필수 기능이 공정설비제어라 할 수 있다.

그림 9-1 / 설비제어 구성도

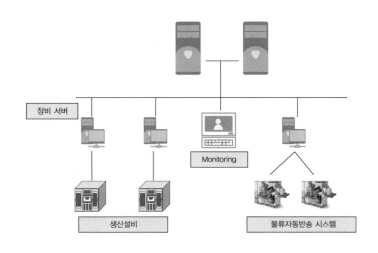

1.2 EC 개요 및 주요 기능

EC는 설비가 제조공정 수행을 위해 MES로부터 작업지시를 받거나, 설비의 가동상태나 공정조건 등의 파라미터 데이터를 MES로 전송하여 분석/활용할 수 있도록 한다. 반도체/FPD 산업이 더욱 고도화되고 업체 간 경쟁이 치열해짐에 따라 장비 효율 및 품질 수율을 높이고, 초기에 공장을 안정시키기 위한 설비제어 기술 및 자동화의 중요성이 더욱 부각되고 있다.

이에 따라 제어 및 분석을 위하여 장비로부터 발생하는 데이터 트랜잭션이 증가하고 있으며, 특화된 기술적용을 위한 사용자(user)의 자동화 요구 사항도 점점 복잡해지고 수시로 변경되는 양상을 띠고 있다.

1) 설비제어의 개요 및 특징

그림 9-2 / EC 프로세스 구조

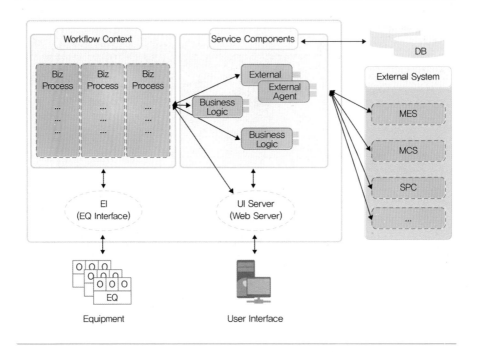

- 효율적인 장비 관리
  - 안정적인 SECS 프로토콜 지원
  - 그래픽 기반의 직관적인 장비 모델링
  - 인라인(inline) 복합 설비에 대한 관리기능 제공
- 용이한 시스템 통합
  - 워크플로우(workflow)를 통한 유연한 확장성 제공
  - 플로그인(plug-in) 개념의 서비스 컴포넌트(service component) 등록을 통한 기능 추가
  - 다양한 외부 프로토콜 지원(RMI, CORBA, TIB/RV, JMS 등)
- 강건한(robust) 시스템 제공
  - 병렬 수행을 기반으로 한 대량의 트랜잭션(transaction) 처리
  - 강력한 예외(exception) 처리 기능

2) EC의 주요 기능

반도체 통신 규약인 SECS 프로토콜을 완벽히 지원해야 하고, 사용하는 기본적인 서비스 컴포넌트(예를 들어 로트, 머신 등)를 제공함으로써, 사용자 요구 사항에 따른 세부기능을 쉽게 구현할 수 있어야 한다. 또한, Workflow를 제공함으로써 구현된 기능들을 업무 프로세스에 따라 도식화하여, 사용자의 요구사항 변경에 따른 수정에 보다 효율적으로 대응할 수 있어야 한다.

EC의 주요 기능을 요약하면 다음과 같다.

- SECS-Ⅰ / SECS-Ⅱ / HSMS 통신 사양 지원
- Run-Time 중 통신 파라미터 변경(no down-time)
- 그래픽 기반의 쉬운 SECS 메시지 작성
- Drag & Drop 방식의 장비 모델링
- Excel을 통한 대량의 장비 모델링 지원
- 개발(customizing)을 용이하게 하기 위한 MES 기본 Class 제공
- Workflow 기반의 Transaction 처리
- Component 모니터링 및 Re-Loading 기능
- Host Interface Utility 제공

---

2. SECS 프로토콜

2.1 SECS 프로토콜 체계

1) 등장 배경

반도체/FPD 분야는 다양한 종류의 장비 수요가 증가하고 있는 대표적인 장치산업이다.

특히, 반도체/FPD 업종에서는 제품이 완성될 때까지 수백 개의 공정을 거치고, 각 공정별로 수십대의 설비에서 작업이 진행된다. 이러한 공정수의 증대, 설비수가 급속도로 증가함에 따라 장비간의 정보 교류에 대한 필요성과 효율적인 장비

관리 측면에서 자동화에 대한 필요성은 점점 높아지게 되었다. 장비업체(maker) 측면에서는 고객별로 서로 다른 사양을 요구하고, 이에 따라 개발비용이 증가하게 되고, 각 장비업체별로 서로 다른 시스템이 존재하게 된다.

또한 제조기업이 스마트팩토리를 구현하기 위하여는 기본적으로 현장 설비의 자동화 및 설비제어가 가능해야 한다. 이와 같이 제조현장의 설비대수는 점점 증가하고 기종은 다양해지면서, 필요한 기능의 증가 및 시스템 통합의 필요성은 점점 증대되고 있다.

생산현장의 자동화 요구에 따라 관련 기술의 표준화를 위해 SEMI(Semiconductor Equipment and Materials International)의 장비자동화 부문(equipment automation division)에서 반도체 장비와 외부 컴퓨터 간의 인터페이스를 위한 데이터 통신 표준 규약인 SECS(SEMI Equipment Communications Standard) Protocol을 제창했다. 그리고 반도체 장비 생산업체에게 이를 옵션으로 적용하도록 요구함으로써, 대부분의 반도체 생산 관련 장비가 인터페이스 부문에서 이 표준을 따르게 되었다.

장비와 시스템 간 상호 연동을 위해서는 장비에서 지원되는 SECS 메시지의 기능이 정확히 분석/검증되어야 하며, 필요한 자동화 기능을 수행하기 위한 메시지 내용이 포함되어 있지 않을 경우 장비업체에 요청하여 추가하는 경우도 많이 발생한다. 이러한 문제를 해결하기 위해서는 자동화 담당부서와 공정, 설비, 구매 등 관련 부서간의 긴밀한 협력 관계가 필요하다.

다음은 인터페이스의 표준화 요구가 증대되는 이유를 요약하여 보여준다.

- FAB 산업(반도체/FPD)은 장비의존적 장치집약 산업
- 다양한 종류의 장비 수요 증가
- 장비간 정보 교류 및 자동화 필요성 대두
- 다양한 장비업체(maker)별 상이한 시스템 존재
- Customer 별로 서로 다른 요구사항으로 인한 개발 비용 증가
- 각 시스템간 상이한 통신 사양으로 인한 시스템 통합 문제 발생
- SECS 통신을 이용한 장비 Online화의 장점
- 표준화된 통신규약을 이용한 범용성 확보
- 장비 시스템 개발비용 절감
- 시스템 통합 비용 절감

- 장비 가동률 증가 및 Downtime 감소
- 생산 Yield(수율) 향상
- 실시간 모니터링을 통한 신속한 의사결정 가능
- 작업자의 실수로 인한 불량 사고 방지
- Reporting 기능을 이용한 수작업 업무 감소

2) Configuration

SECS 프로토콜 체계를 이해하는 것은 자동화를 위한 인터페이스의 첫 번째 단계로 자동화시스템 구현을 위하여 반드시 알아야 하는 내용이다. 표 9-1의 가장 하위 단계인 SECS-I과 HSMS는 반도체 장비들 간의 인터페이스를 하기 위한 프로토콜이다. 이러한 프로토콜을 기본으로 하여 바로 위 단계에 있는 SECS-II에서 정의한 표준 데이터 포맷에 의거하여 데이터를 주고받을 수 있다. GEM은 다양한 반도체 장비의 구동에 관한 표준을 의미하고, GEM만으로는 부족한 Stoker나 반송 장비 등에 적용되는 사양이 SEM이다.

표 9-1 / SECS 프로토콜 체계

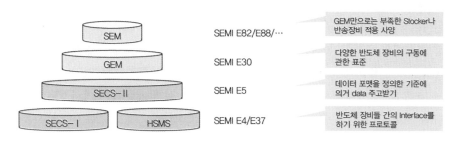

종류	Spec	특징	비고
SECS-I	E4	- 반도체 장비와 상위 Host 간의 메시지를 주고 받기 위한 통신 Interface를 정의한 사양	- 현재 사용하지 않음 - RS-232 Cable
HSMS	E37	- 개발자들이 특정한 지식이 필요 없이 기기 연결하고 상호 동작될 수 있도록 고속의 통신 기능을 만들어낼 수 있는 수단을 제공	- TCP/IP Network - SECS-I 대체
SECS-II	E5	- Equipment와 Host 사이에 교환되는 Message (Stream과 Function으로 구성) 내용에 대한 세부 사항 정의	

GEM	E30	– 장비의 동작에 대한 시나리오와 장비 구동에 관한 표준	
SEM	E82/ E88/	– GEM을 전제로 하지만 특별한 목적의 장비에 적용되는 사양	– ISEM(Inspection SEM) – IBSEM(Interbay/Intrabay AMHS SEM) – Stoker SEM(AMHS Storage SEM)

3) SECS-Ⅰ

SECS-I 표준은 장비와 호스트간의 메시지 교환에 적합한 통신 인터페이스를 정의하고 있다. 프로토콜 Spec 관점에서 봤을 때 SECS-I 프로토콜은 point-to-point 통신에서 사용되는 Potocol Layer로 생각할 수 있다. 이때 SECS-I 내의 레벨은 물리적 링크, 블록 전송 프로토콜, 그리고 메시지 프로토콜로 구성되어 있다.

SECS-Ⅰ 표준은 연결자와 전압에 대해 EIA RS-232-C와 JIS C 6361과 같이 잘 알려진 국제 표준을 사용한 Point-to-Point 통신을 정의한다. 실제 전송은 1-Bit 시작과 1-Bit 정지 비트를 갖고, 시리얼로 전송되는 8-bit 바이트들로 구성된다. 또 양 방향이면서 비동기식 통신방식을 가지며, 한 순간에 한 방향으로만 흐르는 형태를 보인다. SECS-Ⅰ 표준에서의 데이터는 254바이트 이하의 블록으로 전송된다. 또 각각의 블록은 10바이트 헤더를 가지고 있다. 전송되는 메시지는 한 방향 통신에서 완전한 통신단위 형태로 나타나는데, 최소 1개에서 많게는 32,767개 블록들로 구성될 수 있다. 이때 구성된 블록 헤더들은 특정 메시지의 일부분이면서, 블록을 정의하는 정보를 포함하고 있다. 또 이렇게 전송되는 메시지는 트랜잭션(transaction)이라 불리는 요구와 응답으로 짝지어진다.

(1) SECS-Ⅰ 표준의 특성

- SECS-Ⅰ 표준은 장비와 호스트 간의 메시지 교환에 적합한 통신 인터페이스를 정의한다.
- SECS-Ⅰ 표준은 물리적 연결자, 신호 수준, 데이터 비율, 시리얼 데이터 경로에서 호스트와 장비간의 메시지 교환에 필요한 Logic 프로토콜의 설명을 포함한다.
- SECS-Ⅰ 표준은 각각의 특정 지식이 필요없이 연결될 수 있는 장비와 혹은 호스트를 생산하는 독립된 생산자에게 수단을 제공한다.

- 프로토콜 Spec 관점에서 보면 SECS-Ⅰ 프로토콜은 Point-to-Point 통신에서 사용되는 프로토콜 Layer로 생각할 수 있다. 이때 SECS-Ⅰ 내의 레벨은 물리적 링크, 블록전송 프로토콜, 그리고 메시지 프로토콜로 구성되어 있다.
- 속도 관점에서 보면 RS-232는 빠른 시간이 요구되는 프로그램이나, 많은 데이터를 전송하기에는 부적합하다.

(2) SECS-Ⅰ Block 구조

그림은 SECS-Ⅰ 블록의 구조를 표현한 것으로, 그 내용은 다음과 같다.

표 9-2 / SECS block 구조

Length	Device	S/F	Block	System Byte		Text	CheckSum
	Header(10Byte)					0~244 Byte	2 Byte
OD	00 34	81 05	80 01	00 00	00 01	00 01	01 5F

OD	16진수이므로 10진수로 수정하면 13이 된다. 즉, Header Byte 의 총 Byte 수가 13 Byte라는 의미
00 34	0000 0000 0011 0100 처음의 "0"은 R-Bit로서 Host와 Equipment와의 통신방향 의미 (0: Host → Equipment/ 1: Equipment → Host) R-Bit를 제외한 모든 숫자를 합산해 보면 "S2"가 되는데 Device ID가 S2라는 의미
81 05	1000 0001 0000 0101 처음의 "1" 의미는 W-Bit로서 Stream/Function의 Reply 여부를 나타낸다 ("0": Reply 불필요, "1": Reply 필요) W-Bit를 제외한 각각의 숫자는 "1"과 "5"가 남게 된다. 이것을 Stream/Fuction에 대입하여 "S1F5"라고 읽으면 된다.
80 01	1000 0000 0000 0001 처음의 "1"의 뜻은 End-Bit로서, 현재의 Block뒤에 연결되는 다른 Block이 있는지의 여부 결정 ("0" : More Block Follow, "1" : Lost Block)
00 00 00 01	Message의 작성자가 해당 정보를 구별하기(Identifier) 위하여 사용하는 일종의 Sign
21 01 01	(@00100001, @00000001, @00000001) 3,3,2 Bit로 구분하여 Octal로 계산한다. 마지막 2 Bit는 길이 지정 Byte 수를 지칭 @01,10,11로 Max 3 Byte까지 지정이 가능 @00000001: 해당 Character의 Size를 나타내는데 18 Byte라는 의미 @00000001: 해당 Character로서 Binary로 간주
01 5F	Length Byte를 제외한 Device ID, Stream/Function Byte, Block, System Byte, Text Byte의 Value 합산 값. 전송한 Data가 정확하게 전송되었가를 확인하기 위한 것

설비와 호스트 간의 실제 데이터 교환은 블록을 이용하여 이루어진다.

1 Block＝10 byte Header＋Data(Max 254 bytes)로 구성된다.

1 Message＝1~32,767 Blocks

1 Transaction＝Request Message＋Reply Message(optional)

4) HSMS

HSMS(High Speed SECS Message Services)는 TCP/IP 환경에서의 장비와 호스트 컴퓨터 간에 대용량 고속통신규약으로, SECS-I의 대체 역할을 수행한다(SECS-I의 확장). 일반적인 Message는 SECS-I 또는 HSMS로 전송되며, HSMS Spec은 SEMI E37이고, E37에는 HSMS-SS와, HSMS-GS가 있다.

그림 9-3 / HSMS 네트워크 구성도

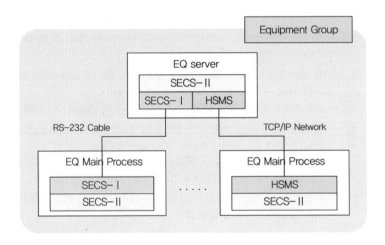

- HSMS-SS(SEMI E37.1): HSMS-Single Session의 약자로서, SECS-I을 대체하기 위해 요구되는 서비스의 최소 항목들을 포함하는 추가 표준.
- HSMS-GS(SEMI E38.2): HSMS-General Session의 약자로서, Cluster Tool 또는 Track System과 같은 복잡한 다중 시스템을 지원하기 위해 필요한 subset을 제공하는 추가 표준.

HSMS는 RS-232을 이용한 SECS-Ⅰ을 대체하기도 하는데, 이는 개발자들이 장비에 대한 특정한 지식이 없어도 기기들을 연결하고 상호 동작할 수 있도록 고속의 통신기능을 만들어내는 수단을 제공한다.

HSMS 프로토콜은 TCP/IP 네트워크를 이용하기 때문에, 장비가 위치한 라인과 멀리 떨어진 전산실 내에 서버를 설치하여 집중관리할 수 있고, 장애시 조치시간이 단축될 수 있다.

HSMS의 장점을 살리기 위해, SECS-Ⅰ설비의 경우 Converter를 이용해 HSMS를 지원할 수 있도록 한다(converter는 라인 내에 위치함).

표 9-3은 SECS-I과 HSMS의 특징을 비교한 것이다.

표 9-3 / SECS-l 과 HSMS 비교

특징	SECS-l	HSMS
Protocol	RS-232	TCP/IP
Physical Layer	25-pin connector & 4 wire serial cable	Physical Layer가 정의되어 있지 않으며, HSMS는 TCP/IP가 지원되는 매체이면 된다.
속도	1K Bytes/sec	10M Bits/sec
연결	한 개의 RS-232 Cable은 한 개의 SECS-l Connection을 지원한다.	한 개의 N/W Cable이 여러 HSMS Connection을 지원할 수 있다.
Message Format	- SECS-II - Block(256 Bytes) 단위로 전송 .1 Byte Block Length .10 Byte Block Header .0~244 Byte Text .2 Byte Checksum	- SECS-II - TCP/IP Byte Stream으로 전송 .4 Byte Message Length .10 Byte Message Header .Text .TCP/IP Layer의 Blocking Limit는 사용되는 Physical Layer에 의존되며 따라서 TCP/IP API와 관계있고, HSMS Scope와는 거리가 멀다.
Header	각 Message Block 마다 10 Byte의 Header가 있으며, E-Bit와 Block Number가 있다.	전 Message에 대해 하나의 10 Byte Header가 있으며, P Type과 S Type이 있다.
최대 Message 크기	7.9 Million Byte (32,767 Blocks x 244 Texts)	4G Bytes

2.2 SECS-Ⅱ 메시지 프로토콜

SECS-Ⅱ는 장비와 호스트 간의 메시지 전송 규약에 따라 교환되는 메시지가 해석될 수 있도록 그 구조 및 의미를 규정한다. 이 표준에서 정의된 메시지는 일반적인 반도체 제조에 필요한 대부분의 내용을 포함하고 있으며, 정의되어 있지 않은 장비 고유의 필요한 메시지를 정의해서 사용할 수 있도록 허용하고 있다.

1) Stream과 Function

모든 메시지의 이름은 Stream과 Function의 조합으로 표현된다. 이 정보는 전송되는 메시지 블록의 헤더에 메시지 ID로 표현되며, 각각에 부여된 번호로써 구분된다.

- **Stream** : 비슷한 기능을 하거나 서로 관련되는 메시지의 범주(그룹)를 하나의 Stream으로 구분하며, Stream 값은 다음과 같이 사용된다.

  0 : 미래의 사용을 위해 지정
  1 - 13 : 현재 SECS-Ⅱ에서 사용 중
  14 - 63 : 미래에 SECS-Ⅱ에서의 사용을 위해 지정
  64 - 127 : 사용자가 정의할 수 있는 Stream

- **Function** : Stream에 속하는 각각의 메시지를 Function으로 구분한다. 1차 전송 메시지의 Function 번호는 항상 홀수 번호가 부여되고, 이의 응답인 2차 메시지의 Function은 여기에 "1"이 더해진 짝수가 된다(예: 1차가 $S_n F_m$일 경우, 2차는 $S_n F_{m+1}$).

표 9-4 / Stream과 Function 번호의 할당

표준에 정해 놓은 것		사용자가 정의할 수 있는 것	
Stream	Function	Stream	Function
In Stream 0	Functions 0~255	In Stream 1~63	Functions 64~255
In Stream 1~63	Functions 0~673	In Stream 64~127	Function 1~255
In Stream 64~127	Function 0		

[각 Stream에서 다루는 내용]

Stream 1	Equipment Status(장비의 상태)
Stream 2	Equipment Control and Diagnostics(장비 제어와 진단)
Stream 3	Material Status
Stream 4	Material Control
Stream 5	Exception Reporting(equipment alarms, alarm 보고)
Stream 6	Data Collection(데이터 수집)
Stream 7	Process Program Management(프로세스 프로그램 로드)
Stream 8	Control Program Transfers
Stream 9	System Errors(수신된 메시지가 에러임을 호스트에게 알려줌)
Stream 10	Terminal Services(장비 터미널에 텍스트 메시지 전달)
Stream 11	Removed from the 1989 standard
Stream 12	Wafer Mapping
Stream 13	Unformatted Data Set Transfers

2) Transaction 및 Conversation 프로토콜

SECS-Ⅱ Protocol에 준하는 메시지 교환을 위해서는 트랜잭션의 형태와 각 트랜잭션 간의 관계에 필요한 Conversation Protocol을 따라야 한다.

● Transaction 프로토콜

하나의 트랜잭션은 SECS-Ⅱ에서 모든 정보교환의 기본이다. 트랜잭션은 주 메시지인 1차 메시지와 필요에 따라 선택적으로 요구되는 응답 메시지인 2차 메시지로 구성되며, 이와 관련하여 SECS-Ⅱ 규정을 준수하기 위해 필요한 사항들은 다음과 같다.

- S1F1에 대한 응답은 항상 S1F2이어야 한다($S_n F_m \rightarrow S_n F_{m+1}$).
- 장비가 수신 메시지를 처리하지 못할 경우 Stream 9에 있는 적절한 에러 메시지를 보낸다.

- SECS-Ⅱ에서 제공하는 메시지에 대해서는 규정된 형태를 따라야 한다.
- 장비에서 수신을 기다리는 제한시간 초과시 S9F9 메시지를 보낸다.
- 응답 메시지로서 Function 0의 메시지를 수신하면 관련 트랜잭션을 종료한다.

● Conversation 프로토콜

Conversation은 하나의 업무수행을 위해 필요한 여러 트랜잭션들의 조합이다. SECS-Ⅱ에서 모든 정보교환의 형태를 구분하는 대화의 종류에는 다음의 일곱 가지가 있다.

1) 응답을 요구하지 않는 대화, 가장 단순한 대화의 형태로, 단일 블록으로 구성됨.
2) 응답으로서 어떤 데이터를 요청하는 형태의 대화.
3) 단일 블럭 메시지 송신 후 정확한 수신 여부를 확인하는 형태의 대화.
4) 여러 블럭의 메시지를 송신할 경우 수신측으로부터 사전에 송신 허락을 받아 수신준비를 시킨 다음 메시지를 송신하고, 송신 후에는 수신 여부를 확인함.
5) 장비와 호스트 간에 정해지지 않은 데이터 셋을 송신하는 경우(Stream 13).
6) 장비 간의 물류이동과 관련된 기능의 대화.
7) 송신측에서 요구하는 응답을 위해서 수신측에서 데이터를 준비하는 절차나 시간이 필요하여 여러 트랜잭션을 거쳐 응답을 하게 되는 경우.

2.3 SECS-Ⅱ Data의 구조

모든 메시지의 이름은 Stream과 Function의 조합으로 표현된다. 이 정보는 전송되는 메시지 블록의 헤더에 메시지 ID로 표현되며, 각각에 부여된 번호로서 구분된다.

SECS 규정에 따라 전송되는 모든 데이터는 Item과 List의 두 가지 내부 구조를 갖게 된다. Message는 Stream과 Function에 의해 구분되며, 여러 개의 List와 Item으로 구성된다.

그림 9-4 / 전송 데이터 내부 구조

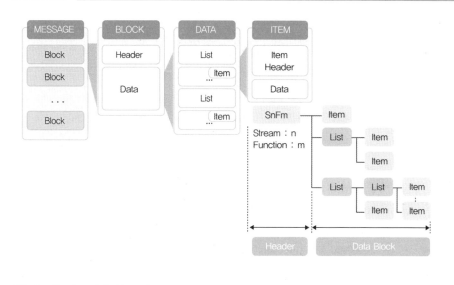

그림 9-4 / 전송 데이터 내부 구조

◆ Item

　　Item은 전송되는 데이터의 특징을 기술하는 헤더와 실제 데이터 내용으로 구성된다. Item 헤더는 데이터의 형태를 구분해주는 Format Byte와 데이터의 길이를 표시하는 Length Byte 부분으로 구성된다.

◆ List

　　유사한 내용의 여러 Item을 묶어 하나의 List로 표현한다. List의 헤더는 Item의 헤더와 구조가 같으며, 단지 포맷 바이트가 0으로 표현되고 길이를 나타내는 Length Byte는 Item의 개수를 표현한다.

◆ Message

　　Stream과 Function에 의해 구분되며, 여러 개의 List와 Item으로 구성된다. 전송되는 메시지 블록의 헤더에 메시지 ID로 표현되며, 각각에 부여된 번호로서 구분된다.

◆ SECS 메시지 해석 예

　표 9-5는 장비에서 호스트로 전송되는 S5F1 Alarm 메시지에 대한 하나의 예를 해석한 것으로, "Alarm 17번인 T1 HIGH가 발생했음"을 호스트로 통보하는 의미의 메시지라는 것을 알 수 있다.

표 9-5 / SECS 메시지 해석 예

구조	메시지	의 미
Block Header	10000000	R=1(장비에서 호스트로)
	00101010	Device ID=66
	00000101	W=0(응답 불요), Stream 5
	00000001	Function 1
	10000000	E=1(메시지의 마지막 블럭임)
	00000001	메시지의 첫 번째 블럭
	00000000	System bytes = 0
	00000000	
	00000000	
	00000000	
List Header	00000001	List 헤더임을 의미함
	00000011	3개의 Item을 갖는 List이다
Item #1 Header	00100001	첫번째 Item
	00000001	1바이트의 길이를 갖는 Item이다
Body	10000100	데이터(Alarm set, Category 4)
Item #2 Header	01100101	두번째 Item
	00000001	1 바이트의 길이를 가짐
Body	00010001	데이터(Alarm #17)
Item #3 Header	01000001	세번째 Item
	00000111	7 바이트의 길이를 가짐
Body	01010100	데이터(ASCII "T")
	00110001	데이터(ASCII "1")
	00100000	데이터(ASCII "space")
	01001000	데이터(ASCII "H")
	01001001	데이터(ASCII "I")
	01000111	데이터(ASCII "G")
	01001000	데이터(ASCII "H")

2.4 EDA/Interface A, B, C

2000년대 들어오면서 반도체 웨이퍼의 직경이 200mm에서 300mm로 증가하고, 설비에 다양한 기능이 들어가면서 SECS와 구별되는 인터페이스 규약이 새롭게 등장하였다.

반도체/FPD 산업에 주로 이용되는 설비온라인 기술의 표준이 SECS/GEM이라면, EDA(Equipment Data Acquisition)는 생산설비의 정보를 쉽고 빠르게 수집하는 기술이다. 웨이퍼의 직경이 200mm에 비해 설비가 고가화되고 기능이 고기능화되면서 정보처리의 기능은 증대되고, 올라오는 데이터의 양은 기하급수적으로 증가하게 되었다. 따라서 종전의 방식으로 데이터를 수집하고 처리하는 것은 많은 제약과 한계점을 나타나게 되었다. 특히 실시간으로 설비 데이터를 수집하고 제어하는 기능이 들어가면서, Lot정보 및 품질정보를 Tracking하는 MES의 모듈과 같이 사용하는 데는 많은 문제가 발생하였다.

따라서 SECS를 통한 데이터 수집 방법의 한계를 극복하기 의한 방법으로 설비자동화의 4대 요소 Event, ALarm, Trace, Control 중에서 Event, Alarm, Trace를 담당한다.

EDA에는 SEMATECH에서 제안된 Interface A와 SELETE/JEITA에서 제안된 TDI가 있다. EDA가 지원되는 설비는 DCP(Data Collection Plan)/DCR(Data Collection Request), TDI가 지원되는 설비는 웹서비스나 ODBC, 그 외 설비는 SECS/Non-SECS 등의 인터페이스 방식으로 설비데이터가 집계된다.

인터페이스 규약은 웹의 사용이 일상화되면서 기존 반도체 생산라인의 정보 데이터를 웹과 연결하고자 하는 방안으로 제시된 것이다.

Interface A가 생산장비에서 발생하는 각종 데이터를 빠르고 쉽게 수집하고 제공하는데 사용되며, 생산장비 제어경로(SECS/GEM 사용)와 분리하여 상호간의 성능/간섭을 피하기 위한 방법으로 사용된다. A는 인터넷이 연결된 곳이면 어디서나 접속이 가능하기 때문에 장비 및 데이터 정보에 대한 모니터링에 사용되고 있으며, 장비 에러를 진단하는 FDC나 인터넷을 통한 원격장비진단 등에 활용되고 있다.

Interface-B는 EES와 EES간 또는 EES와 MES/FICS 간의 통신을 담당한다. 즉 반도체 장비간 데이터 공유에 대한 표준 규약이라고 할 수 있다.

Interface-C는 생산라인 외부에 위치한 장비 엔지니어가 생산장비를 원격으로 모니터링할 수 있도록 해주는 인터페이스 규약을 의미한다.

3. OPC 표준

3.1 OPC(OLE for Process Control)란

OPC는 프로세스 제어분야, 다시 말해 DCS, SCADA, PLC 시스템에서 아주 적절하게 사용될 수 있다. 마이크로소프트의 기본적인 OLE 기술을 기반으로 Client와 Server 사이에서 통신과 데이터의 변환을 하기 위한 산업표준 메커니즘을 제공하고 있다. OPC 사양의 개발 노력은 WinSEM(Windows for Science, Engineering and Manufacturing)으로 잘 알려진 마이크로소프트 인더스트리 포커스 그룹으로부터 시작되었다. 이 그룹은 마이크로소프트 테크놀로지를 사용하는 제품들을 개발하는 데에 공통의 관심사를 가지고 있는 다양한 회사들로 구성된 그룹이다. 초기에 5개의 회사가 프로세스 컨트롤 산업에 기여하기 위해 오픈 스탠더드의 초기 개발에 이니셔티브를 갖기로 결정했다. 처음에는 비교적 짧은 시간 내에 작고 제한적인 초기 버전을 개발하기 위해 프로세스의 값을 읽고 쓰는 기능으로 제한했고, 알람 처리, 프로세스 이벤트, 배치 구조, 그리고 히스토리컬 데이터 액세스 등은 모두 이 표준의 후속 버전에 포함되었다. OPC 호환 클라이언트는 모든 종류의 OPC 호환 서버들로부터 데이터를 읽고 쓸 수 있다. OPC는 마이크로소프트의 OLE/COM 표준에 그 기반을 두고 있다. OPC는 표준 PC 버스에 의해 얻어지는 것과 유사한 호환 방식을 제공한다. PC 버스는 많은 하드웨어 벤더들이 모두 같은 인터페이스 표준을 사용하기 때문에 서로 다른 벤더들로부터 공급되는 각종 하드웨어들(그래픽보드, 사운드보드, 모뎀보드 등)을 호환성 있게 수용한다. 같은 방식으로 OPC는 표준 인터페이스를 통하여 각기 다른 벤더들로부터 제공되는 소프트웨어들을 호환성 있게 수용할 수 있도록 해준다.

비영리조직인 OPC Foundation(TM)은 OPC 사양의 첫 번째 릴리즈부터 초기 릴리즈에서 미루어온 부분들(정보처리, 이벤트 처리, 보안, 배치구조, 그리고 히스토리컬 데이터 액세스 등)에 대한 표준 확장 작업을 계속해오고 있다. 지금까지 클라이언트 애플리케이션 벤더들(HMI 벤더 등)은 각각의 컨트롤 장비들에 대한 서로 다른 인터페이스 드라이버들을 개발해야만 했다. OPC 표준은 프로세스 컨트롤 장비로부터 데이터를 액세스 하기 위해 단지 하나의 인터페이스 드라이버를 개발하면 되는 대단히 큰 장점을 클라이언트 애플리케이션 벤더들에게 제공한다. 그림 9-5는 OPC 이전과 이후의 모습을 표현한 것이다.

그림 9-5 / OPC 전과 후

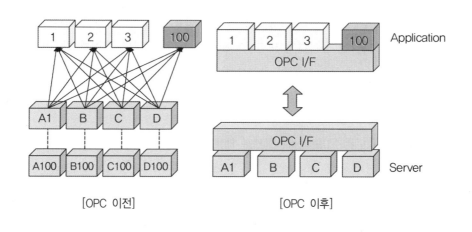

[OPC 이전]   [OPC 이후]

OPC의 출현 이전까지는 컨트롤 장비 벤더가 그 장비의 인터페이스 방식을 수정하면 클라이언트 벤더 또한 이에 따라 클라이언트 드라이버를 수정해야만 했다. 그러나 OPC 이후에는 OPC 인터페이스 이하 서로 다른 여러 종류의 시스템들에 대한 상세한 기술적인 사양에 대해 클라이언트 소프트웨어를 독립시켜준다. 따라서 장비 벤더는 클라이언트 소프트웨어에 영향을 주지 않고 OPC Server Interface 환경 하에서 여러 가지 기능들을 수정/변경할 수 있다. 이로 인하여 클라이언트 벤더들은 각종 장비들에 대한 인터페이스 드라이버의 라이브러리를 유지/보수 및 업그레이드하기 위해 기울였던 지금까지의 노력 대신에, 그들 자신의 제품 개발에 더 많은 자원을 투입함으로써 실질적으로 부가가치가 높은 부분에 자원을 활용할 수가 있다.

OPC 이전에는 특정 컨트롤 장비를 위해 아주 제한적이거나 특정 소프트웨어만이 그 장비와 인터베이스 할 수 있기 때문에, 사용자는 클라이언트 소프트웨어의 선택 권한이 극히 제한되는 경우가 종종 있었다. OPC의 경우에는 어떠한 OPC 호환 클라이언트 애플리케이션이든 OPC 호환 서버를 적용한 컨트롤 장비에 쉽게 인터페이스 한다. 따라서 사용자는 자신의 특정한 목적에 가장 알맞은 솔루션을 선택하고 사용할 수 있다. 또 다른 이점으로 저비용의 통합(integration)과 낮은 위험부담을 들 수 있다. 여러 벤더들로부터 플러그 앤 플레이(plug & play) 기기들이 공급됨으로써 시스템 통합자(SI: System Integration)는 각각의 기기에 따른 인터페이스 드라이버를 개발할 필요 없이 최종적인 통합 목적에 더 많은 시간을 투입할 수가 있게 된다. 이 솔루션이 각 기기별 인터페이스 드라이버의 요구 없이 표준 OPC 컴포넌트에 기반을 둠으로써 사용자의 위험을 한층 더 낮출 수 있게 된다.

이러한 개발적인 용이성과 또한 Open Source로 누구나 손쉽게 다운받아서 사용할 수 있다는 원가적 측면의 장점으로 인하여, 오늘날 많은 제조기업에서 표준으로 채택되어 사용되고 있다.

현재는 1세대 OPC 표준에서, 2세대 OPC UA로 발전하였다. OPC UA(OPC Unified Architecture)는 필드 레벨, 컨트롤 레벨, 오퍼레이션 레벨, 매니지먼트 레벨, 클라우드 레벨까지 서로 데이터를 주고 받아서 전체 데이터를 같이 사용할 수 있게 하겠다는 개념이다.

3.2 OPC 통신의 장점

OPC가 프로세스 제어 분야에서 강점인 이유는 OPC를 사용하는 각 애플리케이션들이 하단의 컨트롤 장비로부터 직접 태그(Tag)를 이용하여 액세스하고 수많은 다른 태그들을 각각 다른 시간, 다른 환경에서도 액세스할 수 있다는 점이다.

그림 9-6 / OPC 클라이언트/서버 관계

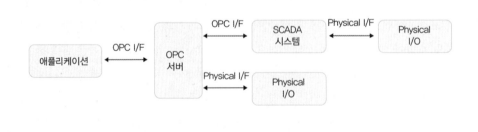

OPC 표준은 애플리케이션을 위한 두 가지의 인터페이스를 정의하고 있다. 하나는 큰 볼륨과 대단위 정보처리량을 요구하는 C^{++}로 개발된 애플리케이션들

을 위해 사용된다. 다른 하나의 인터페이스는 데이터의 액세스를 쉽게 하기 위해 Visual Basic과 VBA(MS사의 오피스 응용 프로그램용 매크로 언어)용으로 사용되도록 디자인되었다. 이것은 OPC 서버로부터 데이터를 액세스하기 위해 별도의 프로그램 지식을 요구하지 않기 때문에, 비주얼 베이직 또는 엑셀 및 워드에서 사용되는 매크로에 익숙한 엔지니어들은 이 인터페이스를 통하여 쉽게 액세스할 수 있다. 그림 9-7은 이 두 가지 인터페이스들을 보여주고 있다.

그림 9-7 / OPC 인터페이스

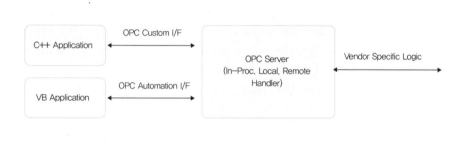

OPC Server 오브젝트는 애플리케이션과 가장 먼저 연결되는 COM 오브젝트로 OPC Group의 관리와 제어, 물리적인 디바이스로의 액세스를 최적화하는 기능을 담당하고, OPC Group 오브젝트는 애플리케이션들이 태그 리스트를 확보하거나 속성을 부여하기 위해 다이내믹하게 Item을 생성하는 계층이다. OPC Group에서는 애플리케이션이 필요로 하는 데이터를 보다 간편하게 구성할 수 있는 방법을 제공하는데, 각 Group은 각기 다른 Refresh Rate를 가지고 Polling 혹은 Advising 방식을 모두 지원한다. 마지막으로 OPC Item은 물리적인 디바이스의 값에 의한 연결 포인트를 제공한다. 또한 클라이언트들에게 값이나 양, 질, 시간, 데이터 타입 등과 같은 정보를 전달하는데, 이 Item은 서버와 실제 데이터 사이의 연결을 위해 생성된다. 만약 이러한 OPC 표준 포맷에 맞추어 OPC 클라이언트뿐만 아니라 OPC 서버를 직접 개발하고자 할 경우는 OPC Development Toolkit 등을 이용하여 보다 빠르고 쉽게 개발할 수 있다.

표 9-6 / OPC 서버 선택 가이드

벤더(업체)	선택 가이드
Bridge Ware	• 통신 Channel 및 Device 이중화, TCP/IP 및 UDP 지원 • Phase 기능을 통한 통신 Load balancing, Access time 지정을 통한 통신 부하 조절 • PLC 지원 대수 제한 없음, iFIX Native driver
Kepware	• 최다의 통신 Driver 보유 (140여 개) • 뛰어난 Performance & 사용의 편이성 Intouch SuiteLink, iFix PDB interface 지원
Matrikon	• DCS, Historian 등에 대한 다수의 OPC 보유 • 전 세계적인 브랜드 인지도 - 특히, 중동 & 아시아의 Power & 화학공장 • 혁신적인 OPC 제품 다수 보유
Takebishi	• Melsec, Omron, Toshiba 등 대두분의 일본산 PLC에 대한 Driver보유 • Intouch DA Serer 및 SuiteLink interface 지원

Cogent
Real-time
System
	• 다양한 OPC 관련 기술이 DataHub 한 제품에 적용
	  - Tunnelling, Bridging, Redundancy, Aggregation
	  - OPC-to-Web, DDE-to-OPC/OPC-to-DDE
	  - OPC DA, A&E, Historian, Web Server, Web HMI

IO Server	• 10+ Drivers in a Single OPC Server - Modbus, DNP3, IEC61850, Yokogawa Centum • Master & Slave • OPC Gateway(Bridging software) & Protocol Translator
Software Toolbox	• TOP Server(KepServer의 OEM) - Intouch, WinCC에서 채택 • 다양한 Server & Client Toolkit 제공
Triangle Microworks	• Substation 관련 Protocol driver 제공 - IEC61850/60870/61400, DNP3 & Modbus • Master & Slave • Protocol Translator

*자료: OPChub.com(http://www.opchub.com)

　　OPC 서버의 가격이 HMI 가격에 비해 10% 정도 밖에 차지하지 않으므로 자
칫하면 그 중요성을 간과하기 쉽다. 대부분의 서버 프로그램은 외관상 비슷한 형
태로 제공되므로 제품 간 차별성을 느끼지 모사는 경우가 허다하다. 주위에서 아
무리 좋은 기능의 HMI를 선택했다 할지라도 잘못된 OPC 서버를 선정함으로써
낭패를 보는 프로젝트를 가끔 볼 수 있다. 왜냐면 제대로 작동되지 않는 서버로
인해 HMI에서 스크립트와 같은 별도의 최적화 작업이 필요하게 되어, 불필요한

성능 손실 및 불안정한 동작을 야기할 수 있기 때문이다. 어떤 프로젝트의 경우에는 많은 양의 상태 읽기 통신 부하로 인해 HMI에서 수행된 명령이 5~6초 이후에야 연결된 기기에 전달되어 작동되는 어처구니없는 성능 곤란을 겪는 경우도 있다. 따라서 최적화된 성능, 다양한 데이터 타입 지원 및 부가기능 지원 여부, 엔지니어링의 편리성, 폭넓은 제품지원, 기술지원의 전문성 등을 따져보고 구입해야 한다. 물론 OPC는 표준 제품이므로 여러 회사에서 개별적으로 구입하여 사용하여도 무방하나, 제품별로 성능 차이가 조금씩 발생하므로 가급적이면 그 성능이 검증된 제품을 구입하는 것이 필요하다.

4. 시리얼통신

4.1 RS-232C/422/485

R2-232C로 대표되는 시리얼통신은 이더넷이 활성화되기 전부터 제조현장에서 설비 온라인, PC통신을 위해 반드시 알아야 할 필수 요소 기술이었다.

통신방식을 크게 분류하면 직렬통신과 병렬통신으로 분류할 수 있다. 시리얼

그림 9-8 / DTE/DCE 사이의 구성도

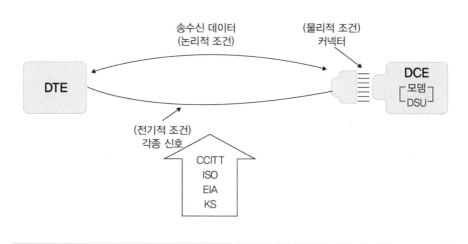

통신은 1개의 신호선에 하나의 비트 정보를 전달하는 통신방식이고, 패러럴통신은 복수의 신호선으로 동시에 여러 비트의 정보를 전달하는 통신방식을 의미한다.

시리얼통신은 컴퓨터와 외부 장치간의 통신에 주로 사용되고, 양단간 통신거리가 먼 경우에 사용된다. 대표적인 시리얼통신 장치는 PC의 COM Port, USB, IEEE1394, PCI Express 등이 있다.

장치와 장치 사이나 장치와 시스템 사이를 접속할 때의 접속 조건을 일반적으로 인터페이스라고 부르지만, 그 중에서도 특히 데이터 단말장치(DTE: Data Terminal Equipment)와 데이터 회선 종단장치(DCE: Data Circuit Terminating Equipment)를 접속하는 인터페이스를 DTE/DCE 인터페이스 혹은 단말장치의 인터페이스라고 한다. DTE/DCE는 OSI 참조 모델의 물리층(physical)에 해당한다.

DCE는 아날로그 회선에서는 모뎀이며, 디지털 회선을 사용하는 경우에는 DSU(Sigital Service Unit, 디지털 회선종단장치)이다.

단말장치의 인터페이스 국제표준규격에는 ISO 국제표준규격과 ITU-T(CCITT)권고안이 있다. ISO(International Organization for Standardization, 국제표준화기구) 규격은 1947년에 전송제어 절차나 OSI 규격을 두고 각국의 국내표준이나 각 통신기기 메이커가 제품화할 때 표준규격을 결정하는 기준으로 삼고 있다. ITU-T는 국제연합(UN) 전문기관 중의 하나인 국제전기통신연합(ITU)의 전기통신표준화 부문으로서 데이터 통신용 규격인 V 시리즈 권고나 X 시리즈 권고 및 ISDN 권고안이 있으며, 각국의 표준규격을 제정할 때 기준으로 사용된다. 국내표준규격으로는 KS(Korea Industrial Standards, 한국산업규격) 규격이 있는데, ISO 국제표준규격이나 ITU-T 권고안을 참조하여 제정함으로써 외국의 다른 통신기기와의 접속에 문제가 없도록 하고, 거기에 한국 내 고유의 규격 등을 추가로 만들어 KS 규격을 정하고 있다. 미국 내의 표준규격은 1924년 창설된 EIA(Electronic Industry Association, 미국 전자공업회)에서 주도적으로 표준규격을 제정하고 있으며 국제 표준을 결정하는 데도 큰 역할을 하고 있다. EIA에서 결정된 규격에는 "RS-XXX"라는 규격번호가 부여된다. 초창기 설비 온라인에 많이 사용되었고, PC 통신 분야나 최근의 임베디드 시리얼 통신에 널리 사용되고 있는 RS-232-C/D가 EIA 규격의 하나이다.

일반적으로 RS-232라 함은 "TIA-232-F: Interface Between Data Terminal Equipment"로 대표되는 시리얼 인터페이스를 의미한다. 이와 비슷한 표준으로는

ITU에서 정한 V.24와 V.28이 있고, ISO에서 정한 ISO 2110 등이 있다. 이런 표준 규격에는 각 신호의 기능과 이름, 신호의 전기적 특성, 기계적인 규격, 핀의 기능 등이 포함된다. 초기 버전에는 이런 기능들이 다 포함되지 않았지만 대중적으로 많이 쓰이는 인기 있는 커넥터 등이 표준에 포함되면서 내용이 점차 추가되었다. 표준 설계에는 25개의 연결선이 있었지만, RS-232 포트에서는 표 9-7에 표시된 9개의 연결선만 사용된다고 할 수 있다.

표 9-7 / PC의 시리얼 포트에서 가장 많이 사용되는 신호 핀 명칭

핀 번호 (9핀 D-sub)	핀 번호 (25핀 D-sub)	신호명	장치명	신호종류	설명
1	8	CD	DCE	제어	신호 감지
2	3	RX	DCE	데이터	데이터 수신
3	2	TX	DTE	데이터	데이터 송신
4	20	DTR	DTE	제어	데이터 터미널 준비
5	7	SG	-	-	신호 그라운드
6	6	DSR	DCE	제어	데이터 셋 준비
7	4	RTS	DTE	제어	송신 요청
8	5	CTS	DCE	제어	수신 준비 완료
9	22	RI	DCE	제어	전화벨 알림
	1, 9~19, 21, 23~25	사용 안함			

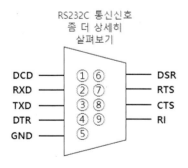

RS232C 통신신호
좀 더 상세히
살펴보기

DCD ① ⑥ DSR
RXD ② ⑦ RTS
TXD ③ ⑧ CTS
DTR ④ ⑨ RI
GND ⑤

DCD DATA Carrier Detect, 입력 포트
TXD Receive Data, 통신 데이터 출력 신호
RXD Receive Data, 통신 데이터 입력 신호
DTR Data Terminal Ready, 모뎀 통신 준비 신호로, 출력 포트로 사용 가능
DSR Data Set Ready, 모뎀 통신 준비 신호로, 입력 포트로 사용 가능
RTS Ready To Send, 모뎀 통신 등에 사용하며 통신 준비 상태를 표시하는데, 범용 출력 포트로 사용 가능
CTS Clear To Send, 모뎀 통신 등에 사용하며 통신 준비 상태를 표시하는데, 범용 입력 포트로 사용 가능
RI   Ring Indicator, 입력 포트

4.2 데이터 형식

RS-232 양방향 통신에서 반드시 필요한 세 개의 신호선은 다음과 같다. 나머지 신호선은 흐름 제어나 기타 제어와 상태 확인 등에 쓰인다.

- TX 데이터를 DTE에서 DCE로 전송한다. TD나 TXD로 불리기도 한다.
- RX 데이터를 DCE로부터 DTE로 보낸다. RD나 RXD라고도 한다.
- SG 시그널 그라운드이며, GND나 SGND로 표기하기도 한다.

RS-232는 비동기식 통신방식을 사용하며, 비동기식 통신에서 데이터의 처음과 끝에는 반드시 시작 비트와 정지 비트가 붙는다. 시작 비트는 데이터 전송의 시작을 나타내고, 정지 비트는 데이터 전송의 종료를 나타낸다. 따라서 이들 두 비트의 추가로 인해 비동기식 통신의 속도는 동기식 통신과 비교하여 늦다. 그러나 전송되는 데이터가 없는 대기 상태에서는 idle 문자를 처리할 필요가 없다. 시리얼 통신에서는 데이터에 어떤 값이든 실어 보낼 수 있는데, 제어 명령, 센서 값, 상태 정보, 에러 코드, 설정 데이터, 텍스트 파일, 실행 파일 등 매우 다양하다. 그러나 전송되는 모든 데이터는 바이트 형식이거나 다른 길이의 형식일 수도 있지만, 시리얼 포트는 8비트 데이터를 사용하는 것으로 간주한다.

그림 9-9 / 일반적인 비동기 통신 Format

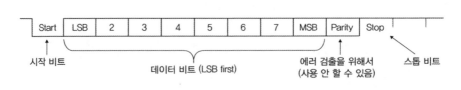

RS-232는 통신 속도와 케이블의 종류에 따라 달라지지만, 보통 15M 이내의 두 장치 간 간단한 통신을 위해 설계되었다. 규격 중 많은 부분이 컴퓨터 터미널과 외장 모뎀의 통신표준을 반영했다. 더미 터미널이라 불리던 장치는 키보드와 모니터, 원격 컴퓨터와 연결되는 통신 포트만 달려 있는데 RS-232로 모뎀과 연결되면 전화선을 이용해 원격 컴퓨터와 접속된다. 모뎀이 내장된 PC와 네트워크의 대중화로 최근에는 이런 연결방식이 사라졌다. 원래의 RS-232 역할 중 소프트웨어적인 활용 예는 최근엔 찾아보기 힘들지만, 하드웨어적인 연결은 현재도 유용하게 쓰인다. 근래엔 PC와 임베디드 시스템을 연결하거나 두 대의 임베디드 시스템을 연결하는 데 주로 활용한다.

RS-232 통신보다 더 먼 거리 통신을 원하는 경우에는, 최대 1.2Km까지 전송이 가능한 RS-485 통신을 사용한다. 우리가 사용하는 컴퓨터에는 RS-232 통신은 기본 장착(요즘에는 USB만 있는 경우가 많음)되어 있지만, RS-485 통신은 없으므로 변환기를 사용한다. RS-232 통신을 사용하는 경우에는 최대 15m 거리 및 1대 1 통신인데, 더욱 먼 거리(1.2Km) 및 여러 대(32대)의 접속을 원하는 경우에 RS-232 to RS-485 변환기를 사용한다. RS-232 통신 포트가 없는 컴퓨터에는 USB to RS-485/422 변환기를 사용한다. 한때 PC 인터페이스의 가장 핵심적인 역할을 담당했던 RS-232 시리얼 포트가 1990년대 후반의 USB 등장으로 사라질 듯이 보였으나, 가격 및 프로그래밍의 편리성과 이더넷 방식의 연결로 모니터링이나 제어 분야에 많이 활용되고 있다. 최근의 프로젝트 현장에서 USB 통신 에러가 발생하여 이더넷으로 변경한 사례가 보고되고 있다.

초창기 시스템 개발자들은 설비온라인에 비동기 통신인 시리얼 포트(RS-232C)를 많이 이용했다. 요즘은 시스템의 복잡도를 감소시키고 유지보수를 용이하게 하고 비용 측면에서도 장점을 가질 수 있게 다양한 설비들 간의 통신을 위한 국제산업표준이 많이 등장했다. 대표적인 것이 OPC와 SECS에서 정의되고 있는 표준 프로토콜이다. OPC(OLE for Process Control)는 프로세스 컨트롤 분야에서 사용자와 공급자 양쪽 모두에게 많은 혜택을 주는 새로운 산업규격으로 출현했다. OPC는 각종 애플리케이션들이 여러 종류의 프로세스 컨트롤 장비들(DCS, PLC 등)로부터 데이터를 수집하는 것을 가능하게 하는 표준 인터페이스라고 정의할 수 있다. 애플리케이션들은 각기 다른 여러 종류의 OPC 호환 서버들(DCS, PLC 등)로부터 데이터를 수집하는 데 단지 하나의 OPC 호환 드라이버만 설치하면 된다. SECS 프로토콜은 반도체 생산현장의 자동화 요구에 따라 관련 기술의 표준화를 위해 SEMI(Semiconductor Equipment and Materials International, 국제반도체장비재료협회)의 장비자동화 부문(equipment automation division)에서 반도체 장비와 외부 컴퓨터 간의 인터페이스를 위한 통신규약으로 제정되었다. 반도체 장비 생산업체에게 이를 옵션으로 적용하도록 요구하게 됨으로써, 대부분의 반도체 생산 관련 장비가 인터페이스 부문에서 이 표준을 따르게 되었다.

물류자동화

물류자동화(Automated Material Handling System)의 종류에는 공정물류(AMHS, MCS), 창고물류(AS/RS, WMS), 수배송 물류(3PL) 등이 있다.

소비자의 요구에 의해서 제품이 다양해지고 제품 주기가 빨라지기 때문에 경영진의 의사결정은 최대한 빨리 데이터화 되어 현장의 Operator 및 설비에 전달되어야 한다. 이를 위해서 택배 등의 수배송 물류와 완제품의 창고 내에서의 저장 및 불출 등의 창고 물류, 그리고 공장 내에서 물류 이동 등을 위하여 설비 자동화 및 모든 정보의 네트워킹 기능이 요구된다.

그림 10-1 / 물류자동화 개념

소비자	요구/기대	Trends		
경영진	의사결정	· 설비 Capa(계획 및 실적) · 품질 측면 · 생산성 등 각종 KPI 지표 · 제품 재고 및 WIP 정보 · 설비 상태 및 운전정보	MES	
생산		· 생산정보 · 품질정보 · 재고정보 · 설비정보 · 생산성정보 · 공정 운전정보	MCS 설비자동화 설비 N/W	

1. 자동반송 개요

AMHS(Automated Material Handling System, 자동반송)이란 작업자(operator)에 의해 Manual로 운반되는 로트(Carrier, Box, FOUP 등)를 사람의 손을 거치지 않고 이송장치에 의해 자동으로 목적지까지 운반하는 것을 말한다.

특히, 반도체/FPD 업종에서는 제조공정의 변화, 생산하는 제품의 집적도에 따라 FAB에서 요구되는 자동반송 시스템의 기대가 점점 커지고 있다. 디자인 룰의 미세화에 따른 공정 수 증가, 고부가가치 기능 적용에 의한 새로운 공정 추가에 따라 1매의 웨이퍼가 완성될 때까지 약 700 공정 이상이 필요하게 된다. 이러한 공정수의 증대, 대량생산 요구로 인해 공장 전체에 있어서 시간 당 수많은 반송이 요구되고 있는 현실은 공장자동화에 있어서 자동반송의 역할을 매우 증가 시키고 있다.

또한 1부에서 언급한 스마트팩토리, 스마트제조를 구현하기 위해서는, 사람에 의한 판단과 제조방식에서 탈피하여 시스템에 의한 판단과 제조하는 방식으로 변화해야 하고, 이를 위해서는 공정 내, 공정 간의 자동반송은 필수적인 기능이라고 할 수 있다.

1) 자동반송의 필요성

(1) 고(高) 청정도 대응
(2) 작업단위의 대(大) 구경화에 따른 Manual 작업의 어려움
(3) 복잡한 공정의 시스템화
(4) On-Line화 & Full-Automation
(5) 원가절감 등

그림 10-2 / 자동반송 구현 모습

2) 자동반송의 도입효과 및 역할

반도체 제조의 경우 Wafer직경이 200mm에서 300mm로 증가하면서, 라인 내 이동시 운반수단인 웨이퍼 캐리어(FOUP: Front-Opening Unified Pod)의 중량이 국제기관에서 규정하고 있는 권장 한계치를 벗어나고 있다. 즉 Wafer 직경이 200mm인 경우에는 작업자가 FOUP(보통 25매 단위로 사용)을 수작업으로 Handling하는 것이 가능하였다. 그러나 Wafer 직경이 300mm로 증가하면서 FOUP을 수작업으로 Handling하는 것은 거의 불가능하게 되었다.

ITRS(International Technology Roadmap for Semiconductor)에 의하면 반도체/FPD 산업뿐만 아니라 전자부품 등 전 제조 분야에서 자동반송의 요구가 계속해서 증가될 것이라고 한다. 특히, System LSI나 Foundary 제품을 주로 생산하는 FAB에서는 공정 도중에 로트가 분할되거나, 25매의 웨이퍼가 들어가는 FOUP에 적은 매수의 웨이퍼를 넣어서 생산하는 경우가 빈번하게 발생한다. 따라서 같은 매수의 웨이퍼를 생산하는 Memory FAB보다 자동반송에 대한 요구가 점점 많아지고 있다.

자동반송의 도입효과 및 역할을 요약하면 다음과 같다.
- 작업자의 Load 감소
- 작업자의 효율적 업무 재배치
- 무인 자동화 및 청정도 유지

- 안전사고 방지
- 생산성 향상 등

2. 자동반송의 종류 및 Trend

자동반송에는 공정 간 반송시스템(inter-bay system) 및 공정 내 반송시스템(intra-bay system)이 있다. 공정 간 반송시스템은 Stoker와 OHS(Over Head Shuttle)가 있고, 공정 내 반송시스템에는 AGV(Automated Guided Vehicle), RGV(Rail Guided Vehicle), OHT(Overhead Hoist Transport) 등이 있다.

FOUP의 무게가 약 10kg이나 되므로 수동으로 대량의 FOUP를 단시간에 운반하려면 부담이 크다. 이미 OHT(Overhead Hoist Transport), OHS(Over Head Shuttle), AGV(Automated Guided Vehicle System), RGV(Rail Guided Vehicle System) 등의 반송기기, 시스템이 있으며 반송능력, 투자효율에 따라 최적의 기기가 사용되고 있다. 그림 10-3은 자동반송장비의 종류를 나타낸 것이고, 표는 자동반송시스템의 발전과정을 보여준다.

그림 10-3 / 반송 설비 모습

| Stocker | RGV | OHS | AGV | OHT |

- AGV: Floor상에 무궤도 및 매설된 궤도 레일을 따라 주행하는 무인 반송차로, 공정 간 혹은 공정 내에서 설비와 설비, 설비와 stocker 사이의 반송에 사용된다.
- RGV: 무인 운반차, 무인 견인차, 무인 지게차 등이 있으며 조립라인, 가공라인, 자동창고, 유연생산시스템 등에서 공정 간 물류이송이나 자동창고 내의 물류 운반에 사용됨.

- OHT: HID(무접촉 유도 전원) 방식이며 클린룸의 공정 간 및 공정 내에 설치된 레일 위에서 카세트(FOUP)을 들고 나르는 천정반송 시스템.
- OHS: OHT와 같은 역할을 하지만 자기부상 방식이며 선형전동기로 추진시키는 방식으로 제작되어 고청정 클린룸 내에서 고속반송을 구현할 수 있다.
- Stocker: 클린룸 내의 FOUP/Reticle 등을 저장하는 장치로서 제어 구성물은 카세트용 로봇, 여러 개의 입/출고 포트들로 구성되어 있음.

표 10-1 / 자동반송시스템의 Trend

년도	70년대	80년대	'90~95	'95~2000	'01~	현재
Layout 구상	대공간 Room 방식	대공간 Room 방식	Bay 방식	Bay 방식	Bay 방식	Bay 방식
공정 간 반송 시스템	수작업	AGV	천정반송	천정반송	OHS	OHT
공정 내 반송 시스템	수작업	수작업	수작업	AGV, RGV	OHT	

1) FAB 라인 설비의 특성

반도체/FPD 업종의 FAB라인 설비는 크게 생산설비와 물류설비로 나눌 수 있는데, 다음과 같이 각각 공통적인 설비의 특성과 고유의 특성을 가지고 있다.

표 10-2 / FAB라인 설비의 공통 특성

In-port	설비에 투입될 때 작업물을 올려놓는 것
Out-port	작업이 끝난 작업물을 올려놓는 것
Tact time	설비에 작업물을 투입하는 일정 간격
Flow time	작업 소요 시간
Dispatching Rule	주어진 작업순서(Rule)에 따라 설비에 투입

라인 내 생산설비(Photo, Clean, Diffusion, CVD, Etch)는 모두 Loadport(In, Out)에 OHT가 연결되어, FOUP이 반송지시에 따라서 Load/Unload 할 수 있도록 구성하였다. 또한 모든 저장장치(stocker)에도 반송시스템이 연결되어, 작업이 완료된 FOUP이 목적 설비로 반송되기 전에 대기할 수 있도록 구성되어 있다(그림 10-4).

그림 10-4 / 라인 내 물류설비 사례

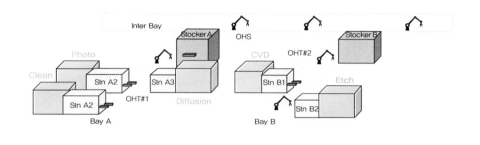

2) 반송업무 Process

설비로부터 발생된 이벤트에 대해(load/ unload request) Line Balancing 및 Dispatch Rule을 이용하여 최적의 경로 및 다음 반송지를 선택하여 반송지시를 실행하게 된다.

- Dispatch Rule Modeling
- 설비 Load Request에 대한 최적의 로트 선택 및 반송지시
- 설비 Unload Request에 대한 다음 반송 목적지 결정 및 반송지시

그림 10-5 / 반송 장치와 MES 및 설비 사이의 Flow

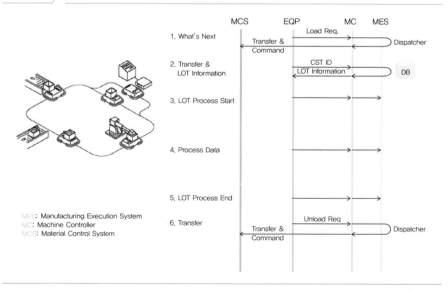

　　그림 10-5는 반도체라인의 Semi-Automation 환경에서 반송장치와 MES 및
설비 사이의 작업하는 절차를 보여준다.

(1) Destination 결정

　　물류반송시 대부분의 경우는 모두 Host로부터 받은 ID에 의해 반송한다.

그림 10-6 / Destination 결정방식

(2) 반송 Flow

　① MES에서 해당 설비의 Process가 끝난 Lot을 Track Out한다.

　② MES에서 Stocker Controller에 Destination Stocker ID를 보낸다.

　③ Operator가 Lot를 Stocker에 입력한다.

　④ Source Stocker Controller는 Destination Stocker Controller와 반송을 하
　　기 위해 상호 커뮤니케이션 한다.

　⑤ 커뮤니케이션이 완료된 후 Lot은 Vehicle을 타고 Destination Stocker로
　　반송된다.

　⑥ Stocker Controller는 MCS에 Lot Send 정보를 송신함으로써, MCS는 자신
　　의 Database에 그 Lot 정보를 Update 한다.

　⑦ Lot은 Destination Stocker에 저장되어 대기하거나 출력된다.

　⑧ Destination Stocker Controller는 MCS에 Lot Receive를 송신함으로써 반
　　송이 완료된다.

3. 물류제어시스템(MCS)

3.1 MCS 개요

MCS(Material Control System)는 생산공장의 레이아웃(layout) 정보를 바탕으로 생성된 모델링시스템(modeling system)을 통해, 출발지(source node)에서 도착지(destination node)까지의 최적 반송경로를 선정하여 물품을 반송할 수 있도록 제어하는 역할을 수행한다.

종래의 MCS는 노드(node) 및 링크(link)의 위치정보, 반송설비 정보 등을 이용하여 물리적 예상 반송시간을 산출하고, 그중 최소의 예상 반송시간을 갖는 반송경로를 출발지에서 도착지까지의 최적 반송경로로 선정하도록 되어 있다. 예상 반송시간은 단위 링크(link)별 이동거리를 해당 지역의 반송설비 속력으로 나눈 값이며, 이를 합한 값이 출발지에서 도착지까지의 물리적인 예상 반송시간이 된다.

그러나 이와 같은 물류제어시스템은 최적 반송경로의 선정기준으로 사용되는 예상반송시간을 계산하는 데 있어, 반송작업에 영향을 미칠 수 있는 작업 라인 내의 작업상황, 반송 설비의 에러 등과 같은 요소를 고려하지 않음으로써, 예상 반송시간과 실제 반송시간에 오차가 발생하게 된다. 그로 인해, 정확한 최적 반송경로를 선정하는 데 한계가 있다.

1) 반송작업에 영향을 미치는 요소

반송작업에 영향을 미치는 여러 가지 요소 중 중요한 몇 가지를 살펴보면 다음과 같다.

(1) 자동창고(stocker)의 부하 및 대기 작업 수를 고려하지 않은 최적 반송경로의 선정이다. 이렇게 최적 반송경로가 선정되면, 작업 라인 내 특정 부분의 반송설비 이용률을 높게 함으로써 반송 흐름의 불균형을 발생시킬 뿐 아니라 해당 경로의 반송지연을 초래하게 된다.

(2) 반송설비인 OHT나 AGV 등의 점유율(traffic)을 고려하지 않은 최적 반송경로의 선정이다. 이렇게 최적 반송경로가 선정되면 특정 반송경로의 반송설비 점유율을 증가시켜 반송설비 간의 간섭현상을 발생시킬 뿐 아니라 해당 경로의 반송

지연이 나타나게 된다.

이와 같은 문제점으로 인해, 종래의 물류제어 시스템을 이용하여 반송경로를 생성할 경우에는 작업상황 등의 실시간 변화에 적절히 대처할 수 없음으로 인해, 전체 작업라인의 반송효율이 저하된다.

2) 최적 반송경로 선정시 고려사항

최적 반송경로의 선택은 다음 세 가지 요소를 종합적으로 고려하여 계산되어야 한다.

(1) 단위 링크(link)의 거리를 바탕으로 한 예상 반송시간을 산출한다. 예상 반송시간은 링크별 이동거리를 해당 지역의 반송설비 속력으로 나눈 값이며, 이를 합한 값이 출발지에서 도착지까지의 물리적인 예상 반송시간이다. 이는 반송경로 상에 반송작업에 영향을 미치는 변수가 없는 경우를 전제로 한 계산방법이며, 예상 반송시간의 수식은 다음과 같다.

- 예상 반송시간(Cost) = 링크 이동거리 / 해당 지역 반송설비 속력
  (ex, OHS: 3m/sec, 반송설비 최대 속력은 설비별로 제작시 결정됨)

(2) Stocker를 지나는 부분의 링크(link)에 대해서는 부하와 대기 작업 수를 고려한 예상 반송시간을 추가로 산출해야 한다. Stocker의 부하와 대기 작업 수를 고려한 예상 반송시간의 산출은 과거 이력정보가 필요하다. 과거 이력정보가 없는 적용 초기에는 Stocker 부분의 예상 반송시간을 고려하여 모델링(modeling)한다. 즉, Stocker의 부하나 대기 작업 수가 커지면 해당 Stocker를 통한 경로의 반송시간을 크게 함으로써 예상 반송시간을 증가시킨다. 예상 반송시간의 증가는 최적 반송경로로 채택될 확률을 작게 하여, 해당 Stocker를 이용한 반송을 막아주게 된다. 그 결과로 작업라인 내 Stocker의 부하를 균일하게 유지할 수 있다. Stocker에서 계산되는 예상 반송시간 수식은 다음과 같다.

- 예상 반송시간(Cost) = ($\alpha \times$ 부하) + ($\beta \times$ 대기 작업수)

(α, β 는 반송라인의 특성에 따라 가변적으로 설정되는 사용자 정의 값)

(3) 반송설비(OHT, AGV 등)가 이용되는 링크(link)에서는 점유율을 고려한 예상 반송시간을 산출한다. 하위 반송설비제어 시스템에 내려지는 반송명령 정보로부터 링크별 작업밀도를 계산하게 된다. 링크의 작업밀도가 크면 해당 링크를 이용하는 Vehicle이 많다는 것을 의미하므로, Vehicle의 점유율이 커지게 된다. Vehicle 점유율이 커지면 예상 반송시간을 증가시켜 점유율이 상대적으로 높은 링크를 포함하는 반송경로가 채택되지 못하도록 만든다. 반송설비 점유율을 이용한 예상 반송시간 공식은 다음과 같다.

- 예상 반송시간(Cost) = δ × 반송설비 점유율

  (δ 는 반송라인의 특성에 따라 가변적으로 설정되는 사용자 정의 값)

이와 같은 사항들을 고려하여 물류제어 시스템의 물리적인 예상 반송시간과, 반송작업에 상대적으로 큰 영향을 미치는 자동창고의 부하 및 대기작업 수, 반송설비 점유율에 대한 예상 반송시간을 종합적으로 고려하여 계산한다. 그리고 그 결과 중에서 최소의 예상 반송시간을 갖는 반송경로를 최적 반송경로로 선정한다.

3) 개선방안

또한 이러한 반송경로와 관련된 문제를 해결하기 위하여, 현장에서는 다음과 같은 방법들이 많이 사용되고 있다.

(1) Direct 반송

예전에는 동일 베이(bay) 내에서만 반송이 가능했지만, 현재는 OHT 시스템을 라인 전체에 적용시킴에 따라(unified track system) 중간에 Stocker를 통하지 않고도 다른 베이에 있는 장치로 직접 반송할 수 있게 되었다. 그러나 각 장치가 동기화되어 있지 않을 경우 처리상황을 알 수 없어 반송시간 분산 등의 과제가 생겼으며, 현실적으로는 현장에서 부분적으로 사용되고 있다.

(2) Semi Direct 반송

다이렉트 반송이 불가능한 경우, 베이 내 혹은 근처 Stocker에 일시적으로 대기하다가 장치를 처리할 수 있게 된 시점에 Stocker에서 장치로 반송하는 방법이다.

(3) ZFB(Zero Foot print Bufer)의 활용

Stocker 사용에 비하여 In/Out 시간이 제로인 유효한 수의 Bufer를 최적 위치에 설치함으로써 신속하게 반송하는 방법이다. 그러나 수많은 ZFB를 사용했을 경우, 컴퓨터 상의 데이터와 실제 결과가 다른 경우가 발생하므로, 동기화하는 작업이 필요하다.

3.2 MCS 주요 기능

MCS는 FAB 내에서 발생한 Material Movement에 대해 적절한 제어 역할을 수행하며, 그 주요 기능은 다음과 같다.

- MCS 주요 기능
  - MES로부터 받은 반송 명령에 대해 반송 Route 설정 및 반송장비 관리
  - FAB 내 상황 변화에 효과적으로 대처하여 라인 상황에 따른 효율적인 Dynamic Routing 설정
  - AMHS 장비 및 Carrier에 대한 실시간 모니터링 제공
  - 최적의 반송경로 탐색(Shortest Path) 알고리즘 적용
  - Interbay and Intrabay Control

- MCS 역할
  - Next Station까지 Carrier의 시기 적절한 반송
  - 작업자(Human)에 의한 Contamination 및 Carrier handling 감소
  - Carrier의 Miss 반송 및 중복된 반송 방지

또한 MCS는 생산 시스템 의존도가 매우 높은데, 그 이유는 예전에 작업자가

판단하던 결정들이 이제는 MES, Scheduling/Dispatch System, Reticle Management System 등 서로 맞물려 필요한 의사결정을 내리기 때문이다.

그림 10-7 / MCS 흐름도

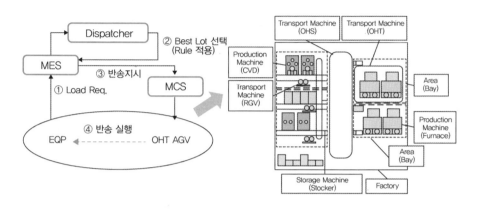

설비에서 Loading 요청이 들어오면 MES는 작업지시 시스템에서 최적의 Lot를 선택하여 MCS에 반송지시를 내려 보낸다. MCS는 목적 설비를 지정하고, 최적의 경로를 선택하여 반송을 실행한다(그림 10-7).

1) 제어 서비스

FIFO 및 Priority에 따른 반송 우선순위를 결정하고, 최적 반송경로를 검색하는 제어 서비스는 다음의 역할을 수행한다.

- 기준정보 관리
- 반송 명령 제어
  - FIFO 및 Priority에 따른 반송 우선순위 결정
  - 최적 반송 경로 검색
  - 반송 명령에 대한 상태 모니터링
  - 예약 반송 지원
  - 반송 명령 취소

          – 반송 명령에 대한 목적지, Priority 변경
- 반송 명령 Queue 관리
  - 반송 명령 Queue조회
  - 반송 우선순위 변경
  - Stocker별 반송 Queue 조회
- 반송 Routing 알고리즘
  - 반송시간에 따른 가중치(weight value) 설정
  - 장비상태(node availability)에 따른 반송 유무 결정
  - 반송 예약에 대한 Bottleneck 반영
  - 장비별 부하량에 따른 반송경로 자동변경

그림 10-8 / 반송 Routing 알고리즘

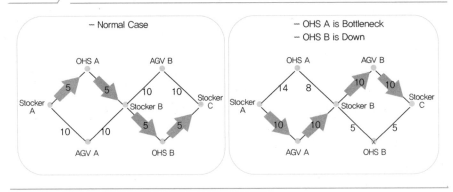

Stoker와 반송 시의 Load Balancing 제어 서비스는 다음과 같다.

- Load Balancing
  - Stoker Load Balancing: Stocker별 재고량 관리, Stoker별 위험수위 (wafer mark) 설정 및 재고율 모니터링, Stocker별 재고율에 따른 Load Balancing(연계 stocker 변경)
  - 반송 Load Balancing
  - 반송설비에 대한 사용 우선순위(weight value) 설정
  - 반송대기 물량에 따른 우선순위 변경

그림 10-9 / Load Balancing 예

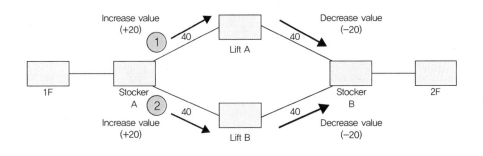

예전에는 동일 Bay 내에서만 가능했지만, 현재는 OHT 시스템을 라인 전체에 적용시킴에 따라 중간에 Stocker를 통하지 않고, 바로 설비(EQP) to 설비(EQP) 반송이 가능하게 되었다. 그러나 각 장비가 동기화하고 있지 않을 경우 처리 상황을 알 수 없어 반송시간 분산 등의 과제가 생기며, Bay 내 혹은 근처 가까운 Stocker에 일시적으로 대기하다가 장치를 처리할 수 있게 된 시점에 Stocker에서 장비로 반송하는 방법이 사용되고 있다.

2) 모니터링 서비스

- FAB 모니터링
  - FAB Layout 모델링
  - Drag & Drop 방식의 직관적 모델링
  - 변경 Layout의 실시간 Re-loading
- 실시간 FAB 모니터링
  - Online 상태 모니터링(vehicle, loading/unloading, traffic…)
  - 장비 및 포트 운영 상태 모니터링
  - Stocker 재공 상태 모니터링
  - 모니터링 영역 지정(area별, 층별) 및 영역별 모니터링

그림 10-10 / 모니터링 UI

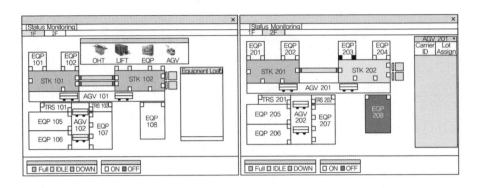

3) 인터페이스 서비스

- MHS 장비 인터페이스
  - AMHS(stocker, vehicle, port 등)
  - HSMS 메시지 작성을 위한 Tool
  - 장비 Online Test Tool
  - SECS-I/SECS-II 로그(파일, 데이터베이스)
- MES 인터페이스
  - MES Application
  - Middleware I/F(TIB/RV, IBM MQ, CORBA)
  - 외부 시스템 연계위한 Message Adapter와 Business Logic 분리

4. SEMI Standard

반도체/FPD 자동화에는 자동반송 장치와 공정설비를 연결시키는 반도체 관련 모든 표준을 정의해 주는 국제표준기구로서 SEMI(Semiconductor Equipment and Materials Inrernational)가 있다.

자동반송은 작업자에 의해 매뉴얼로 운반되던 Lot(Carrier, FOUP, Panel)을 사람의 손을 거치지 않고 이송장치에 의해 자동으로 목적지까지 운반하는 것을 말한다. 특히 반도체 Wafer직경이 300mm로 커지면서 자동반송의 중요성은 점점 증가하고 있다.

300mm Automation 성공의 관건은 Fabrication이고, 시스템의 다양한 컴포넌트를 얼마나 잘 통합할 수 있는가에 직결된다. 서로 이질적인 컴포넌트(sorters/stockers, MCS/MES, tool control, OHS/OHT 등)가 서로 Interface되어 통합 Automation시스템에서 잘 기능할 수 있도록 해야 한다. 이때 필수적으로 요구되는 장비들 간의 규약이 SEMI Standard로 정의되어 있다.

그림 10-11 / 설비 구성 요소도

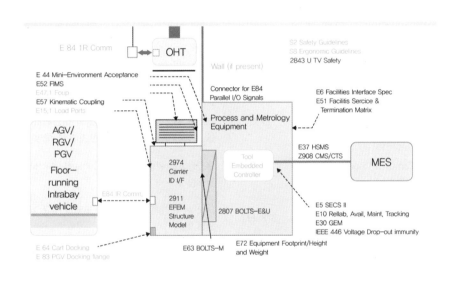

SEMI 표준은 각 카테고리 별로 상세히 정의되어 있다. 장비의 완전자동화 환경(E87, E90, E40, E94 등, 표 10-3 참조)에서 Material에 대한 수용, 검증 및 프로세스 방식을 규정하고 있는 새로운 SEMI Standards의 경우 훨씬 강화된 자동화 통합수준을 요구하고 있다.

이렇게 통합수준을 높게 한 이유는 새로운 300mm Standards에서는 200mm Standards에 비해 장비 기능을 심도 있게 구현할 수 있기 때문이다.

표 10-3 / SEMI Standards (http://www.semi.org)

ID	간략한 명세	동의어	설명
E5	Semi Equipment Communication Standard 2	SECS-II	- 장비와 호스트간의 메시지 전송 규약에 따라 교환되는 메시지가 해석될 수 있도록 구조 및 의미를 규정
E30	Generic Equipment Model	GEM	- 실제 운영시 장비 대응 시나리오에 대한 정의
E37.1	High Speed Messaging Service-Single Session	HSMS-SS	- GS와 비교하여 하나의 연결을 통해 대상 장비 하나와 데이터를 주고받는 규약 - SECS-I 의 대체를 위해 간략화된 HSMS 사양
E39	Object Service Standard	OSS	- Object에 대한 정의나 활용에 대한 표준
E40	Processing Management	PM	- 웨이퍼를 갖고 작업하는데 필요한 방법 및 절차
E82	Inter/Intra Bay Specific Equipment Module	IBSEM	- 반송장비(Intra/Inter Bay)와의 통신을 위해 사용되는 메시지 정의와 시나리오 제공
E84	Enhanced PI/O	EPIO	- 보다 강화된 Carrier Hand off 병렬 I/O 인터페이스로서 자동반송장치와 설비와의 이송까지 통신을 규정하여 Carrier의 안전한 이송을 보장
E87	Carrier Management Standard	CMS	- 생산장비와 반송장비 내의 Carrier를 관리하는데 - 필요한 표준
E88	Stocker Specific Equipment Model	STKSEM	- Stocker 운영에 필요한 상태 모델과 주요 기능에 관한 정의
E90	Substrate Tracking Standard	STS	- 실제 장비안에 있는 Wafer의 모든 상태를 추적하기 위한 메커니즘
E94	Control Job Management	CJM	- Process Job의 스케줄링 요구사항 정의

4부

MES 진단 및 사례연구

MES 진단 및 평가

1. 수준진단 방법론

MES를 구축하고자 할 때 가장 먼저 파악하는 것이 프로세스 및 현재 시스템의 수준이다. 이번 장에서는 MES의 수준진단 방법론 및 진단 사례에 대하여 살펴보도록 한다.

MES 수준진단을 위해서는 프로세스, 제조시스템 현황, 운영수준 등의 입력이 필요하고, 프로세스 및 시스템의 운영수준, 정보시스템 진단, 이슈 도출의 단계로 진행된다. 그에 대한 결과물로 진단계획서, 평가결과, 이슈 목록, 개선방안 도출이 있다.

그림 11-1 / MES 진단과정

Input		Output
- 프로세스	프로세스 시스템 운영수준 정보시스템 진단 → 이슈 도출	- 진단계획서
- 시스템 현황		- 평가결과
- 운영수준		- 이슈 목록
		- 개선방안 도출

표 11-1	/	수준진단 목적 및 이슈 도출

Task 구분	프로세스 및 시스템 운영수준 진단	이슈 도출
목적	• MES와 관련된 제조 프로세스 및 기 구축된 정보시스템에 대한 세부 진단을 통해 이슈를 도출하고자 함	• 진단을 통해 도출된 문제점들을 정리하여 이슈 List를 작성
절차	1. 프로세스 및 시스템 운영의 수준을 진단하기 위한 대상 및 평가항목을 선정함 2. 선정된 진단대상 프로세스 및 시스템과 관련한 대상자에게 진단을 위한 교육 실시 3. 현재 시스템의 운영수준을 진단하기 위한 실제 진단 실시	1. 진단 Tool을 이용한 영역별 수준진단 결과에 따른 이슈를 도출 2. 인터뷰 결과를 통해 도출된 이슈들을 프로세스별, 진단 영역별로 정리 3. 도출된 이슈들을 각종 분석기법을 통해 정리 · 요약
Input	• 프로세스 분류 • 정보시스템 현황 • 운영수준	• 수준진단 보고서
Output	• 진단 계획서 • 수준진단 보고서	• 이슈 List

수준진단 단계별 상세 절차를 살펴보면, 프로세스 및 시스템 운영수준 진단의 목적은 MES와 관련된 제조 프로세스 및 기 구축된 정보시스템에 대한 정확한 진단을 통해 이슈를 도출하기 위함이다. 이를 위해 프로세스 및 시스템 운영의 수준을 진단하기 위한 대상 및 평가항목을 선정한다. 선정된 진단 대상 프로세스 및 시스템과 관련한 대상자에게 진단을 위한 교육을 실시하고, 현재 운영수준을 진단하기 위한 실제 진단을 실시한다.

진단 툴(tool)을 이용한 영역별 수준진단 인터뷰를 통한 문제점을 도출한다. 이슈 도출의 목적은 진단을 통해 도출된 문제점들을 정리, 분석하여 이슈 리스트를 도출하기 위함이다. 이를 위해 진단 툴을 이용한 영역별 수준진단 결과에 따른 이슈를 도출한다. 인터뷰 결과를 통해 도출된 이슈들을 프로세스별, 진단 영역별로 정리한다.

마지막으로 파악된 평가결과 및 이슈를 토대로 하여 개선방안을 도출하여 긍극적으로 개선이 추진되도록 한다.

표 11-2 / 수준진단 Model

구분		이슈 도출 방안	비고
참조모델 활용	ANSI/ISA-95 Model	- ANSI/ISA-95(Enterprise Control System Integration) 에 기반한 진단 모델을 활용하여 MES의 운영수준을 진단하고 개선점을 도출함	
	PCF Model	- APQC Webpage에서 PCF/OSBC APQC Online Benchmarking Tool을 이용하여 현재 프로세스 기능여 부 및 진단 리포트를 통한 현재의 프로세스 수준을 파 악하고 혁신과제 선정을 위한 이슈를 도출함	유료
	PwC GBP	- PwC Advisory Services에서 제공하는 GBP(Global Best Practices)를 이용하여 현재의 프로세스 수준을 파악하고 혁신과제 선정을 위한 이슈를 도출함	
프로세스 성숙도 모델 활용	프로세스 수준평가(PMM)	- 조직, KPI, 비전 등 평가 항목 별로 수준평가를 통하여 관련 이슈들을 정의 및 도출함	
	MMP	- Process Maturity Model을 응용한 MESA의 MES Maturity Profile(MMP)을 현 프로세스에 적용하여 현재 수준을 파악하고 관련 이슈를 도출함	

ISA : The Instrumentation, Systems, and Automation Society
PMM : Process Maturity Model
MESA : Manufacturing Enterprise Solutions Association
MMP : MES Maturity Profile
PCF : Process Classification Framework
GBP : Global Best Practices

MES 진단을 위해 활용할 수 있는 진단 참조 모델은 ANSI/ISA-95 모델, PCF 모델, PwC GBP가 있다.

ANSI/ISA-95 모델은 ANSI/ISA-95 Enterprise Control System Integration에 기반한 진단 모델을 활용하여 MES의 운영수준을 진단하고 개선점을 도출한다.

PCF 모델은 APQC 웹페이지에서 PCF/OSBC APQC Online Benchmarking Tool을 이용하여 현재 프로세스 기능 여부 및 진단 리포트를 통한 현재의 프로세스 수준을 파악하고 혁신과제 선정을 위한 이슈를 도출한다.

PwC GBP는 PwC Advisoty Services에서 제공하는 GBP(Global Best Practices)를 이용하여 현행 프로세스 수준을 파악하고 혁신과제 선정을 위한 이슈를 도출한다.

프로세스 성숙도 모델은 프로세스 수준평가(process maturity model)와 MMP가 있다. 프로세스 수준평가는 조직, KPI, 비전 등 평가 항목별로 수준평가를 통하여 관련 이슈들을 정의 및 도출하는 것이고, MMP는 Process Maturity Model을 응용한 MESA의 MES Maturity Profile(MMP)을 현 프로세스에 적용하여 현재 수준을 파악하고 관련 이슈를 도출한다.

2. 프로세스 성숙도 모델

프로세스 성숙도 모델(process maturity model)의 정의는 업종별, Value Chain별 프로세스 성숙도의 단계를 분류한 모델이다. 프로세스의 성숙도 단계를 분류한다는 것은 다음과 같은 항목들을 전제로 해야 한다.

① 기업은 하루아침에 높은 수준의 프로세스를 구축할 수 없으며, 최고로 성숙된 프로세스를 갖추기 위해서 일정한 단계를 거쳐야 한다.
② 높은 수준의 단계로 올라갈수록 프로세스가 운영되는 방식이 더 발전되는 것이다.
③ 모든 프로세스가 100% 완벽한 수준으로 될 필요는 없으며, 이것이 항상 바람직한 것도 아니다.
④ 기업별로 특정 프로세스의 목표 수준이 다를 수 있다.
⑤ 기업의 프로세스별 목표 수준은 기업의 목표와 사업방식 등에 따라 다르게 나타난다.

PMM은 다음과 같은 용도로 사용된다.
① 기업이 프로세스 성숙 측면에서 현재 어디에 위치하고 있는지 파악할 수 있다.

② 미래에 어느 수준에 도달하고자 하는지 결정할 수 있다.

③ 선진 기업의 수준과 현재 자사의 수준을 비교하거나, 기업 내부에서 정한 미래 수준과 현재 수준을 비교함으로써 수준 차이가 심한 프로세스 영역을 발견할 수 있다.

④ 혁신의 기간동안 각 기업이 현재 수준에서 미래 수준으로 이동할 수 있는 Migration Strategy를 구축할 수 있다.

프로세스 성숙도 모델은 일반적으로 다음과 같이 5단계로 분류한다(그림 11-2).

1) Maturity Level 1(Poor)

이 단계에서 나타나는 현상은, 첫 번째 일반적으로 프로세스가 즉흥적이거나 혼란인 상태이다. 조직 내에서 안정적인 프로세스 환경이 제공되지 않으며, 업무의 수행은 특수한 인력과 그 인력이 보유한 역량에 좌우된다. 두 번째 조직은 일반적으로 시간에 쫓겨 프로세스를 무시한다. 이 때문에 업무수행은 일시적인 성과를 내지만, 실제 성과는 목표에 미치지 못한다. 프로세스 없이 업무가 수행되는 단계이다.

그림 11-2 / Maturity Level 1

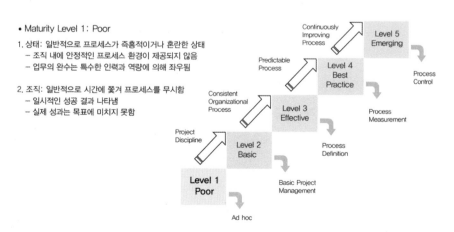

*자료: http://services.mesa.org/ResourceLibrary

2) Maturity Level 2(Basic)

레벨 2에서는 첫 번째 프로세스 관리를 계획, 수행, 통제하는 상태이다. 체계화된 계획에 따라 프로세스 관리를 수행하고, 요구사항, 프로세스, 산출물, 서비스를 관리한다. 두 번째 조직은 프로세스 관리에 대한 기본정책이 확립되어 정책, 계획, 수행, 통제 등 기본적 관리 사이클이 정착되고, Tool을 사용하여 관리한다. 프로세스가 정의되어 있고, 이 프로세스에 대한 기본적인 관리가 이루어져서 프로세스대로 일을 하려고 노력하는 단계이다.

그림 11-3  Maturity Level 2

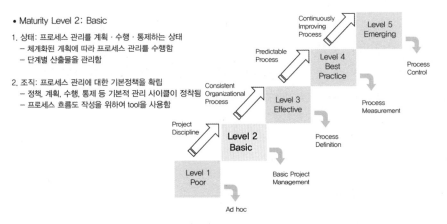

*자료: http://services.mesa.org/ResourceLibrary

3) Maturity Level 3(Effective)

레벨 3에서는 첫 번째 프로세스를 충분히 이해하고 특성을 표준, 절차, 도구 등으로 표현하는 상태이다. 프로세스를 정의, 문서화하고 조직원들이 책임과 역할을 인지하며, 요구사항, 프로세스, 산출물을 관리한다. 두 번째 조직은 표준 프로세스를 기초로 업무를 관리하며, 단계별 목표를 수립하고, 표준화된 운영 프로세스대로 업무가 수행된다. 정의된 프로세스들이 명확히 관리되고 조직원들이 이를 완벽히 이해하여, 프로세스대로 업무목표가 설정되고 일을 수행하는 단계이다.

그림 11-4 / Maturity Level 3

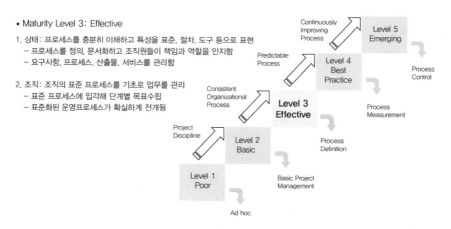

- Maturity Level 3: Effective
1. 상태: 프로세스를 충분히 이해하고 특성을 표준, 절차, 도구 등으로 표현
   - 프로세스를 정의, 문서화하고 조직원들이 책임과 역할을 인지함
   - 요구사항, 프로세스, 산출물, 서비스를 관리함

2. 조직: 조직의 표준 프로세스를 기초로 업무를 관리
   - 표준 프로세스에 입각해 단계별 목표수립
   - 표준화된 운영프로세스가 확실하게 전개됨

*자료: http://services.mesa.org/ResourceLibrary

4) Maturity Level 4(Best Practice)

레벨 4에서는 첫 번째 프로세스의 품질 및 성과에 대해 목표를 수립하고 통제하는 상태이다. 서브 프로세스를 선정하여 프로세스 성과를 통제하고, 정량적

그림 11-5 / Maturity Level 4

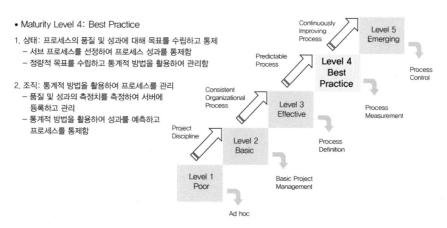

- Maturity Level 4: Best Practice
1. 상태: 프로세스의 품질 및 성과에 대해 목표를 수립하고 통제
   - 서브 프로세스를 선정하여 프로세스 성과를 통제함
   - 정량적 목표를 수립하고 통계적 방법을 활용하여 관리함

2. 조직: 통계적 방법을 활용하여 프로세스를 관리
   - 품질 및 성과의 측정치를 측정하여 서버에 등록하고 관리
   - 통계적 방법을 활용하여 성과를 예측하고 프로세스를 통제함

*자료: http://services.mesa.org/ResourceLibrary

목표를 수립하고 통계적 방법을 활용하여 관리한다. 두 번째 조직은 통계적 방법을 활용하여 프로세스를 관리한다. 품질 및 성과 결과를 측정하여 서버에 등록하고, 통계적 방법을 활용하여 성과를 예측하고 프로세스를 통제한다. 서브 프로세스별로 통계적으로 확인이 가능한 목표를 설정하고 이에 대한 성과를 확인할 수 있는 단계이다.

5) Maturity Level 5(Emerging)

레벨 5에서는 첫 번째 정량적 해석을 통해 프로세스를 지속적으로 개선하는 상태이다. 점진적·혁신적 기술개선을 통해 프로세스 성과를 개선하고, 안정화된 프로세스 변동의 우연요인(common cause)을 발굴하여 개선하며, 개선에 대한 조직원의 역할인식과 참여가 활성화된 상태이다. 두 번째 조직은 정량적 근거에 기초해 개선목표를 수립하고 개선을 수행한다. 이 단계는 지속적으로 프로세스가 개선되고, 개선된 프로세스에 의해서 업무가 이루어지며, 이를 측정하여 프로세스 개선이 진행되는 최고 수준의 단계이다.

그림 11-6 / Maturity Level 5

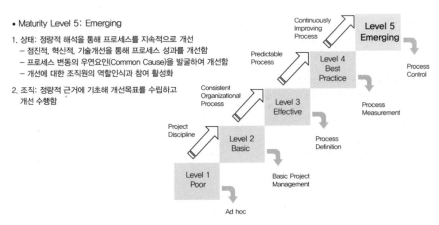

*자료: http://services.mesa.org/ResourceLibrary

3. MMP 진단 Tool

MMP(MES Maturity Profile)는 MESA 보고서(MESA White Paper) 「비즈니스 사례 방법론」(Justifying MES: A Business Case Methodology)에서 소개된 모델로서, 제조운영의 전략적 핵심도출을 위한 평가요소를 제시한다.

MESA의 MMP는 제조 운영에 대해 여섯 가지 부문에 대한 평가 요소를 제시하였다.

6개 부문은 제조전략(manufacturing strategy), 제조품질(manufacturing quality), 공급망 정렬(supply chain alignment), 데이터 수집(data collection), 성과관리 및 향상(performance management and improvement), 제조 인프라(manufacturing infrastructure)이다.

각 부문별로 Poor에서 Emerging 단계까지 단계별로 현상을 설명함으로써, 해당 기업이 각 부문별로 어떤 수준에 속해 있는지를 판단할 수 있다.

(1) 제조전략 부문의 각 단계별 현상을 살펴보면 다음과 같다.

① Poor 단계는 제조(MES)전략이 없다.
② Basic 단계는 제조전략이 문서화되어 있으나, 전략과 실행이 불일치하며 일관성이 없다.
③ Effective 단계는 적절한 제조전략이 존재하고, 전략과 실행이 일치하며 일관성 있다, 제조전략이 전사적인 비즈니스 전략과 잘 연계되어 있다.
④ Best Practice 단계는 서비스와 통합된 이상적인 제조전략이며, 제조전략이 e-Biz 방향성을 지원한다.
⑤ Emerging 단계는 제조전략이 경쟁력 있는 무기가 되고, 포괄적 사업기획을 지원하며, 성과 향상에 큰 돌파구가 된다.

(2) 제조품질 부문의 단계별 현상은 다음과 같다.

① 품질 변동이 심하며 품질이 낮은 수준이고, 품질 프로세스가 문서화되어 있지 않다. 교육이 체계적이지 못하고, 품질 관련 Error와 Rework이 많다.
② 품질 프로세스가 문서화되어 있다. 간단한 Tool(SPC, LIMS)이 효율적으로 사용된다.
③ 품질 프로세스가 다른 운영 프로세스와 연계되어 있다. 정교한 품질 관련

Tool들이 사용되고, 품질 수준이 향상되고 있다.

④ 산업을 주도하는 품질 프로세스 및 수준을 가지고 있다. 제품과 프로세스의 품질이 시스템에 의해 측정되고 개선된다.

⑤ 식스 시그마가 잘 진행된다. 신제품의 품질수준이 확보되어 사업성장에 기여한다.

(3) 공급망 정렬 부문의 단계별 현상은 다음과 같다.

① 성과지표가 보상과 무관하다. 독립된 기능만 존재하고, 많은 재고에 의해 공급망에 대한 신뢰도가 저하되어 있다.

② 재고와 서비스 추적이 가능하다. 기본적인 공급망 프로세스가 있으며 프로세스가 지켜지고, 변경에 대한 추적이 가능하다.

③ 강력한 판매운영계획(S&OP) 프로세스가 있다. 공급망 상의 여러 이해 관계자들에게 트레이닝이 지속적으로 진행되며, 적절한 제조 유연성을 가지고 있다.

④ 제조는 공급망의 변화에 유연하게 대응할 수 있다. 제조 부문은 공급망에 연계된 KPI를 가지고 있으며, 원자재, WIP 등의 자재 회전율이 높다.

⑤ 실시간으로 제조정보가 공급망에 제공된다. 시간과 일 단위로 공급망의 성과가 측정된다.

(4) 데이터 수집 부문의 단계별 현상은 다음과 같다.

① 단독으로 운영되는 시스템과 수작업 프로세스 형태다. 데이터 수집에 많은 컨택 포인트 필요하며, 수작업으로 최소의 정보만 얻는다.

② 시스템 통합은 되어 있지 않으나, 정확한 정보를 제공한다.

③ 주요 제조 데이터를 획득할 수 있는 매우 유능한 시스템을 가지고 있다. 모든 제조 인력이 프로세스의 역량과 성능을 통계적으로 관리한다.

④ 글로벌 기업 형태로 시스템간 정보가 통합되어 있다. 데이터에 대한 네이밍 규칙이 일관적이다.

⑤ 공급업체, 고객, 협력업체와 관련된 정보가 정보 인프라로 연결되어 있다.

(5) 성과관리 및 향상 부문의 단계별 현상은 다음과 같다.

① 성과측정이 되지 않거나 회사목표에 부합되지 않는다. 관련없는 일련의 작업을 완성하는 데 초점이 맞춰지기도 하고, 성과목표와 성과관리 프로세스가 없다.

② 주요 지표가 부서 단위로 사용되고, 예산과 성과관리 프로세스가 연계되어 있지 않다.

③ 시스템으로 실시간 측정결과가 제공된다. 타 부서와 통합된 측정지표를 가지고 있으며, 성과측정이 가시화되어 있다.

④ 글로벌 기업간 실시간으로 통합된 정보를 얻는다. 높은 실행팀이 존재하고, 지속적인 프로세스 개선이 이루어진다.

⑤ 통합된 성과관리 시스템이 사업목표와 회사의 주요 연간 개선목표와 연결해 준다.

(6) 제조 인프라 부문의 단계별 현상은 다음과 같다.

① 설비 인프라가 미약하다. 충분한 유지보수가 실행되지 않으며, IT 환경이 오래되고 부족하다.

② 설비의 유지보수가 잘된다. 적절한 공정능력지수(CpK)를 가지고 있으며, 견고한 기술환경을 가지고 있다.

③ 뛰어난 유지보수와 자금 투자능력이 있다. 심화된 IT 능력과 경험이 충분하며, 주요 제품에서 뛰어난 공정능력지수를 나타낸다.

④ 신뢰도와 가용성으로 산업을 주도한다. IT 계획이 비즈니스, 제조계획과 연계되어 있다.

⑤ 확장된 공급망을 위한 인프라가 형성되어 있다.

표 11-3 / MMP의 6개 부문별 평가요소

Stage	Poor	Basic	Effective	Best Practice	Emerging
Manufacturing Strategy (제조전략)	• No manufacturing strategy	• Documented Mfg Strategy in place • Implementation toward strategy is not consistent • Functionally oriented	• Solid strategy in place Consistent implementation • Strategy linked to overall business strategy	• Visionary mfg strategy is fully integrated with service delivery • Mfg strategy supports e-Business direction	• Manufacturing is a competitive weapon • Mfg strategy supports extended enterprise • Breakthrough level of performance
Manufacturing Quality (제조품질)	• Variability is the rule • Industry laggard • No process documentation • Training is haphazard • Errors and rework	• Quality processes are documented • Simple tools are used effectively(SPC, LIMS)	• Quality process integrated with other operations • Sophisticated tools Quality levels improving	• Regarded as industry Quality leader • Product and process quality measured and improved via broad programs	• Six Sigma process well underway • Quality levels enable new product applications and business growth
Supply Chain Alignment (공급망정렬)	• Incentives and KPI's not aligned • Functional silos • Poor mfg reliability buffered by lots of inventory	• Inventory and service levels tracked • Basic procedures uderstood/follo wed • Change-over times tracked	• Strong S&OP process in place • Business and supply chain training is continuous • Adequate mfg flexibility	• Mfg is responsive and flexible • Mfg has supply chin focused KPI's • High level of inventory turns for raws, WIP, FG	• Visionary leaders create new capabilities • Real time mfg into drives the supply chain • Responsiveness measured in hrs vs. days
Data Collection (데이터 수집)	• Disconnected systems and manual process • Many contact points • Minimum information at fingertips	• Systems are not integrated, but generally provide accurate information	• Highly capable systems are capturing key manufacturing • Process capability and performance statistics tracked by all mfg personnel	• Systems integrate information across the global company • Naming conventions are consistent	• Internet/ intranet/ extranet link mfg, inventiry, logistics, and customer information with suppliers, customers and partners
Performance Management & Improvement (성과관리 및 개선)	• Measurements lacking or not aligned with company objectives • Focus on completing unrelated series of tasks • No goals; no progress	• Key measures are used departmentally (On-stream time and rate, scrap, etc.) • Budget, not process driven	• Systems provide real time measurements • Measures at all levels integrated with other departments • Performance is visible	• Systems integrate information across the global company • High performance teams • Continuous improvement process in place	• Fully integrated performance management system links business objectives to key company annual and improvement goals
Manufacturing Infra structure (제조 인프라)	• Facilities are poor • Lack of adequate maintenance • Antiquated and brittle IT environment	• Well maintained facilities • Adequate Process Capability(Cpk) • Sound technology environment	• Strong maintenance and capital investment • Deep IT capabilities and experience • Strong Process Capability(Cpk) in key products	• Industry leading reliability and capability • IT plans fully integrated with business and manufacturing plans	• Infrastructure leveraged across extended supply chain • Outsourced where appropriate for cost and performance

*자료: http://services.mesa.org/ResourceLibrary

4. 사례연구

4.1 추진 개요

S사는 다양한 전자부품을 생산하는 제조업체로 각 사업부별로 자체적으로 만든 MES 기본기능을 사용하고 있다. 제조정보시스템의 활용수준을 진단하여 개선 방안을 도출하고, 전사적으로 MES 체계를 새롭게 구축하여 획기적인 생산성 향상을 이루고자 추진하게 되었다.

1) 추진 배경 및 경과

- 추진배경
  S사 부산공장의 제조혁신을 위한 제조정보시스템 활용수준을 진단하여 개선 방안을 도출하고, 선진화 방안을 제시하고자 한다.
- 진단기간 : 201×. 6~201×. 7 [6주]
- 참여인력
  - 경영혁신 및 제조/품질/설비 부문 등 담당자 19명 인터뷰
  - S사 MES 컨설턴트(수석 컨설턴트 2명)
  - 오픈타이드 컨설턴트(컨설턴트 3명), 미라콤 컨설턴트(컨설턴트 3명)
- 진단부문 [제조/품질/설비]
  - 표준 MES 7대 모듈 기준: 생산분석, 품질분석, 작업지시, 생산실행, 설비제어, 설비관리, 물류제어
- 추진 경과

그림 11-7 / MES 진단 추진 경과

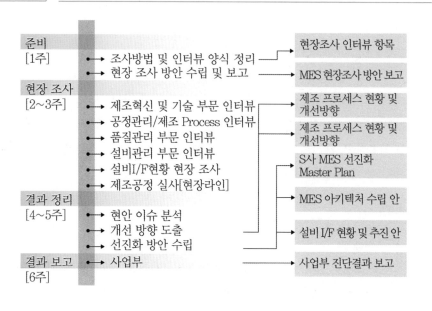

준비
[1주]
→ 조사방법 및 인터뷰 양식 정리 ──┐→ 현장조사 인터뷰 항목
→ 현장 조사 방안 수립 및 보고 ──→ MES 현장조사 방안 보고

현장 조사
[2~3주]
→ 제조혁신 및 기술 부문 인터뷰 ──→ 제조 프로세스 현황 및 개선방향
→ 공정관리/제조 Process 인터뷰 ──→ 제조 프로세스 현황 및 개선방향
→ 품질관리 부문 인터뷰
→ 설비관리 부문 인터뷰 ──→ S사 MES 선진화 Master Plan
→ 설비I/F현황 현장 조사
→ 제조공정 실사[현장라인] ──→ MES 아키텍처 수립 안

결과 정리
[4~5주]
→ 현안 이슈 분석 ──→ 설비 I/F 현황 및 추진 안
→ 개선 방향 도출
→ 선진화 방안 수립

결과 보고
[6주]
→ 사업부 ──→ 사업부 진단결과 보고

2) 실사 결과

(1) MES 운영수준 평가

MES 7대 모듈별 유사 시스템의 산재 및 활용도가 낮고, 생산실행 Data 수집 및 관리 수준이 낮아 생산분석, 품질분석 활용도 및 가시성이 부족함.

- 작업지시 프로세스가 없고, LOB(Line of Balance) 고려 안됨, 작업자의 경험/판단으로 공정 운영(Lot투입: 약 400건/일)
- 생산실행 시스템이 있으나, 공정별 Lot 단위로 시작/종료 시간만 수작업으로 등록(시작/종료 : 평균 7,345건/일)
- 생산분석 Data 신뢰도 부족, 시스템 활용도 낮음
- 품질분석 시스템 활용 편차가 크고, 분석 시간이 오래 걸림
- RMS 기능이 일부 설비만 적용되어 미세정보 확인이 필요하고, 설비제어는 자동 I/F 적용률이 낮음(설비 I/F 완료: 약 10% 정도)

그림 11-8 / 수준평가 결과

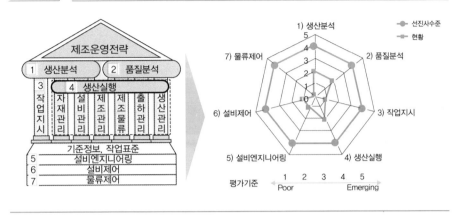

(2) 프로세스 부문 평가

시스템이 혼재되어 있고 전체 연계성 미흡으로 프로세스 단절이 많고, 프로세스별 Control Tower 부재로 인한 의사결정/책임소재가 불분명하다. 공정 편차로 인한 제조 능력이 떨어지고, 품질문제의 조기 조치가 어려워서 실패비용이 증가하며, 원류정보 활용이 안되서 수율 개선에 어려움이 있다.

① 생산
- 투입계획은 있으나 작업순서 계획이 없고, LOB(Line of Balance)가 고려 안됨
- LOB 미흡으로 대기/정체가 많고, 공정별 재공 과잉이 악순환됨
  L/T(Lead Time) 편차가 크고(10~15일), 재고일수가 목표 대비 50% 정도임
- 생산성 위주의 Push 생산으로 공정 직행률이 낮고, 공정 재공이 많음
- 사내↔외주간 Zigzag 공정 운영으로 제조 L/T이 길다
- 제품↔공정간 Matching이 안되서, 미세 Lot Traceability가 떨어짐
- 작업자 경험에 의한 공정 운영으로 공정/라인별 편차가 큼

② 품질
- 품질 미세관리가 미흡하여 동일 불량의 재발 및 공정/품질 개선의 한계를 보임
- 이상 조기감지 및 대응 체계 미구축으로 초기 유통 관리가 떨어짐

- 품질 정보/조직이 분산되어, 원인 분석 및 해결 소요기간이 길게 소요됨

③ 설비

- 설비 가동상태 중심의 정보 수집으로, 진행된 제품 vs. 공정의 연계가 미비함

- Lot-Panel-Strip 단위의 추적 불가로, 미세 설비/품질 분석이 어려움

- RMS 적용률이 낮아서, 작업조건을 수작업 입력함에 따라 불량 발생 가능성이 높음

(3) 정보시스템 부문 평가

사업단위로 시스템이 구축되고, 전사 관점의 표준화 및 시스템간 통합성이 미흡하다. 유지보수 업무의 개인 의존도가 높고, VOC 대응력이 낮아서 사용자 활용도가 저하된다. 개발 표준화가 안되어 시스템 개발 L/T이 길어질 수 있고, 개발/운영 비용의 증가 요인이 되며, 제조 혁신 활동에 시스템 적시 활용이 안된다.

① 개발 표준화

- 사업/부서 단위의 개발로 시스템 표준화 결여됨

- 시스템 개발이 개별적으로 진행되며, 개발환경이 서로 상이함

- 시스템별 개발 언어가 상이함(JAVA, C#, VB, .NET)

- 시스템의 연결성·확장성이 부족한 폐쇄형 구조로, 시스템 연결성·확장성을 감안하지 않은 개발이 진행됨

② 유지보수 용이성

- 형상관리를 적용한 시스템 개발·관리 체계 미비

- 개인 경험과 노하우에 의존한 개발/유지보수로 요구 대응이 어려움

- 관리·운영 주체가 불명확한 시스템이 산재함

- A사업부 27개 시스템의 관리·운영 현황 파악이 어려움

③ 사용자 활용도

- 시스템 Core 구조가 취약함

- 원인추적을 위한 정보수집이 부족하고, 실시간 정보 수집이 안됨

- 수작업에 의한 정보입력으로 추가 공수 발생 및 정보 신뢰성 저하

(4) 설비 I/F 부문 평가

설비의 Interface율이 낮고, 설비항목 수집이 가동정보 수집에 치우친다. 품질 Data의 수작업/Batch 입력으로 품질분석 Data의 신뢰성이 확보되지 않는다. 원류 정보 미확보로 공정 LOB 개선이 어렵고, 설비 효율 향상을 위한 활동이 어렵다. 제품생산정보와 설비 가동정보의 비동기로 품질 원인 추적에 어려움이 있다.

① 설비 I/F 고도화
- 설비 도입시 I/F가 고려되지 않았고, 기존 설비의 경우 I/F시 개조 비용이 높아서 I/F 적용률이 낮음
- 전체 설비 중 I/F 대상은 약 30%이고, 목표설비는 전체의 20% 정도임
- 설비 I/F의 목표가 가동률 집계에 치우쳐 진행되고, 원인계 항목은 미정의 되어 있음(root cause)
- 설비 Data 수집 항목은 가동State 정보(100%), Alarm 정보(40%), 품질정보(10%)임

② 품질 Data 신뢰성
- 품질분석용 Data의 자동화 수집 체계가 안되 있음
  · 품질 주요 검사 Point의 설비 I/F가 미비함(AOI, 전기검사, AFVI)
- Data의 수동입력으로 인한 정보 오입력 및 누락 우려
  · Batch성 Data 수집으로 실시간 현황 파악이 어려움

3) 중점 추진과제 도출

제조현장 실사결과, 표준 MES영역별 수준분석 및 선진사 Trend 분석을 실시하였고, 도출된 이슈/시사점에서 유사성 및 해결방안을 참조하여 다음과 같이 4개의 핵심 추진과제를 도출하였다.

그림 11-9 / 중점 추진과제 도출

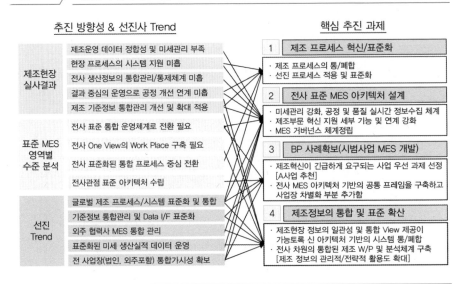

4.2 MES 선진화 Master plan

1) 추진전략

제조원가 절감/품질 실패비용 축소/제조 L/T 단축 등 상시적 제조 혁신이 가

그림 11-10 / S사 MES 추진전략

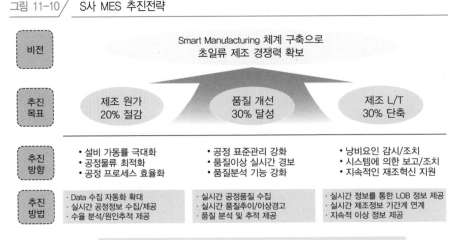

능토록 선진사 BP(Best Practice)를 적극 활용하여 프로세스를 선진형으로 혁신하고, SI 업체와 IT기술의 협업을 통한 적시, 전략적 활용이 가능한 정보시스템을 구축하고자 추진하였다.

2) 추진단계

전사 차원의 MES 표준체계 수립 및 MES BP(Best Practice) 확보하고, 사업별 우선순위에 따라 단계별로 통합 및 확산을 추진하였다.

그림 11-11 / 단계별 MES 추진계획

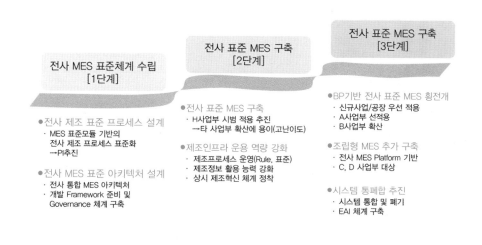

3) 중점 추진 과제

(1) 제조 프로세스 혁신 (1)

전사 제조 프로세스를 재정립하여, SOP(Standard Operating Procedure)에 근거한 체계적이고 안정적인 제조실행 체계를 구축하였다.

그림 11-12 / 제조 프로세스 표준화

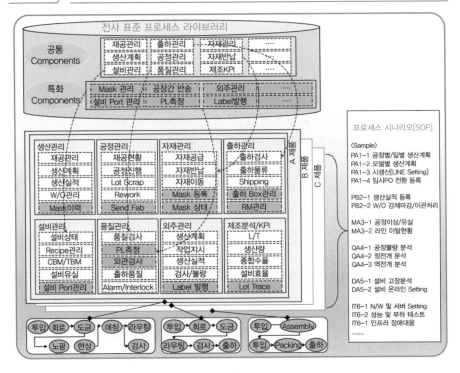

■ Action Item

① 제조 프로세스의 표준화 및 통합화

- 전사 관점의 표준 제조 프로세스 재정립

    · 전사 공통부분 및 사업장별 특성을 반영하여 제조실행 비즈니스 시나리오의 재정립

    · 표준 프로세스 라이브러리화를 통하여 향후 사업장/법인 확산시 표준 프로세스 적용

    · 경영환경 변화에 능동적으로 대응할 수 있는 프로세스 및 정보 체계 구축

- 불필요한 수작업 프로세스 제거

    · 자동화 및 전산화 개선, Human Error 최소화 기반 구축

② 사전/사후 이상대응 매뉴얼 체계 구축

- 생산 이슈 또는 이상 발생에 체계적이고 신속 대응이 가능한 프로세스

를 정립하고, 매뉴얼로 작성함

- 위험 사전 예방을 위해 제조관련 정보인프라(H/W, S/W, N/W)의 Test, 검증, 변경점 관리 프로세스를 정립함

(2) 제조 프로세스 혁신 (2)

전사공통/ 사업부공통/ 사업특화 기능을 분류하고, 공통 프로세스의 표준 수립 및 특화 프로세스의 유연성 확보를 통해 국내/해외 사업 확산과 효율적인 제조 활동 기반을 마련한다.

그림 11-13 / 프로세스 표준화 추진 Image

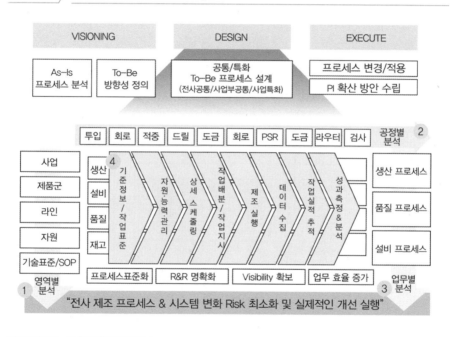

■ Action Item

① 영역별 특성 분석

- 사업방향, 제품특성
- 자원(자재, 작업자, 설비) 특성
- 기술표준/상세 SOP

② 사업부 공정 분석

    - A사업부의 사업별 공정 현황

    - 공정에 맞는 특화기능 파악

③ 제조업무[현장 포함] 분석

    - 생산/공정/품질/설비 업무 관점

④ 주요 제조 프로세스 분석

    - 프로세스 내 PDCA 관점 [계획-실행-모니터링]

    - Cross-Functional 프로세스 관점

(3) 전사 표준 MES 아키텍처 설계

표준 MES 7대 모듈을 근간으로 전사 표준 MES 시스템을 구축한다.

그림 11-14 / 표준 MES 아키텍처

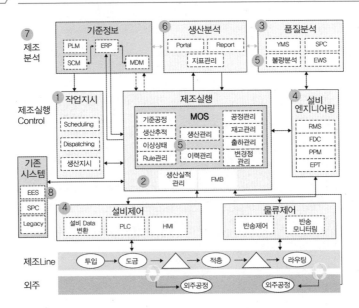

· FMB(Factory Monitoring Board)

· EWS(Early Warning System)

· MOS(Manufacturing Operation System)

· YMS(Yield Management System)

■ 핵심 기능

① 실행 가능 생산계획 체계
   - 제약조건을 반영한 공정 작업지시, LOB 중심의 작업배치 및 할당

② 계획 중심의 제조실행 체계
   - 미세공정 관리, 유실방지, 원인계 데이터 확보

③ 사전 품질관리 체계
   - SPC 고도화를 통하여 공정 이상점 자동감지 및 Interlock 기능 적용

④ 선 대응 설비관리/ 제어 체계
   - FDC/RMS 고도화를 통한 이상 발생시 자동정지 기능 적용
   - 설비 예방보전 관리체계

⑤ 판넬 단위 관리체계
   - 생산정보 미세 관리(판넬 단위 Tracking)
   - 생산정보 및 불량정보 미세 관리, L/T 관리 및 불량 분석 효율화

⑥ 제조 W/P구축을 통한 제조분석체계
   - 제조 W/P 구축(제조 종합 포탈 기능)
   - 사용자 맞춤형 KPI 중심의 세부 연계 분석

⑦ MES Governance 체계 및 통합 관리
   - 기획, 개발, 운영, 자산관리 기준 정립 및 시행
   - 기준정보의 통합관리

⑧ 기존시스템 전환 Scheme
   - 전체 제조정보시스템 대상

(4) 전사 표준 MES 구축 및 확산

표준 아키텍처, 선진사례, 차세대 Trend를 감안한 선진형 MES를 시범 구축하여, 전사에 수평 전개한다[시범적용은 제조경쟁력 이슈가 크고, 프로세스가 다소 복잡한 사업을 선정함].

그림 11-15 / 제조정보의 통합 및 표준화

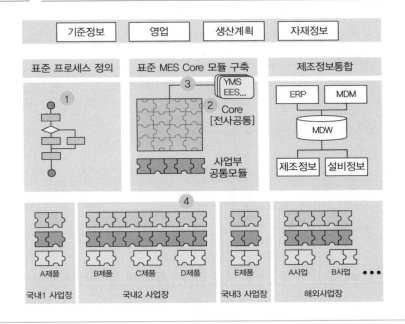

① 표준 Application 설계
  - 7대 영역별 표준 Application을 정의하고, 재활용 Application 시스템
   확정 및 연계 설계
② MES Core 모듈 개발
  - 전사 공통 사용 기능을 설계하고, 모듈 개발 및 Test 진행
③ I/F 표준화
  - I/F Hub 설계 및 기간 시스템과의 연계, MES 내부 모듈간 연계 및 설
   비간 I/F
④ 사업부 공통/ 사업 특화 부분 개발
  - 사업부 간 특화(내부 공통) 기능 분석 및 설계, 사업 특화 부분 분석 및 설계
  - 시스템 개발 및 Test 진행

4) 추진 Roadmap

　　전사 제조 프로세스를 혁신하여 표준화하고, 전사 표준MES 아키텍처 설계 및
시범 MES를 구축하여 Best Practice를 만든다. 이를 단계적으로 전사에 확산시키
고, 기존시스템의 통폐합을 추진한다.

■ 상세 추진 일정

그림 11-16 / 추진 Road Map

구분	201X년		201X년		201X년	
	3/4분기	4/4분기	상반기	하반기	상반기	하반기
전사 제조프로세스 혁신	착수 · 현황분석	TO-BE 설계 · 확정				
전사 표준 MES 아키텍서 설계	현황분석 · 현안도출	기본설계 · 상세설계				
전사 MES 시범 과제 추진 [H사업부]		시스템 분석	전사 표준 시스템 구축	H사업부 특화 구축		
전사 표준MES 확산 및 기존 시스템 통합					A사업부 확산 · 시스템 통폐합	B사업부 확산 · 조립사업 확산

그림 11-17 / 상세 일정

추진항목	1M	2M	3M	4M	5M	6M
MES 현장실사 보고						
- MES 선진화 Project 발대						
- 추진 조직 구성						
- 세부 추진 방안 준비						
제조 Process 혁신						
- 전사 제조 Process 분석						
- 제조 표준 프로세스 정리						
MES 전사 아키텍처 설계						
- 표준 Process 분석						
- 표준 아키텍처 설계						
MES 유지보수 협업 체계						
- IT 유지보수 체계 적용						
- 시범과제 선정 후 시행						

5) 기대효과

상시적인 PI 체계를 구축하고 이를 통하여 제조 경쟁력을 선진사 수준으로 끌어 올리며, 정성적/정량적 측면의 효과는 다음과 같다.

■ 정성적 측면
- 사업수행의 유연성 증대
  - 정확한 문제 인식 및 조치, 실시간 의사결정, 실수 방지 기능으로 고객 VOC(불만)를 줄임
  - 품질문제 추적/개선으로 제품 경쟁력 강화
  - 신규사업의 추진 속도 증대(수평전개 용이)
- 제조정보 시스템의 효율화
  - 시스템의 구조 개선 및 통합화로 접근성 증대
  - I/F 단순화로 정보정합성을 제고하고, 운영업무의 체계화로 활용성을 증대함

■ 정량적 측면
- 생산량 증대 효과(20% 이상/년)
  - 설비가동률 향상 및 제조 Cycle Time 단축
  - 작업자 업무Load 감소 및 현장의 Paperless 구현
- 제조원가 절감(약 20%)
  - 실패비용 감소 및 현장의 재공/재고 감소
  - 작업자 수작업 공수 절감 및 엔지니어의 Data 수집/분석시간 단축

4.3 주요 평가 내용

1) 부문별 평가

■ MES Governance 체계

MES의 기획-개발-운영-평가에 이르는 Governance 체계의 정립이 미진하고, 현재 운영중인 시스템도 관리 한계가 드러났다(기존 시스템의 약 50% 정도가 관리 부재 상태임).

그림 11-18 / MES Governance 체계

전략/기획

구분	중장기전략	과제관리	기술관리	자원관리	보안관리
항목	· ISP · 중장기 전략 · 전략적 조율	· 개발절차/표준 · Framework	· 기술표준 · 역량평가	· 아키텍처 · S/W형상 · 인력/장비	· 개발보안기준 · 운영보안기준
수준	△	△	X	△	X

실행

구분	시스템 구축	시스템 운영	위험관리	장애관리
항목	· 절차 및 표준 · 품질/보안 평가 · 매뉴얼/사용자교육	· 서비스 수준 · 운영 표준/절차 · 정보 정합성	· 위험 인지 · 위험 대응	· 기술표준 · 역량평가
수준	X	X	X	X

· 전사 MES Governance 정립

· 기획, 실행, 평가에 적용

평가

구분	모니터링	Tailoring	성과관리
항목	· Feed back	· 개선/보완	· 성과평가
수준	X	X	X

○ : 적용
△ : 부분적용
X : 미적용

■ 시스템 구축 Governance 체계(Sample)

시스템 구축 단계를 시스템 분석, 설계, 개발 및 구현 단계로 나누고, 각 단계별로 업무, 프로세스 및 최종 산출물을 새롭게 정의한다.

그림 11-19 / 시스템 구축 Governance 체계

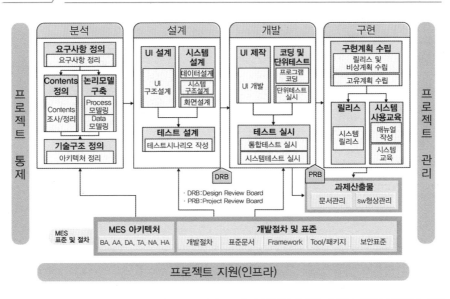

■ 제조 프로세스의 분석

표준 MES 7대 프로세스에 근거하여 PDCA 관점으로 프로세스를 통합하여 최적화하는 작업을 진행한다.

〈현황 및 이슈〉
- 프로세스 내 '계획-실행-모니터링'의 Closed Loop 관리체계 미비로 PDCA 단계별 중복 기능이 존재함
- 계획에 의한 실행이 이뤄지지 않음
- 실행 결과에 따른 변동 사항 발생시 이후 계획에 반영되지 않음
- 유관 프로세스나 프로세스 간 연계성이 낮음
- 수작업 관리되는 프로세스로 인해 정보 연동 시점에 차이 유발함

그림 11-20 / 제조 프로세스 분석

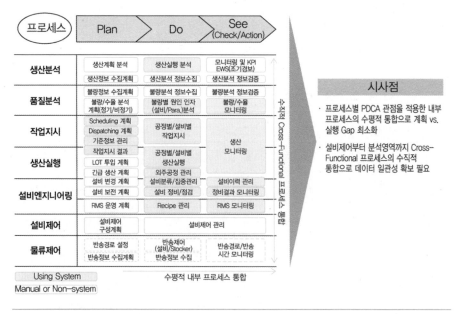

■ 제조 표준 프로세스 설계 방향

공통부문과 특화부문으로 나누어 표준 프로세스를 설계한다. 공통부문은 사업부별 프로세스를 세분화하고, 제품(군)별 공정(大공정, 中공정) 중심의 공통영역을 선

정하여 프로세스를 설계한다. 특화부문은 사업별 Line, 제품별 BOM/Routing, Operation별 필요한 정보의 처리와 작업 흐름을 파악하고, 기술표준과 세부 SOP를 참조하여 제조 표준 프로세스를 설계한다.

그림 11-21 / 제조 표준 프로세스 설계

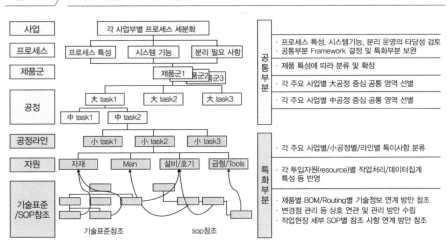

2) MES 운영수준 평가

■ 운영수준 평가기준

운영수준은 제조현장의 프로세스 측면, 시스템 구축 여부, 자동화 관점에서 수준을 측정하여 운영수준을 평가한다.

그림 11-22 / 운영수준 평가기준

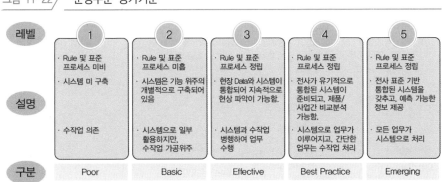

■ MES 운영수준 평가

위의 평가기준을 적용하여 각 업무별로 MES 운영수준을 평가한 결과는 다음과 같다.

표 11-4 / MES 운영수준 평가

프로세스		Leading Practice	현재 수준	평가					Gap/시사점
				1	2	3	4	5	
생산실행 (Tracking)	생산실적 관리	· 작업지시서 또는 공정 LOT/Batch를 이용해서 생산실적 자동입력	· 각 공정별 LOT 단위의 생산실적 수작업 등록 · 공정진행 현황에 대한 실시간 모니터링 미흡 · Lead Time 감안 미비로 특정 공정(도금) Bottlenect 발생 · 출력한 LOT 카드를 이용하여 공정간 특이사항 기록	★					· Data 자동 Gathering 필요 · 공정진행현황 실시간 모니터링 필요 · 제조지시서 전산화 대응 필요
	생산추적 및 이력관리	· 모든 제품별, 작업지시 오더별, 공정 LOT/Batch별 생산계획 및 자재 정보, 판매 정보까지 실시간 추적 가능	· LOT 번호까지는 관리되나 Detail한 Panel 관리 안됨	★					· PO에서부터 생산~출하까지 연계된 Trace 관리 필요 · LOT번호 및 Panel 번호까지 관리
	이상상태 관리	· 공정 이상 발생시 관련된 모든 사항에 대해 신속, 정확하게 대처하고 원인분석을 통한 재발 방지	· 상세분석 미흡으로 인한 근본적 원인해결 미비로 중복발생	★					· 상세분석 및 근본적 재발 방지 대책 필요
설비 엔지 니어링 (FDC/R2R /RMS)	설비보전 관리/ 설비관리	· 설비기준정보, 보전자재관리, 예방보전체계 관리, 설비도면관리, 설비보전 프로세스 및 시스템 관리	· 설비 예방보전 관련 프로세스 및 시스템 구축되어 있음 · 설비생애관리 시스템 활용 · 설비시스템이 다양하고, 분산되어 있어 종합분석이 어려움	★					· 체계적이고 종합적인 설비예방보전 관리 필요
	Recipe 관리/ 설비미세 관리/ 공정제어 관리	· 모든 설비엔지니어링 시스템 기능이 구현되어 있으며, 자동화된 설비의 동작 제어, Recipe 관리 기능 · 모든 형태의 예방보전이 가능하여, 설비 종합 효율 최대화 관리	· 설비의 축적된 Data 관리 및 활용 미비 · 카세트 로딩 후 작업자가 설비에서 Recipe 입력	★					· 설비의 실시간 Parameter 값을 Check 하여 설비 이상 유/무 확인 후 이상시 자체 Interlock 기능 필요
설비제어 (MC, HMI)	설비 Communication	· 모든 생산 장비 및 계측 장비가 통신방식과 상관없이 I/F 및 메시지 교환이 가능하며, 장비 자동화를 통한 생산 효율 극대화	· 최근에 도입된 설비에 대해 양방향 Interface 가능 · 대부분 수작업 Operation 수행	★					· 설비 자동화 필요

	HMI	· 공정/설비로부터 수집된 실시간 데이터를 그래픽 화면을 통해서 실시간으로 보여줌으로써 공정/설비의 운전 상황과 이상 상태를 작업자가 용이하게 파악하고 운전할 수 있도록 지원	· 설비자체 Interlock 가능 · key In을 통한 실적 취합 · 양방향 Interface 가능한 설비에 대해 Data 자동 Gathering	★			· 설비로부터 Data 자동 Gathering
물류제어 (MCS)	물류 반송 장비 제어	· Simulation을 통해 최적 경로가 설정되고, 시스템을 통해 사람의 개입이 최소화된 물류 반송장비 제어 실행	· 사람에 의한 물류 이동	★			

3) MES 아키텍처 구축 방향

- MES 시스템을 전사 표준 모듈과, 사업부별 공통 및 특화 모듈로 구분함.
- 작업지시/생산실행/품질분석/설비관리(설비 Eng'r) 모듈은 사업부 특성에 맞는 기능들을 추가하여 제공함.
- 설비제어/물류제어 모듈은 사업(제품별)/공정별 특성을 감안하여 필요한 기능을 선택하여 적용토록 함.

그림 11–23 / MES 기능 구성도

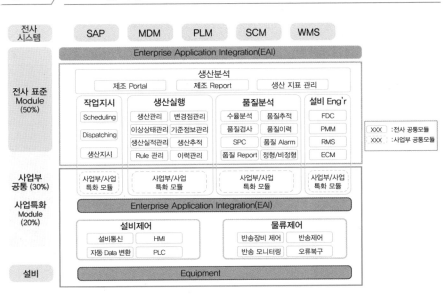

- 전사 표준 Module
  - 생산 분석/보고 기능의 전사 통합화(제조 Portal)
  - 기능별 Core 부분은 전사에서 통합 관리/개발/운영함
  - 개발 시스템간은 EAI 통신을 기본으로 함
- 사업부 특화 Module
  - 각 사업별 특화된 기능은 추가 Module로 개발하여 적용함
  - 표준화된 업무 Process를 적용하여 통합 및 Module화 함
- 설비/물류 제어
  - 설비 및 반송 제어는 기본 통신 규약에 맞추어 사업별로 적절한 수준을 적용함.

Chap 12

사례연구_A사 MES

1. 추진 개요

A사는 디스플레이 판넬을 주로 생산하는 업체로, 금번에 FPD 판넬을 제조하는 라인을 신규로 건설하면서 생산시스템을 새롭게 구축하게 되었다.

프로젝트 범위는 생산계획 측면에서는 공정제약조건(공정, 설비, 자재, 재고 등)을 반영한 생산계획을 수립(FP/FS)하고, 과재공 방지 및 제조 L/T 단축을 위한 Pull 방식 적용, 공정간 물류를 고려한 제품 투입, 배출 및 적재위치 제어기능을 구현한다.

설비관리는 실시간 설비이상 발견 및 조기 대응(FDC, SPC), Recipe 세팅 오류 사고 방지와 변경점 관리, 모든 자재, 제품, 설비별 품질분석을 On-Line으로 수행하고, MAXIMO 적용을 통한 설비예방 보전관리를 구현한다.

품질관리는 규격이탈 발생시 생산 중지를 지시하고(설비, 물류), 공정 내 자재(약품)의 실시간 사용 현황 및 잔량을 확인한다. 자재(약품)의 혼입 방지를 위한 실시간 점검 기능을 강화한다.

추진 일정은 20××년 7월부터 8월까지 착수 및 분석, 20××년 9월부터 12월까지 설계 및 개발, 20××년 1월부터 Sep-up 및 시생산 운영 후, 20××년 6월 양산 적용을 목표로 진행하였다.

1.1 추진전략

● 추진목표

"성공적 MES 구축으로 양품률 90% 필달"

- 생산성 향상: MTTR(30% down), MTBF(30% up), Loss율(50% down)
- 조기양산 체계: Set-up기간(30%단축), Ramp up기간(30%단축)
- Quality-Cost 절감: Pilot 투입수(50% down), Pilot 비율(50% down)
  ① 제품품질 선행 관리를 통한 적기 생산체계 구축
  ② System Based Manufacturing 체계 구축
  ③ 종합설비 관리체제 도입을 통한 설비가동 품질 강화
  ④ Pull 방식 라인 운영에 따른 공정 물류 최적화

● 추진전략

　기존 사업장의 MES 강점, 선진사 MES 체계 도입을 통한 새로운 기능을 적용하고, 전문영역별 Know-how 및 Solution 도입을 통해 최적의 제조현장 관리체계를 구축하고자 한다.

그림 12-1 / MES 추진전략

제품(Panel) 특화된
최적의 MES 체계 구축

기존 라인 강점 활용	선진사 MES 체계 도입	선진 프로세스 적용
· 기존 라인 운영경험 및 Know-how 도입 적용 · 기존 라인과의 통합성 고려	· 설비관리 영역 확대 및 예지보전 강화 · 선행 품질관리 체계 및 Multi-Recipe 관리 · 공정 스케줄러 활용 및 통합 모니터링 체계	· 검증된 Solution을 통한 신속하고 안정적인 MES 체계 구축 · PI 분석을 통한 선진사 MES SOP 정립(최적 Process 도입)

1.2 추진방안

● 주요 업무별 추진항목 선정

시스템을 구축하는 데 필요한 업무 프로세스를 정립하기 위하여 제조현장에서 이루어지는 주요 업무별로 필요한 항목을 다음과 같이 선정하였다.

생산관리, 제조관리, 품질관리, 자재관리, 설비관리 업무별로 세부 추진 항목 및 필요한 기능을 선정하였다. 세부 추진 항목별로 기존 라인 대비 제품생산에 필요한 새로운 기능들을 조사하여 추가하였다.

표 12-1 / 주요 업무별 추진 항목

부문	주요 추진 항목	기존 라인	신규 라인	부문별 기능 설명
[1] 생산관리	공정 Scheduler 도입	×	○	공정제약조건(공정, 설비, 자재, 재고 등)을 반영한 생산계획 수립(FP/FS)
	Pull 방식 제어	×	○	과재공 방지 및 제조 L/T 단축을 위한 Pull 방식 적용
[2] 제조관리 (&설비관리)	현장 물류 실시간 자동 제어	×	○	공정간 물류를 고려한 제품 투입, 배출 및 적재위치 제어 강화
	설비 미세 관리 구현	×	○	실시간 설비이상 발견 및 조기 대응 (FDC, SPC)
	설비 Recipe 관리	×	○	Recipe 세팅 오류 사고 방지와 변경점 관리
[3] 품질관리	온라인 품질 분석	▲	○	자재, 제품, 설비별 품질분석을 On-Line으로 수행
	Real time SPC 적용	▲	○	규격 이탈 발생시 생산 중지 지시(설비, 물류)
[4] 자재관리	자재현황 실시간 확인	×	○	공정 내 자재(약품)의 실시간 사용 현황 및 잔량 확인
	자재 점검 강화	▲	○	자재(약품)의 혼입 방지를 위한 실시간 점검 기능 강화
[5] 설비관리	설비종합관리 도입	×	○	MAXIMO 적용을 통한 설비 예방 보전 관리 구현

※ ○(신규기능), ▲(부분 구현), ×(기능 없음)

● MES 시스템 구축 범위

　　각 부문별 주요 항목을 선정하였고, 이를 구현하기 위한 MES시스템 구축범위
는 다음과 같다. 전사시스템(ERP/SCM/PLM)과 연계하여 실행단은 운영(operation),
설비제어(machine control) 영역으로 구분하였다.

그림 12-2 / MES 시스템 구축 범위

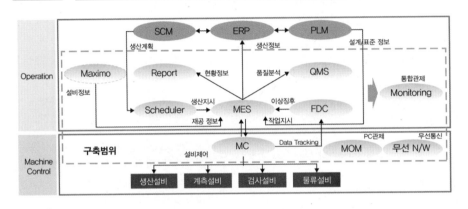

2. 주요 업무분석

　　판넬을 생산하는 데 필요한 생산관리, 제조관리, 품질관리, 자재관리, 설비관
리 등 핵심 업무별로 Process Innovation(업무혁신) 활동을 통하여 중점 추진사항,
주요 혁신 Point, 적용 후 기대효과를 분석하였다.

2.1 생산관리

● 중점사항
 - 생산계획 프로세스 표준화 및 라인 현황을 반영한 최적 생산계획 수립
 - 스케줄링 시스템과 제조실행 시스템 연계를 통한 공정 내 최적 물류 제어
   체계 구축
 - 현장 물동 변화에 대한 신속한 대응 및 계획대비 실적 분석 기능 강화

그림 12-3 / 생산관리 체계

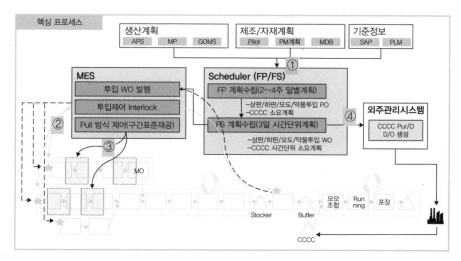

○ 주요 혁신 포인트 번호

- 주요 혁신 포인트

  ① 계획정보 및 공정제약 조건을 반영한 일별/시간단위 생산계획 수립 및 현장 변화에 대응한 Re-Scheduling 체계

  ② 투입 스케줄링에 위배되는 투입 실적이 발생될 경우 수취거부/Warning 등 Interlock 실행

  ③ 공정간 재고 관리선을 설정하여 고객에게 필요한 최소 재고와 L/T을 유지하기 위한 체계 구축

  ④ CCC 업체에 대한 업체별 자재 소요계획 생성

- 기대효과

  - 생산계획 수립 업무 표준화 및 계획 수립시 필요한 제반 변수, 제약조건 표준화를 통한 객관적인 관리 가능

  - 생산계획 수립에 대한 Visibility 확보

  - 적절한 투입 W/O 발행으로 라인 내 재공 최소화

- 선결조건

  - GOC와 제조의 유기적인 업무 협조에 따른 W/O 발행과 이에 대한 실투입 준수

  - 공정, 설비, 자재 관련 스케줄링 입력정보의 향상(BOM, Routing, CAPA, 수율, Cycle Time, PM, J/C 등)

2.2 제조관리

- 중점사항
  - 현장 물류 실시간 자동제어
  - 조건에 따른 실시간 연계 제어 강화
  - Stocker, Buffer 물류 제어에 대한 직접 통제

그림 12-4 / 제조공정의 제어 및 통제

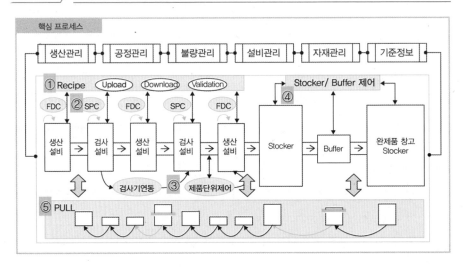

- 주요 혁신 포인트
  ① 현장의 임의 변경 예방 및 오사용 사고 사전 예방
  ② 설비 내 이상 징후의 실시간 감지를 통한 품질예방 강화(FDC, SPC)
  ③ 검사공정간 정보 연계를 통한 검사작업의 효율성 확보 및 앞 공정조건에 따른 제품 제어
  ④ 공정간 물류, 이상 상황의 종합적 고려에 따른 제품 투입, 배출 및 적재위치 제어 강화
  ⑤ Pull 방식에 의한 최적화된 물류흐름 지시

- 기대효과
  - 현장의 Recipe 오사용에 따른 사고발생 방지
  - 실시간 현장 이상의 미세감지를 통한 불량 Loss의 최소화
  - 최적의 생산 및 검사 공정운영 가능

- Stocker 내 재공 최소화 및 배출시간 단축 가능

● 선결조건
  - 최적화된 현장제어 조건의 도출을 위한 운영 시나리오 상세화 및 기준정보 재정비
  - 제어장치 초기 적용시 오류 최소화를 위한 철저한 사전 검증

2.3 품질관리

● 중점사항
  - 품질인자 Monitoring을 통한 Early Warning 체계 구현
  - 공정간 검사정보 연계 및 자재품질 관리
  - 품질분석력 향상을 위한 On-Line 품질분석 기능 강화

그림 12-5 / 품질관리 체계

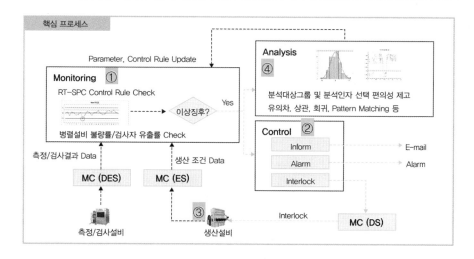

● 주요 혁신 포인트
  ① RT-SPC를 이용한 품질 인자 Monitoring, 불량률 및 유출률 Monitoring을 통한 이상징후 발견
  ② 이상징후 따른 Inform, Alarm 발생 및 Interlock에 의한 제어
  ③ 공정내, 공정간 검사정보의 연계를 통한 반복불량 및 유사불량 검출 강화

④ 수집된 자재, 제품, 설비별 품질인자 간의 유의차, 상관, 회귀분석 및 Map을 이용한 On-Line 분석의 편의성 확보

- **기대효과**
  - 불량원인 검출시간 단축 및 불량에 의한 생산 Loss의 최소화
  - 상시 모니터링 체계로 사고 발생 최소화
  - 분석역량 강화로 신공법 도입 시 안정화 기간 단축

- **선결조건**
  - 모니터링 및 새로운 기능을 활용한 품질관리
  - 신규 개발 기능에 대한 현업의 신속한 Feedback을 통한 기능 Tuning 필요

2.4 자재관리

- **중점사항**
  - 공정 내 자재 Visibility 향상
  - 자재 오투입 방지 강화(fool proof)
  - 사용된 자재의 분석을 위한 Traceability 향상

그림 12-6 / 자재관리 체계

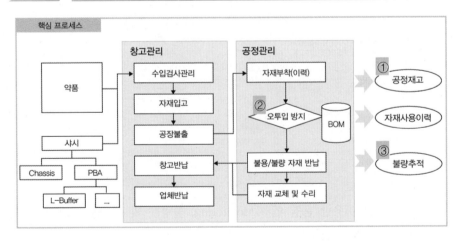

- **주요 혁신 포인트**
  ① 공정 내 자재(약품)의 실시간 사용 현황 및 잔량 확인

② 자재(약품)의 오투입 방지를 위한 실시간 점검 기능 강화

③ 자재별 사용이력을 추적하여 불량원인 및 분석능력 강화

● 기대효과

  - 자재재공의 정확도 향상, 자재 과부족 예방 강화

  - 자재 오투입 방지에 따른 불량률 감소

  - 세부 자재 추적을 통한 분석능력 향상

● 선결조건

  - 업체별로 상이한 검사결과서의 표준화 유도

  - 데이터 정합성 향상을 위한 현장관리 기능 강화

3. 구축결과

3.1 MES 구성도

전체 MES의 구성은 공정운영, 자재관리, 설비관리, 품질관리, 생산계획, 제조현황 및 모니터링, 설비제어 모듈로 구성되었고, 제조 Workplace를 통하여 전체 현황을 모니터링 하도록 구성하였다.

그림 12-7 / MES 구성도

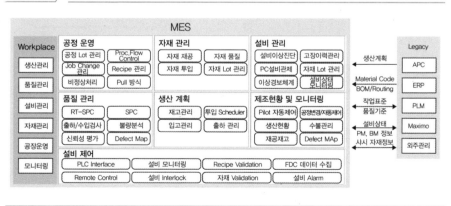

3.2 공정구성 및 물류제어 체계

PDP 판넬 생산라인의 공정구성은 다음과 같다.

그림 12-8 / 공정 Process 구성도

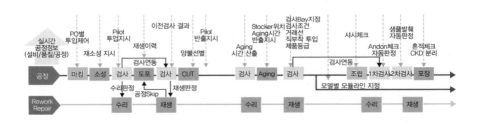

● 물류제어 체계

PDP 판넬 생산라인의 물류 및 제어 체계는 다음과 같다.

그림 12-9 / 물류제어 체계

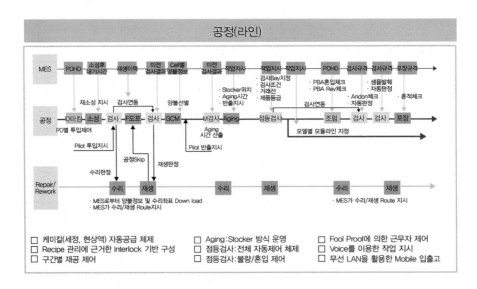

3.3 부문별 상세 Image

● 생산관리

〈중점사항〉

- 생산계획 프로세스 표준화 및 라인 현황을 반영한 최적 생산계획 수립
- 스케줄링 시스템과 제조실행 시스템간 연계를 통한 공정 내 최적 물류제어 체계 구축
- 현장 물동량 변화에 대한 신속한 대응 및 계획대비 실적 분석기능 강화

그림 12-10 / Scheduler 및 Dispatching 시스템

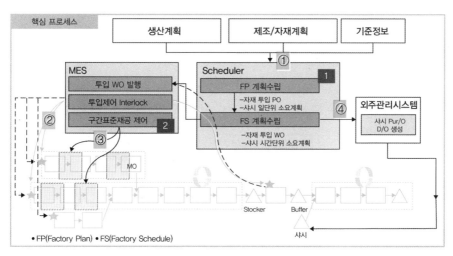

□ 중점 추진 과제 번호(표 12-2 참조)

● 주요 혁신 포인트

① 계획정보 및 공정제약 조건을 반영한 일별/시간단위의 생산계획 수립 및 현장변화에 대응한 Re-Scheduling 체계

② 투입 스케줄링에 위배되는 투입 실적이 발생될 경우 수취거부/Warning 등 Interlock 실행

③ 공정간 재고관리선을 설정하여 고객에게 필요한 최소 재고와 L/T을 유지하기 위한 체계 구축

④ 샤시 업체에 대한 업체별 자재 소요계획 생성

〈기대효과〉

- 생산계획 수립 업무 표준화 및 계획 수립시 필요한 제반 변수, 제약조건 표준화를 통한 객관적인 관리 가능
- 생산계획 수립에 대한 Visibility 확보
- 적절한 투입 W/O 발행으로 라인 내 재공 최소화

● 제조관리

〈중점사항〉

- 현장 물류 실시간 자동제어
- 조건에 따른 실시간 연계 제어 강화
- Stocker, Buffer 물류제어에 대한 직접 통제

그림 12-11 / 제조공정의 제어 및 통제

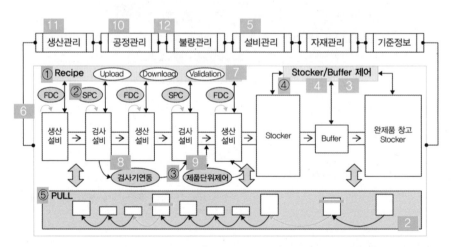

□ 중점 추진 과제 번호(표 12-2 참조)
○ 주요 혁신 포인트 번호

〈주요 혁신 포인트〉

① 현장의 임의변경 예방 및 오사용 사고 사전 예방
② 설비 내 이상의 징후 실시간 감지를 통한 품질예방 강화(FDC, SPC)
③ 검사공정간 정보 연계를 통한 검사작업의 효율성 확보 및 앞 공정조건에 따른 제품제어

④ 공정간 물류, 이상상황의 종합적 고려에 따른 제품 투입, 배출 및 적재위치 제어 강화

⑤ Pull 방식에 의한 최적화된 물류흐름 지시

〈기대효과〉

- 현장의 Recipe 오사용에 따른 사고발생 방지
- 실시간 현장이상의 미세감지를 통한 불량 Loss 최소화
- 최적의 생산 및 검사 공정운영 가능
- Stocker 내 재공 최소화 및 배출시간 단축 가능

● 품질관리

〈중점사항〉

- 품질인자 Monitoring을 통한 Early Warning 체계 구현
- 공정간 검사정보 연계 및 자재품질 관리
- 품질분석력 향상을 위한 On-Line 품질분석 기능 강화

그림 12-12 / 품질관리 체계

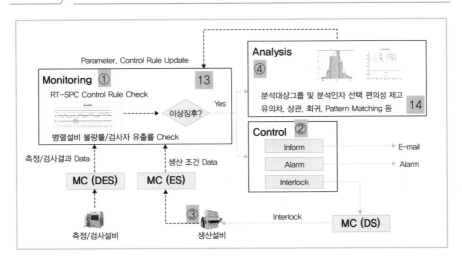

〈주요 혁신 포인트〉

① RT-SPC를 이용한 품질 인자 Monitoring, 불량률 및 유출률 Monitoring을

통한 이상징후 발견

② 이상징후 따른 Inform, Alarm 발생 및 Interlock에 의한 제어

③ 공정 내, 공정간 검사정보 연계를 통한 반복불량 및 유사불량 검출 강화

④ 수집된 자재, 제품, 설비별 품질인자 간의 유의차, 상관, 회귀분석 및 Map 등을 이용한 On-Line 분석의 편의성 확보

〈기대효과〉

- 불량원인 검출시간 단축 및 불량에 의한 생산 Loss의 최소화
- 상시 모니터링 체계로 사고 발생 최소화
- 분석역량 강화로 신공법 도입 시 안정화 기간 단축

● 자재관리

〈중점사항〉

- 공정 내 자재 Visibility 향상
- 자재 오투입 방지 강화(fool proof)
- 사용된 자재의 분석을 위한 Traceability 향상

그림 12-13 / 자재관리 체계

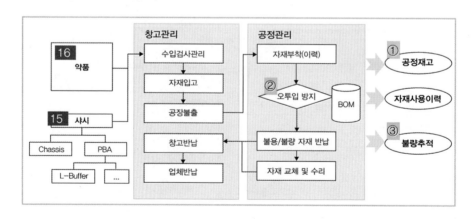

〈주요 혁신 포인트〉

① 공정 내 자재(약품)의 실시간 사용 현황 및 잔량 확인

② 자재(약품)의 오투입 방지를 위한 실시간 점검 기능 강화

③ 자재별 사용이력을 추적하여 불량원인 및 분석능력 강화

〈기대효과〉

- 자재재공의 정확도 향상, 자재 과부족 예방 강화

- 자재 오투입 방지에 따른 불량률 감소

- 세부 자재 추적을 통한 분석능력 향상

4. 중점 추진과제

주요 부문별 중점 추진과제는 다음과 같다(표 12-2).

앞에서는 생산관리, 제조관리, 품질관리, 자재관리, 설비관리의 5개 영역으로 분류하였으나, 설비관리는 기존 시스템(MAXIMO) 사용으로 제외하고, 나머지 4개 업무에 대하여 16개의 중점 추진과제를 선정하였다.

표 12-2 / 중점 추진 과제

부문		중점 추진 과제	과제 설명
[1] 생산관리	1	Scheduler 도입	- 현장 운영을 위한 일단위 공정별 P/O와 상세 W/O 운영체계 구현
	2	공정간 재공 제어	- 공정간 재고 관리선 설정을 통해 적정 재고 및 Lead Time 유지
[2] 제조관리 (& 설비관리)	3	Buffer 관리	- Buffer 대기시간 관리를 통해 Buffer내 품질문제 발생 방지
	4	점등, 창고 Stocker	- 제품 및 모듈이 속한 Stocker에 대한 운영관리로 효율적 재공관리 실현
	5	생산종합효율 관리	- 합리적 생산효율관리 기준 정립을 통해 설비효율 및 Loss의 체계적 관리 구현
	6	Interlock 제어	- 설비/품질 이상시 진행을 중지시키는 실시간 제어로 품질사고 방지
	7	설비 Recipe 관리	- 제품별 공정표준/표준Recipe 관리로 표준이 아닌 Parameter 값 설정 방지
	8	검사기 연동	- 설비의 동일좌표 연속불량 및 검사공정의 검사정보 활용으로 검사작업 효율화
	9	제품단위 제어	- 유형별/공정별 물류 운영Process 정립을 통한 제품단위 제어 구현

	10	신제품개발/Hipass 관리	– 소량 긴급으로 진행되는 비정규 Pilot 처리에 대한 시스템화 (공정추적, 품질정보 추적, 측정기 투입지시 및 자동반출 등의 기능 구현)
	11	Job Change 관리	– Job Change시 발생하는 변경사항들의 Validation을 통해 작업자 오류 방지
	12	재생물류제어	– 자재원가가 높고 재생 능력이 있는 공정의 회수/재생/재투입 프로세스 정립
[3] 품질관리	13	RT-SPC/QMS 구축	– 품질정보의 실시간 모니터링 및 On-Line 품질분석 체계 구현
	14	설비미세관리(FDC) 도입	– 설비 Parameter를 실시간 모니터링하여 이상점(Fault) 발견 및 대응
[4] 자재관리	15	자재관리	– 원자재 창고 및 라인 샤시 재고와 제품에 결합된 샤시/회로의 ID 관리
	16	약품조합실 관리	– 라인 약품조합실 공정조건 및 품질특성 Data의 관리체계 구축

4.1 Scheduler(FP/FS) 도입

계획정보 및 공정제약 조건을 반영한 일별/시간단위 생산계획 수립(FP/FS)과 현장변화에 대응한 Re-Scheduling 체계를 구축하고, 제조실행 시스템과 연계하여

그림 12-14 / 공정 Scheduler 구성도

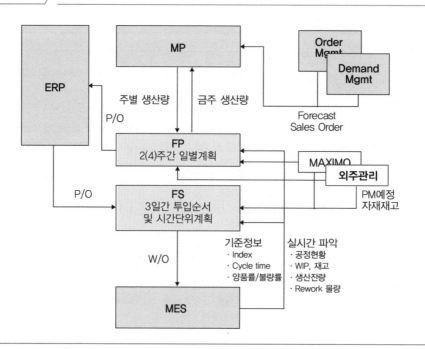

공정 내 최적 물류제어 및 라인 운영체계를 구축하고자 한다. 이를 통하여 일 단위의 공정별 P/O와 상세 W/O 운영체계 구현한다.

FP(Factory Plan) 및 FS(Factory Schedule) 시스템의 용도 및 주요 기능은 다음과 같다.

표 12-3 / FP/FS의 특징

구분	FP(Factory Plan)	FS(Factory Schedule)
용도	주요 공정별 일별 계획 수립	상세 공정별 설비투입 스케줄 수립
계획구간	• 1~4주 • 일별/Shift별 단위계획 수립	• 단기(1일~7일) • 시간단위 계획 수립
주요 기능	• 무한/유한Capa. 시뮬레이션 • Alternate 라우팅 최적화 • 라인별 공정계획 최적화 • 실시간 납기회신(긴급Order에 한하여) • Order Tracking	• 작업지시의 투입순서(Sequence) 결정 • 현장의 변화에 대응한 신속한 Re-Scheduling • 스케줄링 구간 내의 Job Change 최소화 • Manual 수정(Gantt Chart Drag & Drop)
입력 데이터	• Demand: Sales Order 및 Forecast • BOM: 주요 자재만 포함 • Capa.: 병목설비만 반영 • 공정: 평균 Lead Time 및 수율 반영	• Demand: Production Order • BOM: 모든 자재 포함 • 라우팅: 상세 공정 레벨 • Capa.: 모든 설비 포함 • 공정: 공정별/제품별 상세 Cycle Time 및 수율 반영
출력물	• 주요 공정별 제품할당 계획(수량, 시간) • 조기경보(생산 Site Capa. 부족, 주요 자재 부족)	• 설비별 제품 투입순서 및 투입 스케줄 • 조기경보(Order별 납기지연 및 Shortage)

※ BOM : Bill Of Material, Capa. : Capacity

● 기대효과

① 생산계획 수립 업무 표준화 및 생산계획 수립에 대한 Visibility 확보

② 적절한 투입 W/O 발행으로 라인 내 재공 최소화

③ 라인 이벤트 발생 시 계획 재수립으로 변화에 대한 긴급대응 가능

4.2 Pull 방식 운영

공정간 재고관리선 설정을 통해 적정 재고와 Lead Time을 관리하고자 한다. 표준 재공수 및 표준 Lead Time 설정을 통해 물류설비를 제어함으로써 Job Change, 공정 불안 등으로 인한 과재공 발생을 억제하여 취급성 불량 감소, 재공

감축, 제조 Lead Time을 단축하고자 한다.

그림 12-15 / 공정간 재공제어

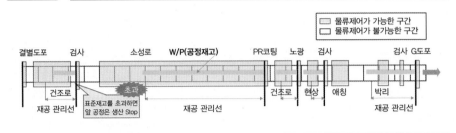

(1) 운영방안

- Modeling
  - Line을 Pull 제어를 위한 단위구간으로 분류(Pull제어 단위 구간 정의)
  - 제어할 수 있는 공정 간 표준재고(재공관리선)의 설정
  - 표준 재고를 초과하면 앞 공정은 생산 Stop 됨

- 제어 Process
  - 단위구간의 재공 수가 재공관리선보다 많으면 OP구간 수취거부 Interlock이 자동설정 됨
  - 단위구간의 재공 수가 Pull Interlock 해지선보다 적으면 OP구간 수취거부 Interlock이 자동해제 됨

(2) 기대효과

- Lead Time 단축 및 산포 감소로 인한 품질향상
- 제품이탈 방지 및 선입선출을 통한 장기재공 해소 등 기존 라인의 구조적 문제점 해결 및 예방 가능

4.3 Buffer 관리

Buffer 대기시간 관리를 통해 Buffer 내의 품질문제 발생을 사전에 방지한다. Buffer로 들어간 Glass가 Buffer 내에서 장기간 대기할 경우 장기정체에 따른 품질문제가 유발되기 때문에, 이를 해결하기 위해 Glass의 Buffer 대기시간 상한값

을 설정하여 상한선을 넘어 Buffer에 정체가 될 경우, Buffer 내 Glass를 취출할 수 있도록 관리한다.

그림 12-16 / Buffer 관리

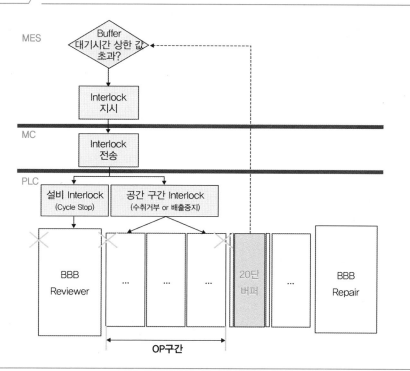

(1) 운영방안

● Modeling
  - Buffer 내 장기재공의 대기시간 상한 값 설정
  - Buffer 대기중인 Glass 취출을 위해 Interlock을 걸어야 할 상류설비 혹은 상류공정 등록(2군데 이상도 가능)

● 제어 Process
  - Interlock 조건

    Hi-Pass 물량은 Buffering하지 않는다. 단, 생리 Buffer인 경우 Buffering 실시함. 이때는 Interlock에 의해 배출시킴. 장기재공의 배출도 Interlock에 의해 배출시킴.

- Glass 취출: 해당 설비 혹은 공정이 Interlock이 걸리면 일정시간 후부터 Buffer에서 Glass가 취출되기 시작함
- Interlock 해제: 다음 조건 중 하나를 충족하면 Interlock 해제. Buffer 내 모든 Glass가 빠져 나갈 경우. 작업자 판단이 필요할 경우

(2) 기대효과

- Buffer 내 물량 대기 시간 최소화
- Buffer 내 Glass의 품질문제 발생 사건 예방

4.4 Stocker 운영

제품 및 모듈이 속한 Stocker에 대한 운영방안을 도출하여 효율적인 재공관리 체계를 마련하는 것을 목적으로 한다.

그림 12-17 / Stocker 운영관리

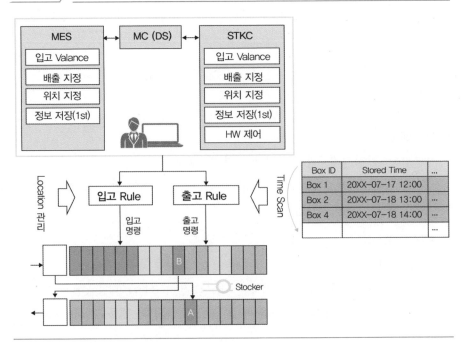

(1) 운영방안

● 입고 Process

- Glass가 Stocker C/V 전단에 도착하면 BCR로 해당 Panel에 대한 정보를 Reading하여 MES에 전송함.
- 전송된 정보를 가지고 "등급" 또는 "거래선"을 체크하여 입고 여부, 입고위치를 결정하여 정보를 MC(DS)를 통해 Stocker에 명령 전송함.
- Stocker는 전송된 명령을 받아 입고처리를 실시. 이후 완료되면 완료 신호를, 실패하면 실패 응답과 실패에 대한 설명을 Return시킴.

● 출고 Process

- MES에서 출고를 지시(모델/수량으로 지시)
- Stocker는 출고지시를 받아 수행
  - MES로부터 받은 지시에 대한 작업 생성
  - Stocker Free이면서 Port 준비 상태이면 작업실시
  - 작업완료 후 MES에 전달

(2) 기대효과

● MES에 의해 입출고 지시 및 위치 지정의 통합제어 실시
● Stocker 전후반 및 공정전체의 상황을 고려한 효율적 물류제어가 가능

4.5 생산종합효율 관리

합리적 생산효율관리 기준을 정립하여 설비효율 및 Loss의 체계적 관리를 구현한다. 기존 Line에서 수작업으로 집계되던 다양한 Loss에 대해 시스템과 연계하여 자동집계가 가능하게 함으로써, Loss에 대한 실질적 관리를 통하여 생산종합효율을 높이고자 한다.

표 12-4 / 생산효율관리 비교

분류		항목 및 Loss 설명
기존	계획 Loss	- 교대시간, 식사 및 휴식시간, 생산중단, 계획보전, Pilot
	정지 Loss	- 설비고장, Job Change, 물량부족, 물량조절, 자재품절, 치공구교체, 품질문제
	성능 Loss	- 속도저하, 순간정지, 공회전
	불량 Loss	- 불량, 재작업, 기타
	집계 방법	- 수작업 위주의 Loss 관리
신규	설비설정 오류 Loss	- Operator의 실수, 표준위반 등으로 인해 Invalid Recipe, Invalid 치공구, Invalid 자재 등이 장착되어 MES에 의해 Interlock이 걸려 발생하는 정지 Loss
	SPC Interlock에 의한 품질 Loss	- 품질문제로 설비에 SPC Interlock이 설정되어 발생하는 정지 Loss
	설비이상 Loss	- 설비의 Present Value 등에 이상이 생겨 FDC Interlock이 설정되어 발생하는 정지 Loss
	집계방법	- 설비 Loss 관리 대상 확대 - 시스템에 의한 Loss 집계 및 설비효율 관리 강화

(1) 특징

● 운영 Process

- System(MES, MAXIMO)이 인지할 수 있는 사항에 대해서는 1차적으로 각종 Loss를 자동으로 분류하여 UI에 Upload 함.
    · 시스템이 인지할 수 있는 사항: 설비의 상태(run, down, maint), 설비의 Operation Mode(auto/manual run), 수리 및 보존업무(MAXIMO의 W/O발행/수행/종료), Job Change 업무(Job Change Start/End), Interlock 상태(Interlock On/Off) 등.
- 자동 집계가 불가능하거나 어려운 항목들(예: 생산중단, 교대시간, 물량조정 등)은 기존과 유사하게 수작업으로 입력하거나 1차로 올라온 자료를 수정하여 사용.
- 성능 Loss와 불량 Loss는 작업이력(단위기간별 총 glass 진행수량, 개별glass 진행수량, 불량수, 불량 code 등)을 이용하여 매일 Batch Job으로 집계함.

(2) 기대효과

- Loss 집계 자동화 및 데이터의 객관성 확보
- 설비 효율 및 Loss에 대한 체계적 관리 구현

4.6 Interlock 제어

설비/품질 이상시 진행을 중지시키는 실시간 제어로 품질사고를 사전에 방지한다. 설비 또는 품질에 이상이 발생하는 경우, 관련 설비와 제품의 진행을 중지 또는 경고시켜서 품질 및 설비성 사고를 사전에 방지하기 위한 실시간 제어를 실행한다.

그림 12-18 / Interlock 제어

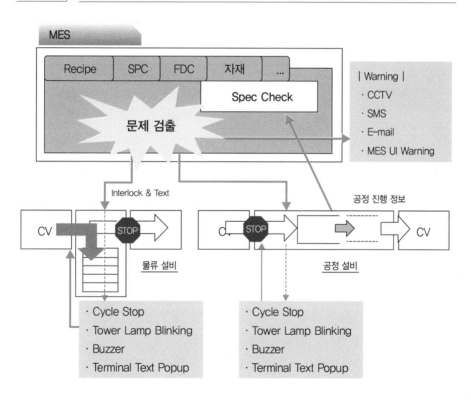

(1) 특징

● 기본 작업 절차

- 설비 또는 시스템에 의해 이상 감지 시 MES에 Interlock 요청
- MES는 해당 요청코드에 해당하는 설비, Action을 참고하여 Interlock 실행
- 작업자는 메시지 확인 후 Interlock 발생원인 제거
- 설비 또는 시스템에서 Interlock을 해제하고 설비 진행함

● Interlock Release

그림 12-19 / MES-MC간 Interlock 및 Release

MES	– 관련 시스템의 Interlock 유형별 Interlock 모델링 정보 저장 – 관련 시스템(SPC, FDC, …)으로부터 Interlock 관련 요청 수신 – 관련 시스템의 요청에 대하여 Interlock 명령 지시 – 설비의 Interlock 상태 정보 및 이력 관리 – 설비의 Interlock 실행 여부에 대한 모니터링 – CCTV, E-mail, SMS 등 관련 시스템 I/F
MC	– MES로부터 받은 Interlock 명령을 설비에게 전달(DS) – 설비의 Interlock 실행 상태 보고 수신 및 MES에 보고함(ES)

(2) 기대효과

- 설비/공정의 이상상황 지속을 사전에 예방하여 품질을 향상시킴
- 현장에서 인지되어 처리되었던 문제의 체계적 관리 기반 제공

4.7 Recipe 관리

제품별 공정표준 및 표준 Recipe를 시스템에 의해 관리함으로써 표준이 아닌 Parameter 값이 설정되는 것을 사전에 방지한다.

작업자가 표준에서 벗어난 Recipe Parameter 값을 임의로 변경하거나 실수로 설정할 경우 Interlock 조치를 취함으로써, 공정표준에 의한 생산을 실현하여 선행된 품질관리를 구현하였다.

그림 12-20 / Recipe관리의 주요 기능 및 Validation 절차

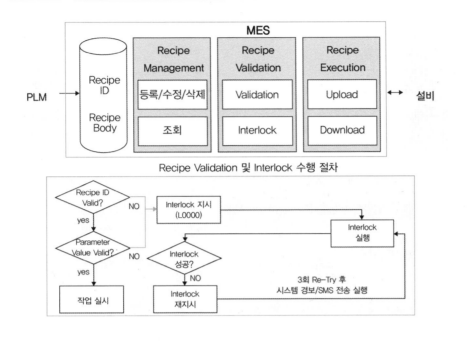

(1) 특징

● 기본 작업 절차

- 설비 Recipe ID 혹은 Parameter 값 변경 실시
- 시스템에 의해 Validation 실시
- 해당 제품에 맞는 Recipe가 아닐 경우 즉각 Interlock 실시
- 해당 제품에 맞는 경우 제품 생산을 정상적으로 진행함

● Interlock Release

- 해당 제품에 맞을 경우 System에 의해 Interlock 해제
- 작업자에 의해 Interlock 해제 후 작업자는 Recipe를 재 Setting함. 맞지 않을 경우 시스템은 자동으로 다시 Interlock을 실시함

(2) 기대효과

• Recipe 오사용으로 인한 대형품질사고의 사전 예방

• Recipe의 이력관리 및 자동 Upload/Download로 작업자의 업무 Load 감소

4.8 검사기 연동

설비의 동일좌표 연속불량 및 검사공정의 검사정보 활용으로 검사작업을 효율화 하였다. 동일 설비의 동일 좌표 연속 불량을 검출하고, 이전 검사공정의 검사정보(결함위치, 수리위치, 이력 등)을 이용하여 이후 검사기에 상호 연관성 있는 정보를 연계하고, Glass(sheet) 검사정보를 Panel(cell)별 검사에 연계하여 활용하였다.

그림 12-21 / 검사기 연동을 통한 검사작업 효율화

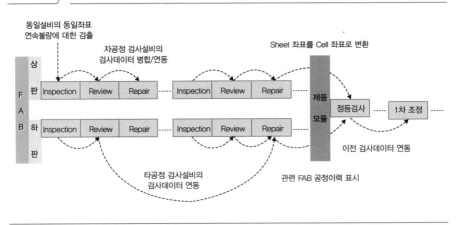

(1) 운영방안

● Modeling
- MES에 검사기 연동(자공정/타공정) 및 동일성 좌표 검출의 규칙 적용
- MES로부터 제품에 대한 Sheet의 Cell 좌표 변환규칙 정보 수신 및 저장
● 운영
- MES의 Modeling 정보를 통하여 각 기능을 자동으로 수행함

(2) 기대효과

• 효율성 및 정합성 있는 검사체계 구축 가능

- 동일 설비의 반복오류를 신속하게 검출 가능
- FAB과 제품/모듈 공정의 공정간 검사정보를 연계하여 활용 가능함

4.9 Job Change(J/C) 관리

　　Job Change시 발생하는 변경사항들의 Validation을 통해 작업자 오류를 방지하다. Job Change 발생에 대한 체계적인 관리(변경사항 validation, job change loss 자동집계 등)를 통해 작업자의 오류를 방지하고, 균일한 생산품질을 확보하여 품질 향상을 도모하고자 한다.

그림 12-22 / Job Change(J/C) 관리

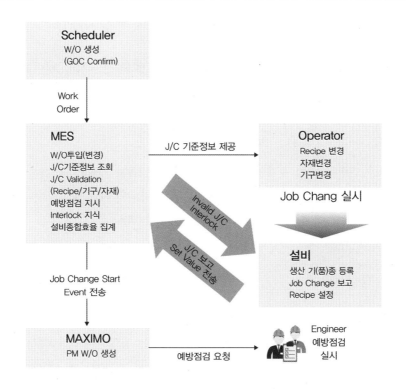

(1) 특징

- Job Change 등록
  - 설비로부터 오는 Job Change Start & End Event의 처리
- 생산종합효율 실시간 집계
  - Job Change에 따른 Loss 처리를 실시간으로 수행
- Job Change Validation
  - Job Change시 변경되는 Recipe, 기구, 자재들이 올바르게 변경되었는지를 Validation함
- Job Change Interlock
  - Job Change시 변경되는 Recipe, 기구, 자재들이 올바르지 않게 설정되었을 경우 해당 설비에 Interlock을 설정함
  - Interlock 해제는 유효한 Set Value가 올라올 때 실행함
- MAXIMO I/F
  - 설비별 Job Change(J/C) Start Event를 MAXIMO로도 전송하여, Job Change시 PM이 필요한 설비에 대해서는 MAXIMO가 PM W/O를 발행할 수 있도록 함.

(2) 기대효과

- 기종 변경시 준비 부족에 의한 생산사고를 사전에 예방함
- 생산계획과 연동하여 Job Change 준비시간의 최소화 가능
- Job Change에 따른 물류 정체 및 재공의 최소화

4.10 재생물류 제어

자재 원가가 높고 재생능력이 있는 공정의 회수/재생/재투입 프로세스를 정립하여 관리한다. 자재 원가가 높고 재생능력이 있는 공정에서 회수/재생/재투입 되는 프로세스 관리를 통해 투명하고 정확한 물류 및 원가관리를 하고자 한다.

그림 12-23 / 재작업 물류 Process

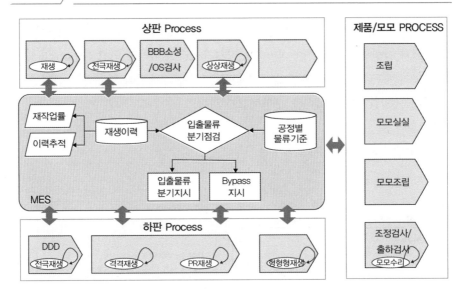

(1) 운영방안

● 제품별 불량 및 재생 정보 저장
 - 설비에서 보고한 제품별 불량 및 재생 정보를 저장하고 관리
 - 제품별 재생 횟수 관리
 - 공정별 재작업 률 관리
● 제품별 배출 물류제어
 - 폐기성 제품에 대하여 배출 구간에서 배출하도록 제어
● 제품별 재작업 물류제어
 - 재작업 제품에 대하여 재작업 물류로 진행하도록 제어
● 재작업 제품의 공정 BY PASS
 - 재작업 제품에 대하여 전용 설비에서 진행하지 않고 BY PASS 하도록 제어

(2) 기대효과

● 재생 물류의 혼류방지를 통한 품질사고 예방
● 재생 횟수 제한에 따른 불필요한 추가 재작업 사전 방지, 원가절감 효과

4.11 RT-SPC/QMS 구축

품질정보의 실시간 모니터링 및 On-Line 품질분석 체계를 구현한다. 제조공정 상에서 발생하는 품질관련 데이터를 실시간으로 모니터링 하고 Control Rule에 의해 관리함으로써, 이상 징후 발생시 각종 제어를 수행하여 신속하고 신뢰성 있는 품질불량 원인분석 체계를 구현하고자 한다.

그림 12-24 / Real Time SPC 체계 구축

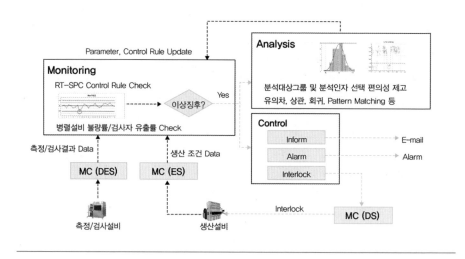

(1) 특징

● 공정 내 생산, 측정 및 검사 Data에 대한 Monitoring
  - RT-SPC 및 불량률/유출률에 대한 모니터링 실시
● Control Rule에 의한 이상 징후 발견 및 제어
  - RT-SPC 및 불량률/유출률의 Rule에 의한 이상 징후 발견 및 제어
● 이상원인에 대한 심층분석 및 관리기준 강화
  - 온라인 품질분석으로 이상원인 분석 및 결과에 대한 관리기준 재설정

(2) 기대효과

● 관리인자의 실시간 Monitoring을 통해 이상 징후 제어가 가능하며, 대량 품질사

고를 예방할 수 있음

• 신뢰성 있는 품질정보 수집 및 신속한 품질분석 가능

4.12 FDC 도입(Fault Detection & Classification)

설비의 중요 Parameter를 실시간으로 모니터링하여 이상점(fault) 발견 및 대응한다. 설비의 다양한 Source Parameter의 Real Time 관리체계를 구축하고 DB화하여, 설비의 이상을 사전에 감지하여 조치함으로써 효율극대화 및 품질 향상에 기여하고자 한다.

(1) 특징

• 설비 Parameter를 실시간으로 모니터링
  - 설비의 주요 Parameter를 실시간으로 세분화하여 모니터링

그림 12-25 / 설비 Parameter 이상감지 체계

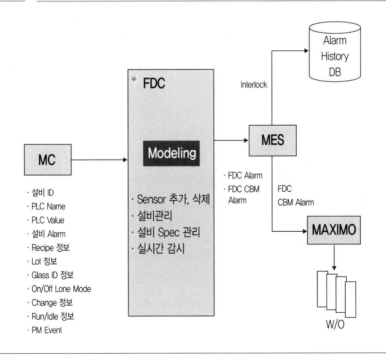

- 설비 Parameter의 이상 징후를 모델링을 통해 검출함
  - 설비 주요 Parameter의 Trend를 모델링하여 이상 징후를 검출함
- 검출된 이상 징후를 근거로하여 제어 및 CBM 수행
  - 이상 징후에 따라 Interlock 또는 Condition Based Maintenance 수행

(2) 기대효과

- 실시간 설비 이상 감지로 이상 발생시 즉각 조치 가능
- 즉각 조치를 통한 사고를 Glass 단위로 축소하여 대량 사고발생을 예방함
- 근본적인 원인 분석 및 추적 관찰을 통해 수율 증가에 기여
- TBM, CBM에 의한 설비 보존 가능

A사는 착수 및 분석부터 개발적용 및 안정화 단계까지 약 1년에 걸쳐서 상기 프로젝트를 성공적으로 수행하였다. 착수단계에서 전문 컨설턴트를 투입하여 약 3개월에 걸쳐서 프로세스혁신(process innovation)을 진행하였고, 현장의 업무를 분석하고 재정립하여 프로세스 체계를 정립하는 활동을 중점적으로 추진하였다. 그 결과 설계 및 개발 단계에서 현장의 변경점을 최소화하고 주어진 납기를 준수할 수 있었다.

활용성 측면의 성과를 살펴보면 사업부장 주관의 생산회의시 종전에는 생산, 기술, 품질, 설비 각 부문별로 KPI/실적 데이터를 수작업으로 산출하고, 보고 자료를 수작업으로 작성하였다. 물론 데이터의 정합성은 확보되지 않았고 데이터를 분석하고 자료를 만드는데 많은 인력과 시간이 투입되었다.

그러나 MES 시스템 적용 후에는 회의시 제조포탈 화면에서 라인별/부문별/기간별로 필요한 KPI/실적 데이터를 직접 보면서 회의를 진행하여, 문제점에 대하여 집중적으로 토론하고 개선방안을 도출하는 데에 많은 시간을 투자하게 되었다.

기업의 일하는 방법 측면에서 살펴보면 종전에는 현장관리자부터 사업부장까지 양적인 관리에 치우쳐서 많은 업무를 추진하였다면, 시스템 적용 후에는 질적인 관리로 일하는 방법이 획기적으로 전환되는 계기가 마련되었다.

5. 스마트제조시스템과 제조경쟁력

5.1 프로세스의 스마트화

1) 프로세스란 무엇인가

기업이 경쟁력을 갖추기 위해서는 스마트한 제조시스템을 갖추어야 하고, 그보다 먼저 할 일은 프로세스의 선진화이다. 현재의 일하는 방법을 그대로 둔 상태에서, 아무리 강력한 시스템을 들여온다 해도 처음에는 하는 시늉을 내지만 얼마 안가서 원래대로 원위치 될 것이다.

예를 들어서 우리가 새로운 길을 낼 때, 기존의 꼬불꼬불한 길을 그대로 놔둔 상태로 그 위에 아스팔트를 입힌다고 생각해보자, 흙길을 아스팔트로 바꾸면 작은 구간 내에서는 차의 속도를 올릴 수는 있을 것이다. 그러나 곧 굽은 길이 나타나 속도를 줄이지 않으면 안된다.

전체적으로 진입해서 나올때까지 보면 속도는 별로 높이지 못하고, 시간도 별로 줄어들지 않는다는 것을 알 수 있다. 즉 흙길을 아스팔트로 바꾸어 봐야 별로 효과가 없다는 뜻이다.

그러면 아스팔트를 포장하기 전에, 먼저 설계단계에서 길을 최대한 직선으로 낼 수 있도록 설계하고, 그에 맞추어 먼저 길을 만들고, 그 위에 아스팔트를 포장한다면 훨씬 빠르게 달릴 수 있다. 즉 아스팔트를 포장하는 본래의 목적을 충분히 달성할 수 있는 것이다.

이와 같이 기존의 굽은 길을 직선으로 만드는 과정을 프로세스 혁신(PI: Process Innovation)이라고 할 수 있고, 굽은 길을 얼마만큼, 어떻게 곧게 펼 수 있느냐 하는 문제는 기업이 지향하는 선진화 수준에 따라 달라질 수 있다.

이때 많이 사용하는 유용한 방법이 벤치마킹이다. 벤치마킹은 동종업계 최고의 기업을 대상으로 그 기업이 가진 경쟁우위의 원천을 알아내는 것이다. 물론 경쟁우위의 원천은 기업이 갖고있는 소중한 자산이고, Know How로 알아내기가 결코 쉽지 않을 수 있다.

최고의 제조 경쟁력을 갖춘다는 것은 생산하는 제품을 가장 싸고, 가장 빠르고, 가장 좋은 품질의 제품을 만들어 낼 수 있느냐에 따라 좌우된다고 할 수 있다. 이러한 제품을 만들어 내려면 제품을 만드는 프로세스를 개선하거나 혁신해야 한다.

예전에는 기업이 제품을 만드는 과정보다 결과를 더 중시하였다. 즉 일을 어떻게 하느냐가 중요한가 보다는, 어떤 제품을 만드는가 하는데에 중점을 두었다. 그러나 고객의 요구 및 시장의 변화가 급격하게 변화하고, 기업간의 경쟁이 점점 치열해지면서 기업들은 프로세스에 더 큰 관심을 갖게 되었다. 그리고 비즈니스 프로세스를 어떻게 관리하고 혁신할 것인가 하는 방법에 대하여 많은 연구가 이루어졌다.

프로세스를 연구한 중요한 선구자 중의 한 사람이 미국의 Davenport, Thomas H.(1954~) 교수이다. Devenport 교수는 "5% 정도의 성과를 향상시키는 방법으로는 경쟁에서 이길 수 없다"고 주장하였다. 그래서 이보다 훨씬 더 큰 성과를 얻기 위해서는 프로세스 개선이 아닌 프로세스 혁신이 필요하다고 주장하였다. 그러나 현실적으로 혁신은 기업에서 도입하기가 그리 쉽지 않다. 왜냐하면 혁신은 많은 변화를 요구하고 있기 때문이다.

그러면 프로세스란(process)란 무엇인가

프로세스에 대한 견해는 사람에 따라 그 의미가 다양하게 정의되고 있다.

먼저 앞에서 언급한 Davenport 교수는 "프로세스란 특정 고객 또는 시장을 위한 특정 산출물을 생산하기 위해 설계된 활동들의 조직화된, 그리고 측정가능한 집단"이라고 정의하였다.

Richard Chang은 "프로세스란 투입물을 제품이나 서비스 산출물로 전환하기 위해 함께 연결된 일련의 부가가치 업무"라고 정의하였다.

Harrington 등(1997)은 "프로세스란 공급업자로부터 투입물을 받아 거기에 가치를 부여하고 고객에게 산출물을 공급하는 일련의 논리적인 집단의 활동"이라고 정의하였다.

Ritzman과 Krajewski(2004)는 "프로세스란 한가지 이상의 투입물을 취하여 이를 변환시키고 가치를 부가시켜 고객에게 한 가지 이상의 산출물을 제공하는 활동 또는 활동의 그룹"이라고 정의하였다.

Wilson, Harsin(1998)은 "어떤 특정의 결과를 산출하기 위하여 관련된 활동들을 연속적으로 집단화 한 것"이라고 정의하였다.

오늘날에는 제품을 만들어내는 과정에 부가가치와 고객 맞춤형 서비스로 진화된 "프로세스의 스마트화"로 발전해가고 있다.

이와 같이 프로세스는 조직과 사람에 따라 상당히 다양하게 정의되고 있다. 그러나 일반적으로 프로세스는 다음과 같은 특성을 지니고 있다.

- 프로세스는 시작과 끝이 있다.
- 투입물과 산출물이 있다.
- 시간과 장소에 따라 활동의 순서가 정해진다.
- 시간 및 비용 등으로 측정이 가능하다.
- 산출물의 부가가치가 있다.
- 고객의 가치와 기업의 목적을 달성하는데 기여한다.

그리고 프로세스는 결과보다 과정을 중시하는 개념이다. 그리고 반드시 고객과 산출물(output)의 직접적인 관련을 가져야 한다(그림 12-26).

그림 12-26 / 프로세스

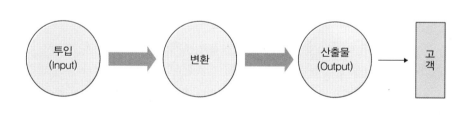

이러한 최적의 프로세스를 구축하기 위한 방법으로 초기에 많이 기업들이 전사적자원관리 시스템(ERP)을 도입하였다. ERP에는 제조 강국인 독일 기업이 각 부문별로 최적화된 프로세스를 정립하고, 시스템상에서 업무가 진행되도록 구현하였다. 특히 인사관리, 재무/회계, 생산관리, 품질관리, 구매/자재 등 12개의 모듈은 아직까지 국내의 많은 기업들이 사용되고 있다.

ERP 도입이 국내 기업의 일하는 방법을 바꾸고 경쟁력을 한단계 끌어올리는 계기가 되었다는 것을 부인할 수 없다. 아직까지도 국내의 많은 기업에서 SAP(사)의 ERP시스템을 사용하고 있다. 즉 일하는 방법을 바꿔서 선진화하고 이를 시스템에 구현하여 시스템에 의하여 작업이 이루어 지도록 시스템화 하지 않는 다면 혁신의 의미가 없다는 뜻이다.

2) 프로세스 혁신(PI: Process Innovation)

극한 생존경쟁에서 살아남기 위해서는 환경 변화에 대응해 사업구조를 급격히 변화시킬 수 있는 "변신력"이 필요하다. 변신에 성공하기 위한 첫 단추가 바로 프로세스 혁신(PI)이다. PI는 일하는 방식의 근본적인 개선을 도모하는 것이다. 이때 중요한 것은 PI의 과정에서 고객의 확장, 이를 반영해 고객가치 중심적으로 프로세스 체계를 재정립할 수 있어야 한다.

프로세스 혁신은 미국의 Davenport 교수가 처음 주장하였고, 다음과 같이 프로세스를 혁신하기 위한 5단계를 제시하였다.

첫째, 혁신할 프로세스를 파악한다.
둘째, 변화를 가능하게 하는 동인을 파악한다.
셋째, 비즈니스 비전과 프로세스의 목적을 개발한다.
넷째, 기존 프로세스를 이해하고 측정한다.
다섯째, 새로운 프로세스와 조직의 원형을 설계하고 구축한다.

먼저 기업은 모든 중요한 프로세스에 대한 리스트를 작성하고, 그 중에서 혁신하여야 할 가장 시급한 프로세스를 선정한다. 프로세스 선정은 지속적인 개선을 할 것인가, 또는 혁신을 할 것인가에 따라 달라진다.

업무개선과 업무혁신의 차이점을 살펴보면, 개선은 현재 프로세스에서 시작되며, 단기적이고 지속적으로 이루어진다. 개선의 리스크 정도는 낮고 상향식(bottom-up)으로 이루어진다. 즉 업무개선은 사원들에 의하여 일상적이고 지속적으로 이루어지는 개선 활동이라고 할 수 있다.

반면에 혁신은 기존의 업무를 무시하고 무(無)에서 시작되며, 업무프로세스의 근본적 변화를 목표로 한다. 혁신의 리스크 정도는 높고, 하향식(top-down) 방식으로 이루어진다. 즉 혁신은 업무의 근본적 변화를 가져오게 되며, 프로세스의 통·

폐합이 수반되고 조직 구성원들의 극심한 반발에 직면할 수 있다. 따라서 최고 경영자의 명확한 목표와 비전이 없으면 추진하기가 불가능하다고 할 수 있다.

두 번째는 변화를 가능하게 하는 동인을 파악한다.

다음 단계에서 구축한 To-Be 프로세스를 정착시키기 위해서는 일하는 방법을 바꾸어야 하고, 일하는 방법을 바꾸기 위해서는 다음 사항이 고려되어야 한다.

먼저 정보기술의 활용을 들 수 있다.

IT기술, 컴퓨터, 인터넷 등의 정보기술은 인간의 하는 일을 완전히 변하게 하는 핵심이다. 최근에 빅 이슈가 되고 있는 4차산업, 빅데이터, 스마트공장은 기존에 인간이 하는 일을 완전히 바꾸어 놓았다. 그러나 정보기술에 대해서는 비용과 수익의 관계를 분석하여야 한다. 투자대비 수익성을 분석하여 실행하는 것이 바람직하다.

또한 조직의 변화가 수반되어야 한다.

무에서 유를 창조하고 획기적으로 변화하기 위해서는 프로세스 중심 조직이 되어야 하고, 그를 수행할 유능한 인적자원이 필요하다. 대부분의 프로세스 혁신은 새로운 기술을 필요로 하고, 그에 필요한 능력을 갖추도록 끈임 없이 교육과 훈련이 이루어져야 한다.

또 인적자원의 동기부여가 되야 한다.

사원들에게 동기가 부여되고 참여가 수반되어야 목표한 대로 혁신을 달성할 수 있다. 그러한 동기를 부여하기 위해서는 해당 직무에 만족을 갖도록 직무설계를 한다든지, 각종 인센티브 부여, 고용안정 등의 방법이 활용될 수 있다.

세 번째는 비전과 목표를 명확히 한다.

프로세스 혁신은 무(無)에서 유(有)를 창조하고, 업무를 근본적으로 바꾸는 것이다. 따라서 조직의 심한 저항에 직면할 수 있고, 해당 사업의 구성원들에게 비전과 목표를 제시하고 공감대를 형성해야 한다. 그러기 위해서는 기업이 영위하는 사업의 방침, 추구하는 경영목표 및 전략, 고객에게 제공하는 가치와 연계하여 전략을 수립하고 사전에 충분히 공감대가 형성되어야 한다.

네 번째는 현재의 프로세스를 이해하고 측정한다.

기존의 프로세스를 상세히 조사하여 기술하고 분석하는 작업이 필요하다. 각 부문별로 현재의 프로세스를 분석하여 중복되고, 단절되고, 불필요한 업무등 불합리한 프로세스를 분석해야 한다. 이러한 프로세스를 분석하는 작업은 해당 분야의 전체업무를 파악하고 있는 유능한 인력과 혁신 전문가가 투입되어 수행해야 한다.

예를 들어 환자가 대학병원에 입원을 했다고 생각을 해보자. 입원할 때는 특정한 과를 지정하여 해당과의 병실에 입원을 한다. 하지만 내과로 입원한 환자가 신경과 치료가 필요한 경우가 발생하든가 또는 안과 치료가 필요한 경우가 생길수 있다. 이때 환자가 내과 치료를 받고 신경과 병동으로 옮겨서 신경과 치료를 받아야 하고, 안과 병동으로 옮겨서 안과 치료를 받아야 한다면, 환자 입장에서는 입원 기간이 늘어나고 비용이 증가하고 오랜 시간 고통스러운 날을 견디어내야 한다. 환자 입장에서는 당연히 원스톱(one stop) 서비스로 내과 병동에 있으면서 치료가 필요한 의료 서비스를 스케줄에 맞추어 받기를 원할 것이다. 병원의 주치의는 이러한 서비스를 제공해주어야 하고, 병원은 이런 시스템을 갖추고 있어야 한다.

마지막으로 바람직한 새로운 프로세스(to-be)를 설계하고 구축한다.

전 단계에서 현재의 프로세스를 분석하여 불합리한 프로세스를 찾아내고, 이를 바탕으로 바람직한 새로운 프로세스를 설계한다.

새로운 프로세스(to-be)는 조직의 일하는 방식을 근본적으로 바꾸고, 기업의 가시적인 성과를 획기적으로 높일 수 있다.

따라서 PI 혁신 멤버는 생산, 기술, 품질, 마케팅 등 관련 부문의 유능한 인력으로 구성되어야 한다. 즉 고객 관점에서 가치를 제공하고 최고의 제품과 최고의 서비스를 제공하기 위한 최적의 방법을 찾는 매우 중요한 작업이라고 할 수 있다.

5.2 프로세스 혁신 사례

이러한 최적의 프로세스를 정립하기 위하여 초기에 많은 기업들이 전사적 자원관리시스템(ERP)을 도입하였다. ERP시스템에는 제조 강국인 독일 기업의 각 부문별 최적화된 프로세스가 적용하여, 시스템상에서 전체 업무가 진행되도록 구현하였다.

특히 인사관리, 재무/회계, 생산관리, 품질관리, 구매/자재 등의 12개 모듈은 현재에도 국내의 많은 기업에서 사용되고 있다.

ERP 도입이 기업의 일하는 방법을 바꾸고 경쟁력을 한단계 끌어올리는 계기가 되었다는 것을 부인할 수 없고, 아직까지도 국내외 많은 기업에서 독일 SAP(사)의 ERP 시스템을 사용하고 있다. 이것은 프로세스 혁신은 일하는 방법을 바꿔서 경영 프로세스를 선진화하고, 선진화된 프로세스를 시스템에 적용하여 모든 업무가 시스템에 의해서 작업이 이루어지도록 하지 않는다면 혁신의 의미가 없다는 뜻이다.

그러나 고도화된 제품과 다양한 기능 및 미세화된 공정을 관리하기 위해서는 ERP시스템에서 제공하는 생산실행, 생산계획, 품질관리, 설비관리 등 제조와 관련된 기능은 현장의 빠른 요구(needs)를 충족시키지 못하고 사용에 많은 제약이 발생하게 된다. 따라서 현장의 수요에 빠르게 대응할 수 있는 생산계획, 생산실행, 설비관리, 품질관리 등 제조 업무에 특화된 제품들이 많이 개발되어 현장에서 사용되고 있다.

[삼성전자 사례]

● G-ERP(Global ERP) 추진목적

삼성전자는 국내기업 중 가장 먼저 1980년대부터 전사적 자원관리시스템(G-ERP) 구축하는 프로젝트를 전사적으로 추진하였다. 그 목적은 기업의 전체 프로세스를 재정비하여 고객 관점의 최적화된 프로세스를 만들고, 통합적으로 연계하여 전사의 성과관리를 강화할 수 있는 기반 마련 및 전사적 정보의 실시간 공유를 통해 경영혁신의 토대를 마련하는데 있다.

그림 12-27 / PI 전/후 프로세스의 비교

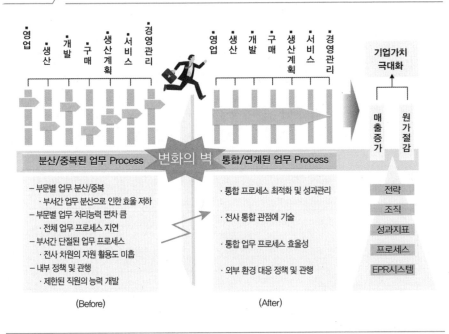

(Before)　　　　(After)

PI 전의 프로세스를 보면 각 부문별로 유사 업무가 분산돼 있거나 또는 부서별로 중복된 업무가 존재하였다. 반면에 시장과 고객의 변화에 따라 새로운 업무가 발생하고, 또 단절된 업무가 존재하여 사각지대가 존재하였다. 이는 업무의 핵심/비핵심, 부서 이기주의, 기업의 문화 등 다양한 요인에 기인하여 발생한다고 볼 수 있다.

또한 부서별로 관리자/담당자 등 개인의 역량과 해당 부서의 문화에 따라서 업무처리 능력의 편차가 발생하고, 이에 따라 전체 업무 프로세스가 지연되는 문제가 자주 발생하게 된다.

PI 후에는 프로세스혁신(PI) 활동을 통하여 고객의 관점에서 전체 프로세스를 분석하여 재설계(reengineering)함으로써, 중복된 업무는 줄이고 단절된 업무는 연계시키는 전체 최적화된 프로세스로 재설계된다. 그리고 각 부문별 최적화된 프로세스를 정보시스템에 구현하여 시스템상에서 모든 업무처리가 이루어지도록 함으로써 전체 업무의 상향 평준화되는 중요한 계기가 되있다.

● Business Architecture

삼성전자에서는 그림 12-28과 같이 전사의 업무를 경영관리, 연구개발 (R&D), 공급관리, 고객관리의 4대 메가 프로세스로 정의하였다. 그리고 정보화 체계는 Functional Level과 Application Level로 나누고, Functional Level은 경영 Workplace, 개발 Workplace, 공급 Workplace, 고객 Workplace, 구매/물류 Workplace, 제조 Workplace로 구분하였다. 그림 12-28에서 정의한 4대 메가 프로세스의 공급관리에서 구매/물류 및 제조를 별도의 모듈로 분리하여 6대 프로세스로 세분화 하였다. 구매/물류와 제조가 기업의 경쟁력 관점에서 중요한 기능이며 복잡하여, 별도의 영역으로 분리하여 프로세스를 새롭게 재정립하였다.

그림 12-28 / Business Architecture

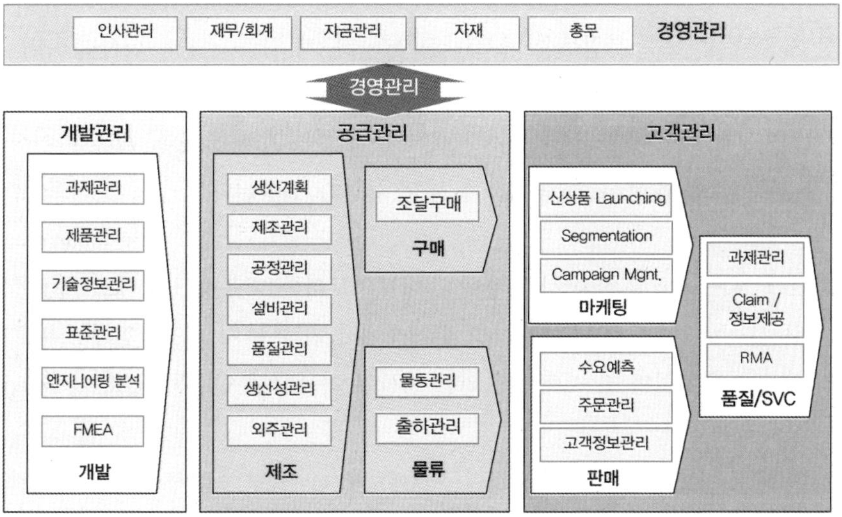

또한 이와 같이 업무영역을 새롭게 정의하고 주요 기능별로 Workplace(작업장)라는 포탈(portal)을 만든 것은, 프로세스혁신(PI)을 통하여 재정립된 업무를 Workplace 내에 구현함으로써 그 안에서 모든 업무가 정해진 절차에 따라 처리될 수 있도록 한 것이다.

● 기대효과

삼성전자에서는 기업의 1등 경쟁력의 원천을 업무프로세스의 선진화와 이를 뒷받침하는 정보시스템이라고 설명하고 있다. 특히 전사적 자원관리시스템(G-ERP), 공급망관리시스템(APS), 제조실행시스템(G-MES)을 가장 대표적인 시스템으로 내세우고 있다.

앞에서 전사적인 프로세스혁신을 통하여 전체 비즈니스를 6대 프로세스로 나누어 각 분야별로 기능을 세분화하여 새롭게 정의하고, 각 업무별로 프로세스를 재정립하였다. 이들 프로세스는 고객 관점에서 시작하여 필요한 제품과 서비스를 만들어 제공하는 가장 최적의 프로세스로 설계되었다.

물론 각 분야별로 최고의 기업을 벤치마킹하여 최적의 업무 프로세스를 도출하였음은 두말할 필요가 없다. 그리고 이렇게 최적화된 업무프로세스를 모두 시스템화하여 각 부문별 구축된 Workplace에서 모든 업무가 진행되도록 구현하였다.

가장 대표적인 사례로 경영관리 부문은 각 사업부별로 서로 다른 결재단계(6~7단계)를 3단 결재로 모두 통일하였다. 종전에는 7단계[입안(담당자)-주무(대리)-과장-차장-부장-상무-사업부장]의 결재단계를 3단계[입안(담당자)-심사(파트장)-결정(그룹장/팀장)]으로 대폭 간소화 하였다. 그리고 이러한 업무들은 사내전산망 마이싱글을 구축하여 인트라넷 상에서 진행되도록 시스템화 하였다. 물론 마이싱글은 각 부문별 Workplace와 연계하여 해당 업무가 진행된다.

또한 제조 부문은 앞에서 언급한 스마트팩토리를 대표적인 사례로 들 수 있다. 삼성전자에서는 2000년 초반부터 전세계에서 가장 먼저 제조라인에 스마트팩토리 구축을 추진하였고, 시스템에 의한 생산이 가능한 무인자동화(full-automation) 라인을 구현하였다.

한 예로 반도체 미국법인 오스틴공장(메모리, 비메모리 제품 생산)에서 무인자동화 라인을 구현하여 모든 작업을 시스템에 의하여 수행되도록 자동화함으로써, 그에 따른 현장 인력은 약 1/10로 감소하였다.

삼성전자에서는 글로벌 경쟁력의 원천을 가장 최적화된 업무프로세스, 그리고 정보시스템이라고 발표하였다. 물론 이외에도 사원들의 열정, 적기투자 등 많은 요인들이 있겠지만, 가장 중요한 이 두 가지가 선행되지 않는다면 의미가 없다는 뜻이다. 이는 곧 최고의 품질, 최고의 제품, 최고의 서비스로 기업의 성과가 연동되어 나타나게 된다.

이에 저자는 본 교재에서 언급한 이러한 내용들이 우리가 4차 산업혁명을 앞장서서 선도해나가고, 세계 최고의 제조경쟁력을 갖는 제조 강국으로 나아가는 지름길이라 믿어 의심하지 않는다.

[참/고/문/헌]

강금식, 2011. 품질경영, 박영사.

김창욱, 2014. 생산공정관리, 연세대학교.

김태성 외 1, 2014. 생산운영정보시스템, 카오스북.

류기한, 2011. 데이터통신, YOUNG.

리차드 장, 1997. 업무프로세스 혁신, 21세기북스.

매일경제 IoT혁명 프로젝트팀, 매일경제신문사, 2014. "사물인터넷: 모든것이 연결되는 세상".

산업통상자원부, 2015a. "스마트공장 기술개발 로드맵".

서희석, 2011. PLC 제어 및 응용, 태영문화사.

신동민 외 2, 2017. 스마트제조, 이프레스.

안영진 외 2, 2018. 생산운영관리, 박영사.

요시카와 료조, 엄예선 역, 2012. 삼성의 결정은 왜 세계에서 제일 빠른가, 중앙경제평론사.

이덕권, 2011. SFC MES IMS의 비법, 한올출판사.

이상기, 2005. "OPC Server 선택기준에 대한 고찰", 제어와 정보.

이영훈, 2006. 한국형 생산방식, 그 가능성을 찾아서, 삼성경제연구소.

이정아, 2015. "사이버물리시스템(CPS) 기반의 사회시스템 최적화 전략", IT& Feature Strategy, 한국정보화진흥원.

이정아 외 1, 2014. "인더스트리4.0과 제조업 창조경제 전략", 한국정보화진흥원.

장세진, 2012. 경영전략 사례집, 박영사.

전치혁, 2013. 데이터마이닝 기법과 응용, 한나래아카데미.

정동곤, 2013. MES 요소기술, 한올.

정동곤, 2017. 스마트팩토리, 한올.

조성준, 2018. "반도체공정 Big Data 분석" 2018 공정진단제어 워크숍, 한국반도체디스플레이기술학회.

하원규 외 1, 2015. 제4차 산업혁명: 초연결초지능 사회로의 스마트한 진화 새로운 혁명이 온다, 콘텐츠하다.

한국경제신문 특별취재팀, 2002. 삼성전자 왜 강한가", 한국경제신문사.

한국반도체산업협회, 2000. International Technology Roadmap for Semiconductors 2000.

황남희, 2002(7). "프로세스 제어 분야에서의 opc 등장", 월간 자동제어계측.

Agrawal, R. and R. Srikant, 1994. "Fast Algorithms for mining association rules", Proceedings of 20th International Conference on Very Large Data Bases(VLDB).

Agrawal, R. and R. Srikant, 1995. "Mining sequential patterns", Proceedings of 21th International Conference on Very Large Data Bases(VLDB).

AIM. http://www.aim.co.kr.

Amold, J. R. Tony and Stephen N. Chapman, 삼성SDS CPIM회 옮김, 2002. "Introduction to Materials Management 공급망관리기초".

APICS, 2013. Execution and Control of Operations(Instructor Guide Version 3.2), APICS.

BISTel. http://www.bistel-inc.com.

Dong-A Business Review, 2017(6). "Smart Factory".

Enrique del Castillo, Arnon Max Hurwitz. 2001. Run to Run Control in Semiconductor Manufacturing, CRC Press.

Evan Russell, Leo H. Chiang and Richard D. Braatz, 2000. Data-driven Methods for Fault Detection and Diagnosis in Chemical Process, Springer-Verlag London Berlin Heidelberg.

Galit Shmueli, Nitin R. Patel, Pater C. Bruce, 신택수, 홍태호 공역, 2009. 데이터마이닝, 사이텍미디어.

Gary S. May, Costas J. Spanos, 2006. Fundamentals of Semiconductor Manufacturing and Process Control, John Willy & Sons, 2006.

H. S. Sim, 2019, "A Study on the Development and Effect of Smart-Manufacturing System in PCB Line", Journal of Information

Processing Systems.

H. S. Sim, 2019, "A Study on the Development of Smart Factory Equipment Engineering System and its Effects", Journal of Korean Society Precision Engineering.

ISA. http://www.isa.org.

ISMI(International SEMATECH Manufacturing Initiativee). http://ismi.sematech.org.

JDA Software Group. http://www.jda.com.

JDA Software Group. http://www.jda.com.

Jeschke, Sabina, 2013. "Drivers and Challenges of Cyber Physical System".

Jurgen Kletti, 2007. Manufacturing Execution System-MES, Springer.

KMAC SCM 센터, 2010(5). S&OP Best Practice 세미나 자료.

MESA International. http://www.mesa.org.

MESA White Paper. http://services.mesa.org/ResourcedLibrary.

Mikell P. Groover, 한영근 외 옮김, 2016, 현대생산자동화와 CIM, 시그마프레스.

OXFORD ECONOMICS, 2016. "Smart, Connected Products: Manufacturing's next transformation".

SEMI. http://www.semi.org/en/standards.

Simon French, B. A, M. A, D. Phil. 1983. Sequencing and Scheduling: An Introduction to the Mathematics of the Job-Shop, John Wiley & Sons.

Thomas F. Wallace 외 1, 정현주 옮김, 2003, SCM의 시작 판매예측. 엠플래닝.

Thomas F. Wallace, LG CNS 옮김, 2003. SCM의 중심 S&OP 판매운영계획, 엠플래닝.

/찾 /아 /보 /기 /

[영문색인]

저자 약력

심현식

연세대학교 정보산업공학과 공학박사/ 스마트제조경영 학자
현재 경기대학교 산업경영공학과 교수로 재직중이며, 한국반도체디스플레이기술학회
편집이사로 활동하고 있다.
또한 기업의 경쟁력 향상을 위한 "스마트제조경영 연구회"를 운영하고 있으며, 스마트
팩토리 및 스마트제조시스템 분야의 기업 컨설팅을 하고 있다.
저서는 "기업사례중심의 실전경영학"이 있으며, 연세대학교 정경대학에서 외래교수로
실전경영학을 강의하였다.
경력은 삼성전자 반도체사업부(그룹장), 삼성전기 생산기술연구소(그룹장)에서 근무
하였다.

이메일 : simhyunsik7@naver.com

스마트제조시스템

초판 발행	2020년 2월 10일
중판 발행	2021년 2월 25일
지은이	심현식
펴낸이	안종만 · 안상준
편 집	우석진
기획/마케팅	정연환
표지디자인	조아라
제 작	우인도 · 고철민
펴낸곳	(주) **박영사**
	서울특별시 금천구 가산디지털2로 53, 210호(가산동, 한라시그마밸리)
	등록 1959. 3. 11. 제300-1959-1호(倫)
전 화	02)733-6771
f a x	02)736-4818
e-mail	pys@pybook.co.kr
homepage	www.pybook.co.kr
ISBN	979-11-303-0820-3 93530

* 파본은 구입하신 곳에서 교환해 드립니다. 본서의 무단복제행위를 금합니다.
* 저자와 협의하여 인지첩부를 생략합니다.

정 가   25,000원